松原 望 監修
データの科学の新領域 1

松原 望 編

科学方法論としての統計技法

勁草書房

刊行の趣旨　なぜ「新領域」か

このシリーズの全三巻は、データサイエンスやＤＸ時代を迎えて、われわれがデータを本当に活かすことがどれほど大切であるか、どのように大切であるかを、専門家の立場から社会に投げかけ、その真髄をお伝えしようとするものです。ほんの一例ですが、私たちは「調査」というと、非常に簡単であると思いがちです。統計数理研究所にいた（故）鈴木達三氏が「調査ってだれでもできると思われているんですね」と嘆息していたことを思い出します。もちろん実際にはそうではありません。調査対象者をサンプリングし、調査をすることが困難である実情の深刻さはいまや常識となっていますが、実は、質問文の内容、文章化（ワーディング）、順序次第で、容易に大きく結果を左右されます。実際の調査法（面接調査など）、結果解釈や発表はさらに大きい課題で、世論調査ならむしろ「重大」課題というべきでしょうし、企業のマーケティング調査なら企業の成長にかかわりがあるかも知れません。そういう中では実施主体と依頼者との関わりも、調査の質や可能不可能に直結します。これらすべてを含めて、きちんとした科学的調査の基本を実施しなければいけません。これが本来の「データの科学」であると言えましょう。

行動計量学会の林知己夫初代理事長はずいぶん前に次のように述べています。

　このごろ、データ解析とかデータ処理ということばがよく用いられる。ここでは、データ解析（データによる現象解析）とは、「そこにある」データをただ解析することではなく、「データをいかに取り」「いかに解析するか」ということを含むものとしたい。あるいは、「データ」の性格を悉知し、これに基づいて「データの解析」をすることをも意味するものとしよう。また、「データ処理」は、データ解析の方法を用いて「データを処理」することを意味するものとしよう。これらは、現象解析のために行なうのはいうまでもない。（林知己夫『数量化の方法』1974年、東洋経済新報社）

林知己夫氏のいわれることはまさにデータの解析のスピリットですが、これは今日の「データサイエンス」にもあてはまるでしょう。とりわけ、コンピュータパワーが途方もなく大きくなっている時代、これに加えることがあるとすれば、いかに機械に左右されずに、分析者の現象に対する視点や態度、あるいは哲学や思想も含めて分かりやすい形で、真実を読み手に伝えるかの工夫を考えなければならないことに異論を挟む人はいないでしょう。

そのような目的で本書は、なるべくわかりやすい形で学生を始め、研究者のみならず企業のビジネスマン、実務家にも読んでもらえるような形で伝える努力をしています。そこは思い切って、全読者にわかりやすい言葉づかい、図や表にはリアルな現実のデータを使い、数式は原理を表すわかりやすいもの以外はなるべく割愛し、さらに多くの読者に読みやすい形として縦書きにしました。

ここで「新領域」という名前をつけたのは、「ポスト・コロナ」（コロナ後）の社会の大きな変化に応じて新課題が続出し、それに対して、「データの科学」の原点を思いだし、さらなる進化を遂げるポテンシャルがあることを強調するためです。機械学習の第3巻も第1巻、第2巻からつながるデータの科学の新領域の重要なテーマであることはいうまでもありません。どうか第1巻から第3巻までを通して、新しい息吹を諸論文の中に読み込み、思いを新たにリフレッシュいただければ幸いです。

第1巻は、これからの社会の様々な課題を解決するために最も重要とされている統計学における、その発展的な方法論を紹介しています。各章では、それぞれ、国際比較調査、遺伝学、看護学、教育学、生物学、心理学といった領域の課題に対して統計学を用いる研究方法について、その意義やデータの扱い方、解釈の仕方などを、具体的なデータを用いて分りやすく述べ、また、分析の新たな課題にも触れています。各章で扱われるデータ分析方法には、ゲームの理論やロジスティック分析や数量化理論など決して新しい方法ではないものもありますが、だからといって安易というわけではありません。むしろ注意して活用すべきことは多いのです。それが、なじみやすい話題ともなる具体的なデータを用いて丁寧に解説されていますので、教育にも自己の能力開発にも使えるはずです。もちろん、「特化係数」を扱うなど、統計的な方法論的な斬新さも注目されます。エピローグでは、「新領域」にふさわしく広範な社会的課題を扱っています。

第2巻は、社会調査の現場の課題に対する、考え方や様々な対策の具体的な例をあげています。社会調査は、人々の生活に関する様々な意思決定のための判断材料を提供するものとして重要な役割を担っていることは言うまでもありませんが、公正、公平で科学的に信頼できる調査は、簡単に実施できるものではありません。特に近年、社会環境が大きく変化し、様々な実施上の問題も多くなっているのが実情で、このことは「重要」というよりはむしろ「重大」と言っていいでしょう。そうした中で得られるデータからいかに情報を読み取るか、現状把握と課題解決の方法として、ここまでの確立した重要性に加え、新たな試みによる研究の成果が数多く紹介されています。

なお、「新領域」の巻として特に一点付け加えるならば、第2巻の全体的意義は、とりわけ今日メディアの不調不全がいわれる折、読み手としての私たちも、従来のように調査結果を無批判に受け入れるのでなく、科学的でない調査は「調査」とはいえないという健全な「批判的視点」をわれわれの中に育てる点にあることも強調しておきます。

第3巻は新時代を象徴する機械学習、いわゆるＡＩの話です。単なるハウツーの解説ではなく、その背景にある要素的考え、機械が学習するとはどういうことか、その基本である回帰分析の話から始めてディープラーニング、畳み込みネットワーク、自然言語処理など、最新の生成ＡＩまでの歴史をたどりながら、丁寧に解説がされています。回帰分析は、機械学習の視点で見れば、データを与えれば与えるほど機械（コンピュータ）が大量な変数・大量のデータを用いてよりよく学習する、ということになります。これを具現化したものが、アルファ碁やチャットＧＰＴなどのような現代のＡＩです。変数を増やしすぎると推定が不安定になり破綻するというのが旧来の統計学の常識でしたが、機械学習では分野によっては人間の能力を超える思考能力を持った機械ができる、というのが現代の到達点です。技術の説明だけではなく、機械学習・ＡＩが社会にどのような変革を与えるのかなども紹介されており、大変読み応えのある巻で、時間をかけても読んでいただくことをお勧めします。

編集幹事会　松原望[1]（代表）
猪口孝、芝井清久、角田弘子　林文、松本渉、宮原英夫、森本栄一

（1）　https://bayesco.org/top にて各章の要旨を公開している。

目次

第1章　科学の方法論から社会の方法論へ

「事実」と「小説」の間から

1　現在の統計学

統計学は「科学の文法」（カール・ピアソン）とも呼ばれます。すっかり科学の方法論として定着した統計学ですが、人間や社会に対する多様な関心から生じた知見が合流してできあがっています。それゆえに、科学といっても、自然科学だけでなく、社会科学でもあり、人文科学でもあります。統計学の用途はもとより幅広いのです。

データベースの充実とコンピュータの発展を背景として、統計技法の発展も著しく、大きな変革期を迎えています。たとえばベイズ統計学の再評価と発展、モデル構築や因果推論などの新領域の発展も目覚ましい。これまでの統計学の理論と方法を基礎とする機械学習や人工知能も普及しており、統計学の基礎を正しく理解したうえで新しい技法の成果を取り入れる必要性はますます高まっています。学校教育の現場も変化しています。たとえば、四分位範囲や箱ひげ図は、30年前には大学の統計学教育でも主たる学習内容ではありませんでした。２０１２年度から高等学校で扱うようになり、２０２１年度以降は中学2年生の学習範囲となっています。

このような変化は、以前から始まっているコンピュータの発展に加え、統計データがより身近になってきたという現在の社会状況をあらわしているともいえるでしょう。その意味で、これから私たちが向き合うのは統計学というよりもデータの科学です。データの科学に向き合うとは言っても、統計学の基礎として重要性が高いものをしっかり押さえて、新しい社会の現象に向き合うことが重要です。

現在、高齢化、国際化、情報化する社会の中で新しい課題が出現しています。科学として統計学がそれらにどう向き合うべきでしょうか。ちょっとした逸話から話を始めましょう。

ファンタジー

中根千枝氏は、女性初の東京大学教授として知られます。氏の代表作である『タテ社会の人間関係』（1967）が、一世を風靡したことは当時の多くの人が記憶するところでしょう。あるとき、故林知己夫氏（元統計数理研究所長、日本行動計量学会初代理事長）は、この『タテ社会の人間関係』について、統計学的・科学的な根拠が見いだせないと語ったといいます。同著は、読み物としては面白いが、体験的な根拠に基づいて多々自説が語られており、林の考えるようなデータを根拠とする科学からはほど遠いと思ったのでしょう。たしかにこういったものは、（林氏のように批判しても仕方がないような話とも思いますが）統計学者には学問と呼びにくいです。しかしながら、多くの日本人の心に通じる片々とした「事実」をあれこれ集め繋げれば、科学的存在が肯定も否定もできない何かが自然にできあがります。いわば集団が受け入れる「幻想」や「ファンタジー」です。「幻想」や「ファンタジー」は科学的実在ではありませんが、人の観念（思考内容）としては「ある」。言ってみれば「空気」（山本七平）のようなもので、今も昔もこれは手強いです。吉本隆明は「日本」（という国家）さえ「共同幻想」であるといいます。

ファンタジー（fantasy）は、幻想的あるいは空想的な事象を主題や設定に用いる小説などのフィクション作品のジャンルの一つです。しかし、良い小説は、よくできているものです。歴史小説なども部分が史実（歴史的事実）に基づいた創作であると分かっていても、もっともらしいと思える話も多いです。反対に、「事実は小説より奇なり」（Truth is stranger than fiction.）ということわざがあります。英国詩人バイロン卿が云い、直訳のまま日本語のことわざになりました。めずらしいケースかもしれません。原典 *Don Juan*（英語でドン・ジュアン、スペイン語ではドン・ファン、フランス語ではドン・ジョバンニ）は周知のようにロマンスの話です。主人公は若い美青年ですが、同年代のある既婚女性が彼を多くの女性から守るためと称してかいがいしくせわをやく。しかも彼女は夫とうまくいっていない。それなのに、二人の間には何も起こらない。

これは奇妙である。でも、ほんとうなのだ。事実はいつも奇妙、小説よりも奇妙なのだ。ためしにそこを入れ替えてごらん。小説はどれくらい良くなるか、世界はどれくらい変わるかわかるだろう。

原文は、次の2行です（T'is=This is）。

T'is strange,-but true; for truth is always strange; Stranger than fiction: if it could be told,
How much would novels gain by the exchange! How differently the world would men behold!

strange と exchange, told と behold の語尾が揃い、リズムとして韻を踏んでいます。

理論とは小説のこと

データの分析の理論と事実の関係においてもこれと似たようなことが言えます。「事実」（truth, むしろ眞實）はまさに当の関心対象であり、「小説」（fiction, 虚構）は理論、モデル、筋書きなどになります。データは現象に、分析の計算は理論、モデルの中に入ります。「奇なり」といいますが、元の事実の方が理論やモデルより面白い、興味深い、奥深い、さらに言うなら思いもかけない、予想もできない、真逆である、ということです。理論はあくまで仮説であり、想定だったり建前であったりさまざまです。

近い例は「日本人の国民性調査」（統計数理研究所）でいう「国民性」です。はたして「国民性」

などというものがほんとうにあるのかどうかはわかりません。しかし、仮説としては面白いので重宝され維持されています。典型的な質問項目を挙げてみましょう。

「恩人の危篤」

［絵を見せながら］南山さんという人は、小さいときに両親に死に別れ、となりの親切な西木野さんに育てられて、大学まで卒業させてもらいました。そして、南山さんはある会社の社長にまで出世しました。ところが故郷の、育ててくれた、西木野さんが「キトクだからスグカエレ」という電報(1)を受けとったとき、南山さんの会社がつぶれるか、つぶれないか、ということがきまってしまう大事な会議があります。

［ここでリストを見せる］あなたはつぎのどちらの態度をとるのがよいと思いますか。よいと思う方を一つだけえらんで下さい？

1　何をおいても、すぐ故郷へ帰る

2　故郷のことが気になっても、大事な会議に出席する

3　その他［記入］

(1)　電話が十分に普及しない1950、1960年代までは代表的な全国的緊急通信の方法。遠隔の郵便局A、B間では「チチキトクカエレ」など、片仮名の短文は当時の有線電信で送られるので、送信者はA局に片仮名の通信文を持ち込み、B局は受信文を緊急配達します。配達距離にもよりますがおおむね30分以内で到達し、値段は字数による。短い場合は10字以内がふつうでした。

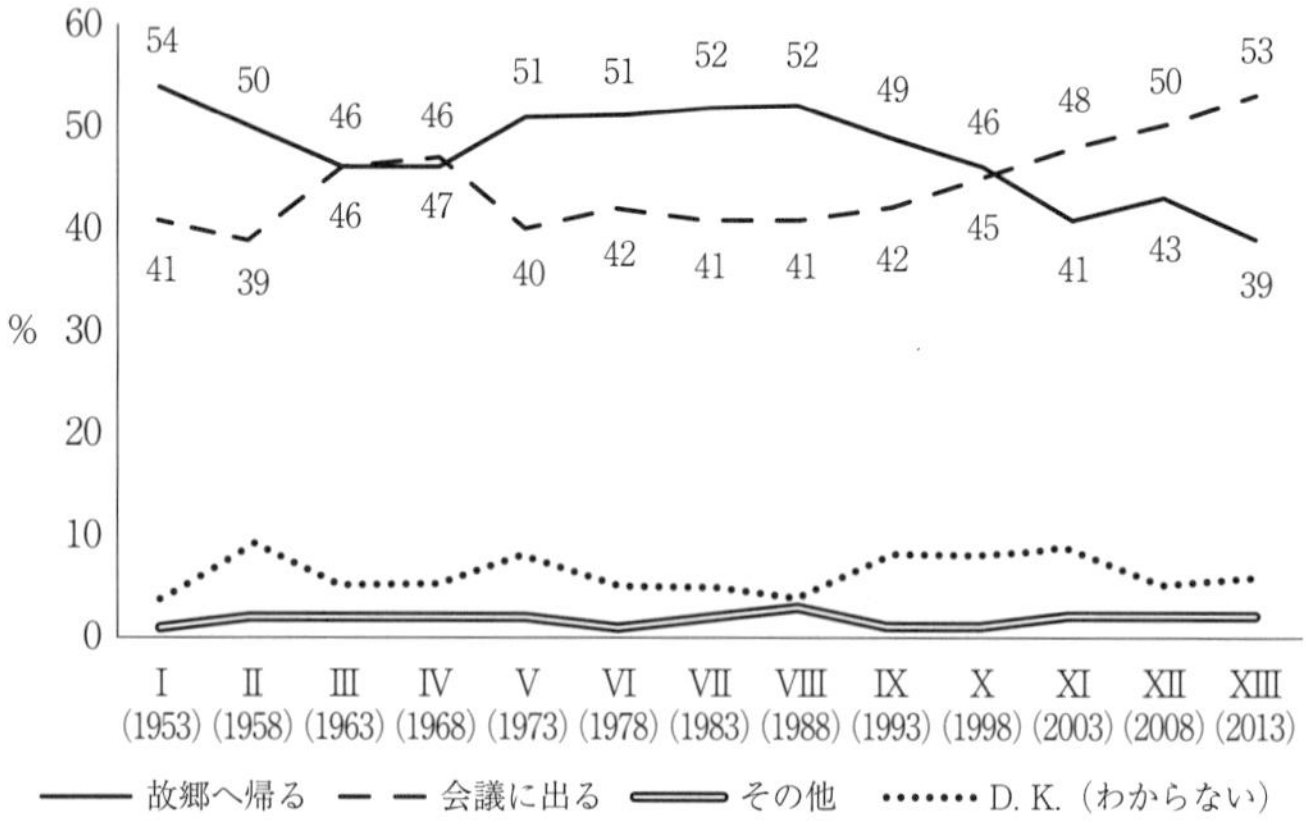

図 1-1　恩人がキトクのとき
出典：「日本人の国民性調査」（第1～13次の結果）より作成　https://www.ism.ac.jp/kokuminsei/table/data/html/ss5/5_1/5_1_all.htm

この質問の回答結果（図1－1）の変化は「国民性調査」の中でも象徴的です。1963年と1968年を除けば、「故郷へ帰る」が「会議に出る」を上回っていましたが、1998年頃に伯仲し、21世紀以降には「会議に出る」が「故郷へ帰る」を上回るようになります。データに見る変化が科学的にほんとうの事実を物語っています。

　ただこれで済むほどものごとは簡単ではありません。人間の内面のストーリーの立て方において、行動や態度がほんとうにその人の価値観を表わしているでしょうか。何事もそこにはなお深い議論が必要です。「中江藤樹の母」の逸話はご存じでしょうか。藤樹は孝行で後世聖人のごとく言われます。母は藤樹が江戸に学問に出るとき「帰りたいなどと考えてはいけない。一生懸命学問して早く一人前の立派な人になっておくれ」と言いました。あるとき孝行で帰った藤樹をかえって叱責したといいます。（本音では藤樹の母はうれしかったでしょうが）学問こそ心の汚れを清め、身の行いを良くする道であるという理由から、藤樹を突き放したとされています。この話をそのまま質問文にすると全然異なった結果になるかもしれません。

「科学的」であることはそれほど簡単ではありません。解き明かしたい対象と方法との緊張関係があることは、今後ますます重要になるでしょう。

ほんとうのデータの科学

数理統計学が頂点に達した1960年代後半から1970年代にかけて、「行動」を計量することを主眼においた林知己夫氏は社会現象のモデル化について「モデル化は現象を理解するための方法である」、そして一部には「現象解析よりはむしろ方法に酔っている姿が見えるのである」（林、1974）、「方法が先でなく現象解析の意図が先であって、この点が注意すべきところである」（同、序文）と述べています。「方法が先でなく」の「方法」とは、当時隆盛をほこった「因子分析」を（評価しつつも）意識したものでしょう。実際、その後1972年に行われた行動計量学シンポジウムの第4回研究集会（8月30日‐9月2日）では、方法と研究対象がともに揃って調和した研究の堂々たる偉容が実現しました。表1‐1は、本章の著者の一人である松原が記録に基づいて、研究会の発表者とタイトルを整理して仕上がったものです。

「日本行動計量学会」はこのデータ哲学に基づき1973年錚々たるメンバーによって設立され、以後50年間日本人の行動、態度、意識について非常に多くの異彩を放つ計量的業績を積み重ねてき

集会の内容

氏名（発表者もしくはヘッドオーサー）	所属	発表名	要約
井上通敏	阪大・医	糖尿病性昏睡治療の計算機制御	肝機能検査データに対し主成分分析を適用し疾患分類
内藤雅子	東大・医	保健領域における乱数応用―欠落データの処理について	保健領域における統計の欠測値の問題を乱数の応用によって克服
植松俊夫	統数研	変動と偏り―交通事故のデーター解析をめぐって	交通事故のデータ解析を考えるとき変動と偏りが重要と認識
西村博	阪大・工	分散型記憶の検討とその臨床応用	医療において分散型記憶になっている診断情報の臨床応用的な問題点を分析
伊藤高司	早大・理工	脳波パワースペクトルの多変量解析―主成分分析の適用について	脳波パワースペクトルのパターン認識に対して主成分分析、因子分析を応用し問題点を検討
西川泰夫	上智大・文	単純課題反復時におけるエラーの起り方―個人内変動と個人間変動	小問回答で起こるポアソン分布のエラーにつき分布論的に考察
岡太彬訓	立大・社会	潜在クラス分析における酪農技術水準の判定	潜在クラス分析によって酪農技術（乳牛）をいくつかの水準に分類する
松木悠起雄	東大・医	血圧補正の一方法とそれによる補正指標の検討	血圧は非常に変動が大きく、補正のための指標を検討することに価値
井関利明	慶大・文	社会学的類型構成への計量的アプローチ　ライフ・スタイルのクラスター分析	統計的データグルーピング理論を用いてライフスタイルを分類
塩見弘	電総研	欠陥（バグ）検出過程と成長曲線―校正とプログラミングエラーの例	システムや製品のバグの構造をロジステック曲線で解明
丸山久美子	青山学院大・文	誤差に関する基礎的考察（その1)―テスト、および測定値の信頼性一般を得るための方法論的問題	テストの測定値の信頼性一般に対する方法論的諸問題の検定
高根芳雄	東大・文	2値反応パターンの因子得点	2値反応パターンの行列Xを潜在クラスのダミー行列で回帰分析し、因子分析と類似した構造を得た
後藤昌司	塩野義解析センター	変量集合がm個の正準相関分析法について	正準相関分析の汎用性を2変数からm変数へ拡張
小川秀光	東工大	ノルム空間における近似理論からみた多変量解析	多変量解析を数学的ノルムによる近似理論とみた
杉山高一	川崎医科大	Distribution on the similarity of two covariance matrix	2つの分散・共分散行列の相似性の検定
柳井晴夫	東大・医	一般化決定係数の射影子による表現	決定係数を射影子によって一般化（一般化決定係数)
馬渡鎮夫	青山学院大・理工	計算機数学と純粋数学におけるGapについて	計算機に用いられる純粋数学の十分性と不十分性
中山剛	日立中研	多次元尺度の基準軸の回転と意味づけ	MDSの基準軸を回転することに心理学的意味を与える
柏木繁男	国鉄労働科学研究所	正規化Skewmax基準について	モーメントに直交因子回転を関連させる試みの発展
佐藤創	上智大学・理工	一般線型回帰分析における推定・検定問題	林の数量化1類によって線形回帰分析を一般化した

表 1-1　第 4 回研究

氏名（発表者もしくはヘッドオーサー）	所属	発表名	要約
林知己夫	統数研	比較研究における問題点	比較的安易に考えられている「比較研究」の問題点の罠を解説
川島武宜		法的制御の理論	法（裁判過程）を社会的制御とみなして碧海・川島モデルを援用
小室直樹		数理社会学の方法的基礎	社会を数理システムとしてみた、均衡の存在条件
小室直樹		社会指標の体系化に関する理論的考察	顕示選好理論による社会指標の根拠づけ
竹内啓	東大・経済	多変量解析の有効性	データ解析における多変量解析の有効性について見直す必要性
富永健一	東大・文	二基準点方式による福祉指標の作成の試み—東京データによる時系列分析	社会指標の客観面と主観面を統合するため最低点（0）と最高点（100）を決め、社会状態を評価する
西平重喜	統数研	社会調査の信ぴょう性	行動科学的データを統計理論で分析することの信ぴょう性を議論
岩坪秀一	電総研	言語連想実験データの多次元解析の応用	自然言語処理に多次元尺度解析（数量化第 3 類 e_ij 型）で分析
野元菊雄	国立国語研究所	社会変化と言語生活の変化—鶴岡市における共通語化について	実地調査によって社会変化が言語生活を変容させる
広瀬弘忠	東大新聞研究所	政治的社会化過程における〈政治的知識〉と〈政治的態度〉との関連—因子分析法のいくつかの適用例について	政治的社会化において政治的知識が態度にどのように影響するか因子分析を適用
塗師斌	東大・教育	学力評価の多変量解析的研究	学力評価の神奈川方式を多変量解析的な側面で総合的に分析
豊川裕之	東大・医	社会学でいう集団凝縮力 Contractivity の計量化について	食物消費状況を分析し、そこに集団のもつ凝集力を見出す
市村操一	東京教育大・体育	筋力の因子構造における体格要因について	筋力の因子構造での主成分分析の解釈
伊藤志真子	東大・医	各種体格指標の構造と評価に関する一考察	体格指標の構造を主成分分析及び数量化 3 類で解明
北村邦昭	東大・医	衛生統計の情報量	エントロピーを分割することによって衛生統計の情報構造を分析
飽戸弘	埼玉大・教養	社会意識と社会指標の連関分析—方法論に関する二、三の考察	数量化第 1、第 2 類などを用いて社会意識と社会指標の関係
加藤純一	綜合調査統計研究所	「72 民力」における“人間らしさ”の数量化の試み—「人間らしさ指標」の考え方と問題点	民力データにおける人間らしさの指標を指数化する方法で数量化
三觜武	国鉄・鉄道技研	旅行嗜好の順位数量化の一モデル	旅行の楽しみをマルコフ連鎖と考えて、旅行の目的を数量化
平山政市	徳山大学・経済	消費経済、生産経済、財政経済における均衡配分システム	エンゲル係数を正規分布に乗せて、均衡配分システムを作り消費者行動を実証
上笹恒	製品科学研究所	図形知覚における類似性判断の解析	ランダムな多角形のお互いの類似性の知覚を Kruscal で分類
山本幹夫	順天堂大・体育	行動科学の方法としての多変量解析、その有効性と限界に関する考察—保健科学の立場から	保健データに対して行動科学的手法（多変量解析）を応用する際の基本問題を検討

ました。

この発展の延長で、「データ」を強調して「データの科学」とよぶようになりました。訳せば「データ・サイエンス」ですが、内容的にはふつうに今日世間で言われているそれとは相当異なります。現在巷間で取りざたされる「データ・サイエンス」は、ややもすればＡＩ、機械学習、ビッグデータ、チャットＧＰＴ、ＤＸという、方法オンリーの傾向が一世を風靡し、着実なデータ重視行動計量を押し流しています。しかし、重要なのは、「事実」です。ウィトゲンシュタインによれば、世界を作っているのは「事実」であり、「もの」ではありません。もちろん、歴史は事実に属し、ものには属しません。

とはいえ、行動計量も狭い領域で技術主義に淫しています。周囲の急激に変わっていく社会や世界に基本的に関心を向けるべきなのです。数理的なＡＩや機械学習のメリットも全否定はしませんが、もし現象解明が目的であるなら、これら数理的方法をどのように機能的に活用していくか、方法に支配されることなく現象解明が主人であることがいま一度確かめられなくてはなりません。力強い兆しもあります（強調は筆者）。

> **脳や計算機の中に構築されたこの世界のモデル**は、圧倒的に豊かな複雑さを持つ現実に比べれば、過度に単純化されたものであり、不完全です。（ただし、意思決定や予測にはそれなりの役立ちはある）（岡田謙介・日本行動計量学会和文誌編集委員会副委員長、日本行動計量学会会報１７８号、２０２３年９月１日）

私は、ＡＩ・機械学習を統計学や行動計量学の発展形とは考えていません。そうではなく、扱う主な対象が異なるのだと理解しています。ＡＩ・機械学習はどちらかというとクールなデータを扱い、行動計量学はウォームな、つまり、人間臭いデータを扱うことを主にしているのではないかと思うのです。行動計量学者がデータをみるとき、**データの背後にある様々な要因**に思いを馳せます。（狩野裕・日本行動計量学会理事長、日本行動計量学会会報１６９号、２０２１年７月１日）

データの科学の新領域

行動計量学は、高度経済成長終焉後（ニクソンショック、石油危機）に生まれ、日本社会の相対的安定期（おおむね20－30年間）に形成されました。「行動」と言っても、社会や歴史とのつながりを考えた「政治経済的行動」は少なかったのです。初期には京極純一氏のような先駆者もいましたが、多くは中産市民的関心ですまされてきました。今後は、扱う対象自体が、機能不順、問題群の叢生となっており、もう一昔の前のような「対象」はそこにはありません。新しい行動計量、新領域がそこにあります。その意味で、データの科学の新領域とは、データの方法ではなく、データで扱うべき「新しい社会の課題」です。国際社会における日本の役割は重要性を増しており、企業（やＮＰＯ）は、いち早く新しい課題に適応すべきです。そういった企業の中にいる人々に対して、データの科学の新領域を提示する使命を本書は帯びています。

そもそも統計学の源流の一つとされる考え方は17世紀のイギリスで登場しました。ウィリアム・ペティの『政治算術』はその代表作であり、国家の領土や人口、社会の現象についての数量的観察を記述したものであり、同時期のドイツにおいても、国家の状況を記述する学問が発達したため、国家（ドイツ語のStaat, State（英））は、統計学（statistics）の名称の由来となりました。統計学は社会のことを考えることから始まったのであり、統計学者が社会のことを考えるのは本来の役割です。社会と歴史のつながりを考えたデータの科学についての具体的な見通しは、改めてエピローグで示しますが、今日の日本の財政破綻は重要課題の１つです。財政破綻で２６０年の歴史を閉じた江戸幕府の問題から、日本人の思考様式を振り返らなければなりません。残念ながら、行動計量学とデータの科学は、いまだその解決案の提示に至っていません。

第2章　統計学者ナイチンゲールの教訓

なぜナイチンゲールか

分母のない「率」？——ナイチンゲールだったら

この原稿を執筆しているのは2020年の夏です。本来ならば、東京でオリンピックが開催され、日本中が興奮の渦に巻き込まれているはずですが、実際は新型コロナウィルス感染症が大流行し、オリンピックは延期され、様々なイベントが延期や中止に追い込まれています。そこで後を絶たないのが、サンプリングされたわけでもなく、分母がわからないのに、罹患率とか陽性率とかと称して公表されている統計数値です。状態が明確である死亡数や人口を分母とした死亡率以外は役に立たないのですが、死亡については口にするのがはばかられ、話題になりません。他方、どのような仮定の下にどのような方法で行っているのか明らかにされていない中、患者数の将来推計が行われ

ています。このような状況を見ると、統計学者としても兵士の死亡状況を解析することに腕をふるった看護師であるナイチンゲールのことが頭に浮かびます。彼女について、統計学で偉業を達成したと聞いて驚く人は多いでしょう。

５月12日は看護の日とされています。国際的には１９６５年から国際看護の日とされているにもかかわらず、日本で看護の日と制定されたのは１９９０年とかなり差があります。何故この日を看護の日とするかといえば、この日は「クリミアの天使」とよばれた、フローレンス・ナイチンゲールの誕生日なのです。看護師としてのナイチンゲールは有名ですが、統計学者としてのナイチンゲールはあまり知られていません。この章では、統計学者としてのナイチンゲールの業績を紹介し、看護における統計学について解説します。

ナイチンゲールの生い立ち

(1) 優秀

フローレンス・ナイチンゲールは、イギリスの大富豪の娘として１８２０年5月12日にイタリアのフィレンツェ（英語ではFlorence）で生まれました。父は9歳の時に母方の伯父の遺産を相続し、その後も順調に資産を増やし、1818年に結婚した際には、かなりの大富豪になっていました。当時はナポレオン戦争後でヨーロッパの情勢が安定してきたことも関連していますが、旅行好きの父は3年にわたる桁外れの新婚旅行を行いました。ヨーロッパ諸国を旅行中、ナポリで姉が生まれ、ナイチンゲールは、イタリアのフィレンツェに滞在していたときに生まれたので、生地にちなんでフローレンスという名をつけられました。新婚旅行から戻った時には、2人の娘が増え家族4人になっていました。

帰国後、一家はグレートブリテン島のほぼ中央に位置するハンプシャーとダービシャーの邸宅で過ごすことになり、子どもたちはその屋敷で個人指導による教育を受けることになります。それゆえ、ナイチンゲールは大学へは行っていません。そもそもこの時代、学校へ行くということは一般化していませんでした。特に上流家庭の子弟は親元を離れることをしなかったため、学歴を重視しなかった傾向があります。実際、学校といっても専門を教えているわけではなく、大学でも教育の中心は語学であり、難解な文章を読めること、難しい文章が書けること、母国語以外の言語で書かれた他国の文書を読めることが優秀の証しでした。

ケンブリッジ大学の出身であった父親の影響もあり、ナイチンゲールも難解な書物を含めたたいていの英語の文章は読むことができ、書くことについても何の困難もありませんでした。また、イタリア語に堪能であった父親からイタリア語、ラテン語、ギリシャ語などを学び、日常会話程度は問題なくこなしたといわれています。さらに、ヨーロッパ諸国の歴史や文化、特にイタリア・ローマ、ドイツ、トルコなどの歴史を学び、世界に目を向けていました。

（2）交流とデータ収集

ナイチンゲール一家は、１８３７年9月から１８３９年4月までの邸宅の改修中にヨーロッパ諸国を訪問する長旅に出ました。ナイチンゲールは17～19歳であり、最も多感な時期にさまざまな文化を体感しました。訪問した土地の上流階級の人々や学識者と交流し、多くの施設を訪問し、そうした国や地域の政治や社会に興味を持ち、さまざまなデータを収集しました。旅行の最後にパリに滞在し、優雅な社交界を体験するとともに、教会の救護施設や病院、ナースの団体などを訪問しました。ナースとしてのナイチンゲールは、このときに始まったといえます。

社交界における活動も活発で、ロンドンやパリ、ローマで開催されるパーティーや舞踏会にも積極的に参加しており、広い人脈も形成していました。１８３９年には、１８３７年に即位した、ナイチンゲールより１つ年長のヴィクトリア女王に姉妹で謁見を許されています。首相や大半の大臣については、どこかで面識があり、ナイチンゲールは何の不自由もない上流階級のお嬢様でした。

（3）統計学との出会い

ナイチンゲールが統計学に目覚めたのは、20歳の時にある統計学者の書物に出会った時でした。現代の学生と比べるとかなり遅いスタートであるにもかかわらず、ここからスタートして王立統計協会のメンバーに選ばれるのですから、さすがとしか言いようがありません。その統計学者とは、体格指数で有名なＢＭＩ（Body Mass Index）の考案者でもあるケトレー（A. Quételet, 1796-1874）です。ケトレーは統計学と言っても理論統計ではなく、自然や人間の法則に興味を持っていました。

我が国では桜の開花が2月1日以後の平均気温の合計が400を超えた日や最高気温の合計が600を超えた日に起こるという法則があるそうですが、ケトレーもライラックの開花予想として、霜が降りなくなった日以降の平均気温の二乗和が4264になれば、その日が開花日であると述べています。ナイチンゲールが、こうした自然の法則を扱う統計学に興味をもったのも、10代の後半のヨーロッパ旅行の際にさまざまな国や地域のデータを得たことがもとになっていると言われています。

ナイチンゲールと看護

専門職としての看護を目指して

ナイチンゲールは20歳を前にして、貧しい恵まれない人々のために役立ちたいと考え、看護の仕事に従事したいと思うようになりました。1845年に家族に相談しましたが、親の反対もあり一度はあきらめ、気分転換も兼ねて1847年の秋に旅行家の知人とローマに出かけ、その年の冬をローマで過ごすことにしました。そこで、ナイチンゲールより10歳年上で30代半ばのイギリス人で、当時ローマ保養所の所長をしていた政治家のシドニー・ハーバート（S. Herbert, 1810–1861）と出会うことになります。ハーバートは、すでに戦時大臣（Secretary at War）という要職も経験している前途有望な大物の政治家でした。この政治家こそ、その後のナイチンゲールの人生に大きな影響を与える人物です。異国で出会った同胞ということもあり、ハーバートはもちろん、夫人のエリザベス・ハーバートとも、とても仲良くなりました。

ナイチンゲールは帰国してから、再び進路に悩み出し、遂に１８５１年に家族から独立して自分の道を歩み出すことになります。ドイツのデュッセルドルフにある、病院や孤児院を併設している慈善活動をするルター派プロテスタントの女性執事の訓練学校に向かい、ここで３ヶ月の研修を受け、看護師として歩み出します。今でこそ、我が国では３年以上の専門教育を必要とし、国家試験の合格を求められる資格ですが、彼女の看護師としての研修経験はわずか３ヶ月というから驚きです。当時は、看護師は病院で患者の世話をする単なる召使いとして見られ、専門知識の必要がない職業と考えられていたのです。その後、パリに向かい、病院や施設を訪ね歩き、医療機関の組織や運営について学習しました。ナイチンゲールは看護の技術よりも、病院や慈善施設で活動する人々を管理して運営する組織に興味があったのではないでしょうか。

そのようなときに、ロンドンにある女性家庭教師のための療養所の看護監督就任の依頼が届き、一も二もなく承諾し、ついに１８５３年の８月に本人が希望していた職につきました。さらに、ロ一マで知己となったハーバート夫人が施設の運営委員に就任し、ナイチンゲールをバックアップしました。こうして、ナイチンゲールが理想とする新しい人生がスタートしました。

クリミア戦争とナイチンゲール

(1) スクタリ野戦病院

ナイチンゲールが施設長に就任して２ヶ月後の１８５３年の10月、当時オスマン・トルコ帝国が支配していたエルサレム（現在のイスラエルの首都）をめぐる聖地管理権問題を発端として、ロシアとトルコの間で黒海の南北を挟んで「クリミア戦争」（Crimean War）が始まりました。そして、翌1854年3月にロシアと対立していたイギリスとフランスがトルコ側につき、ロシアに宣戦布告して参戦しました。

その年の10月、イギリスのタイムズ紙（The Times）が戦地における医療体制についての特派員レポートを掲載します。その内容は、負傷者に対して、何ら適切な処置がとられていない状態で、包帯を巻く人もナースもおらず、手当も満足に受けられずに死んでいく兵士が多数に上っていると いうことでした。この悲惨な状況を伝えるレポートは、イギリスで大きな反響を起こし、同時にナイチンゲールは、これこそが自分の天職であると考えました。また、再び戦時大臣に就任したハーバートも、タイムズ紙のレポートを見て、この問題を解決するにはナイチンゲールが適任と考え、政府が派遣するナースチームのリーダー就任を要請しました。教養があり、看護師の訓練経験を有し、語学に堪能で、政府関係者に知り合いを有する者はナイチンゲールをおいて他にはいませんでした。ナイチンゲールも自ら看護師として従軍する決意を固め、38名からなるナースチーム（チーム・ナイチンゲール）のリーダーとして、イギリス軍の後方基地と陸軍野戦病院のあったトルコのイスタンブールに隣接するスクタリ(1)に赴きました。

(1) トルコのイスタンブールはボスポラス海峡にまたがり、西側がヨーロッパ、東側がアジアに属しています。スクタリは東岸にあり、今日「ウスクダラ」と呼ばれています。

(2) 軍医たちの抵抗、そして改善

イギリスを出発したのは10月21日、タイムズ紙にレポートが掲載されてわずか10日後でした。兵舎・病院はきわめて不衛生で、必要な物資も十分に供給されていませんでした。戦場で死ぬ兵士よりも、劣悪な衛生状態が原因で蔓延した感染症で死ぬ兵士の方が多いという状態でしたが、軍医長官を初めとする医師たちは、ナースの従軍と介入を頑なに拒みました。そもそも当時の看護師は病院の召使いのような存在で、医師達は必要性を感じていませんでした。現在では想像することができませんが当時の看護師はそのような存在でした。しかしその扱いの低さが幸いし、ナイチンゲールらは、病院のトイレが不衛生であるにもかかわらず、掃除を担当する部署が曖昧なことに目をつけ、まずトイレ掃除を担当しました。そこから組織に介入していき、病院の衛生状態の改善に取り組み、1855年の2月に約42%になっていた死亡率を、4月には14・5%、5月には5%にまでめざましく改善しました。この活躍がタイムズ紙の特派員レポートにより本国で報じられ、ナイチンゲールはかくして一躍イギリスの英雄になりました。

セバストポールという黒海の北側の街にロシア軍の要塞と軍港がありましたが、そこが1855年の9月に陥落し、翌年の3月にパリで平和条約が締結され、クリミア戦争は終わりました。

(3) 統計報告書作成と衛生改革

ナイチンゲールの活躍は連日、新聞などで報道され、国民的な英雄となっていましたが、彼女はまつり上げられるのを嫌い、1856年の8月に人知れず帰国しました。11月にチーム・ナイチン

ゲールは再度結集し、病院の状況分析を開始、数々の統計資料を作成し衛生状況改革のために動き始めました。しかし、この動きは陸軍の、言い換えれば政府の失敗を暴くことになり容易なことではありませんでした。この後、ナイチンゲールは衛生状況改革と報告書の作成にその全てを費やすことになり、彼女が「クリミアの天使」として看護活動をしたのは、わずか3年に過ぎません。にも拘わらず、看護師といえばナイチンゲールと言われているのはなぜとしか言い様がありません。そのもとには、統計があったのです。

ナイチンゲールはシドニー・ハーバートに相談しました。そして、ヴィクトリア女王に面会し、陸軍の衛生状態の改革の必要性を訴え、女王による勅撰委員会の設置を要望しました。勅撰委員会は、女王が命じて組織される委員会で、議会に結果が報告されます。この報告書を作成した人こそナイチンゲールであり、彼女が統計学者であったことの証しでもあります。以下ではこの報告書の内容とそこで用いられている手法について紹介します。

統計学者としてのナイチンゲール

死亡率の算出――月別の年換算

現在でも様々な衛生指標が存在していますが、最も信頼性が高いのが死亡率です。死亡率とは、人口千人当たりの年間死亡者数で算出されます。生死というのは明白であり、その原因である死因もかなり正確に把握できます。2021年現在に問題となっている新型コロナウィルス感染症の感

表2-1　英国兵士の死因別死亡者数

西暦年	月	平均兵力	伝染病	負　傷	その他
1854	4	8571	1	0	5
	5	23333	12	0	9
	6	28333	11	0	6
	7	28722	359	0	23
	8	30246	828	1	30
	9	30290	788	81	70
	10	30643	503	132	128
	11	29736	544	287	106
	12	32779	1725	114	131
1855	1	32393	2761	83	324
	2	30919	2120	42	361
	3	30107	1205	32	172
	4	32252	477	48	57
	5	35473	508	49	37
	6	38863	802	209	31
	7	42647	382	134	33
	8	44614	483	164	25
	9	47751	189	276	20
	10	46852	128	53	18
	11	37853	178	33	32
	12	43217	91	18	28
1856	1	44212	42	2	48
	2	43485	24	0	19
	3	46140	15	0	35

染状況について、さまざまな数値を国際比較する場合にも現実的には死亡率の比較以外は不可能です。そうだとしても、ことがらは人が考えるほどそう単純ではありません。そこが統計的センスというもので、それなくしては大きなミスを犯し、人を混乱させるものです。

表2－1に示したのは、スクタリ野戦病院に配備された兵力と死因別死亡者数です。兵力は戦闘状況を踏まえ、月ごとに変化しています。通常、人口ベースの死亡率を算出する場合には、

年を単位としているので年の中央（7月1日）の人口を用いて算出します。我が国の場合には年度を単位としているので10月1日の人口を用いています。しかし、スクタリ野戦病院の場合には兵力を人為的に変化させているので年の中央の兵力がその年の兵力を代表している訳ではなく、兵士の死亡についても大規模な戦闘が行われれば増加し、にらみ合っているだけであればほとんど発生しません。

それ故、年単位の指標は役に立たず、月別の値を算出する必要があります。しかし、1ヶ月間に死亡する人数は、1年間に死亡する人数に比べて明らかに少なく、その値で算出した死亡率は比較できません。ではどうすべきか。そこがナイチンゲールの優秀さの一例です。月ごとの平均兵力を分母として月ごとの死亡率を算出し、それを12倍して年当たりに換算する方法を用いました。これは、現在、小集団に対して用いられる「人年法」の応用です。この方法により算出した、月別の死亡率を比較するエビデンスにより改善効果を示したのです。

これが統計的センスで、一見やさしそうですが、なかなか思いつきません。数学の難問よりハードといえますが、良識の活用としても誰にでも可能です。

今なら当たり前（しかし誤用、曲解も多い）である死亡率とその推移を示す場合に、表を用いることで1枚に多くの情報を含めることができます。といっても、そこは表の性質でもありますが、多くの情報を含んでいるのに、一見して数字の羅列に過ぎず、インパクトに欠け、初心者には分かりにくいという欠点もあります。そこで、ナイチンゲールは何とかして図で示すことにこだわりました。ふつう、数値の経時的変化を示す場合には、折れ線グラフを用います。ここで扱っているのは、

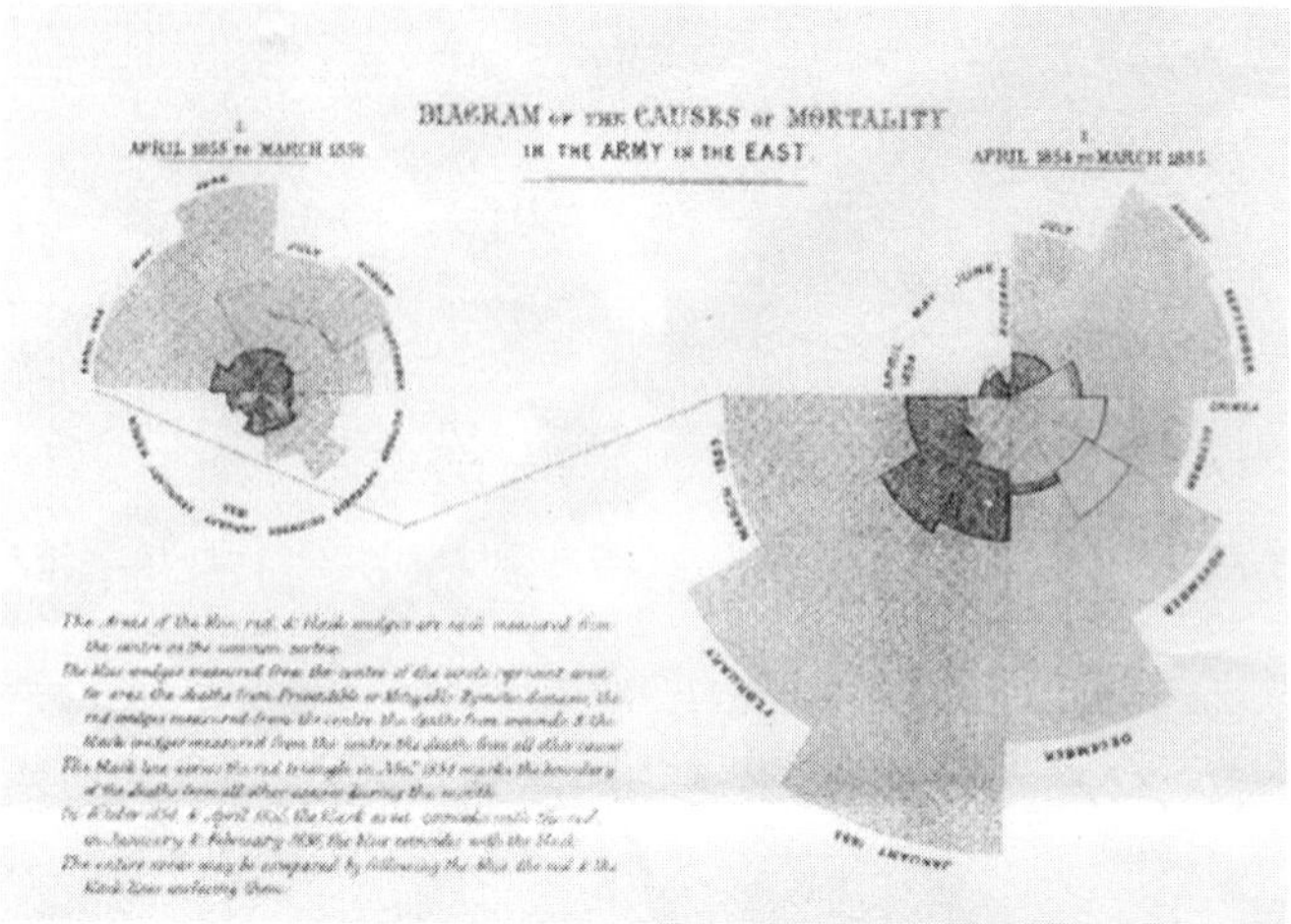

図2-1　ナイチンゲールのBat Wing Chart/Rose Diagram 酒井（2018）より引用。原典はNotes on matters affecting the health, efficiency and hospital administration of the British army, founded chiefly on the experience of the late war（英国陸軍病院の保健、効率、病院管理にかかわる諸事項の覚え書き、とりわけ今次戦争の経験）

月別の死亡率の変化であるので、折れ線グラフを用いるのが一般的で、そうでなければ棒グラフを用います。特に数値の内訳を示したい場合には積み上げ棒グラフを用います。

しかし、ナイチンゲールは、この死亡率について、独自に工夫したコウモリ（bat）の翼かバラ（Rose）の花のような扇形の面積で表示するBat's Wing Chart/Rose Diagramを作成して解説しました（Diagram＝図）。こういうことは、今では当然のことですが、やはり当時として誰も考えないことを創出し、それを打ち出す自信・自負・能力はいつの時代でも出色というほかありません。これは、中心角を12等分して、月ごとの死亡率を半径とする扇形を作成するものです。言葉では分かりにくいので具体的にみてみることにします。

(1) 死亡者を表示する——コロナウィルス統計への教訓

図の中央の濃い色の部分が戦闘による負傷での死亡、外側の薄い色の部分が感染症による死亡です。明らかに感染症による死亡が戦闘による負傷の死亡を上回り、時によっては数倍にもなっています。

さらに、比較の対象として、当時、イギリスで最も衛生状態が悪いとされていたマンチェスターを選び、スクタリ野戦病院の兵士と年齢構成を合わせて死亡率を算出し、Bat's Wing Chartを作成しました。ここでも、一つ重要な点があります。それは、スクタリ野戦病院とマンチェスターの死亡状況を比較する際に、両地域の年齢構成を等しくしたことです。死亡という事象は年齢に大きく依存します。戦地でもない一般住民の居住地では、いくら衛生状態が悪くても、災害や大事件でも起こらない限り、死亡者の大半は高齢者です。

これは、現在、行われている新型コロナウィルス感染症による死亡率の国際比較と同じです。高齢化率が高い日本の死亡率が高いと主張している人はその点が判っているのでしょうか。話を戻すと両地区の死亡率を単純に比べても、マンチェスターの高齢者の影響が出てしまうので意味がありません。現代では年齢調整と言われる年齢構成を合わせることを思いついたナイチンゲールの鋭さはやはり出色で尊敬に値します。

報告書の作成とその後の活動

現実には、今日でもデータを集めた人が自ら分析までやり抜くことは限られます。ましてや、それを解釈し、行政報告書まで執筆作成するには多大な能力、エネルギー、情熱、勇気が求められます。ナイチンゲールはこの様にして作成したグラフなどを多用して、スクタリ野戦病院のみならず、陸軍の衛生状態に関する報告書を作成しました。草稿ができあがったのが1857年といわれていますが、正式に提出されたのは1858年の4月でした。クリミア戦争からの帰還後1年足らずで1000ページを超える報告書を完成させたのですから、まったくもってその能力と努力は尋常ではありません。

ナイチンゲールのこうした業績（英国陸軍の衛生改革への統計的手法の活用）に対して学会も黙ってはいませんでした。1858年に女性で初めて王立統計協会（the Royal Statistical Society）のフェロー（Fellow, 評議員）に推薦されました。さらに1874年に米国統計協会（the American Statistical Society）の名誉会員（Honorary member）に選ばれました。彼女の経歴も業績も統計学者の鑑でしょう。

看護領域における研究

看護ケアは疾病の治癒に明らかに影響

ワクチンや新薬の効果や安全性の評価等、医療分野では大規模な臨床研究が行われていますが、看護に関する臨床研究はあまり行われていません。看護に関して看護師は業務独占を有しており、看護師でなければ看護業務を行うことはできません。また看護ケアの違いが疾病の治癒に影響していることはあきらかですが、看護は治療行為の一環として存在しており、病棟内で患者ごとに看護方法を変えて効果をみるといった臨床的な研究を行うことはほとんどありません。というのも、我が国では治療方法の選択に関して、最終的な決定権は医師にあり、看護師が口を挟むことはめったにありません。また患者を対象とした研究のほとんどは、患者から得た検体を分析する純粋な実験的研究か、意識や行動を扱う心理学・行動科学研究です。病院では、患者はお客さんであるという感覚が強く働いており、研究の対象としてはふさわしくないという考えが根強いのではないかと思われます。それゆえ、研究の多くは医療従事者、主に看護師を対象とした心理学・行動科学的な研究が多いのです。

（1）看護研究の現状

データ収集の方法としては、調査も行われていますが、多くは数名から数十名を対象とした面接による意見聴取です。意見聴取の対象なので、無作為に抽出することはできず、研究対象における偏りの存在は否定できません。調査研究の場合でも、無作為おろか、母集団を決め、そこから標本抽出を行うことはほとんどなく、たいていは依頼可能な関係にある病院の看護師の全員か希望者のみを対象としています。その点で、標本の偏りがあることは否めません。そもそも、協力的な者（だけ）が研究に参加することは明らかで、研究結果にはバイアスが含まれていますが、あまりそうした問題について考察されることはありません。この点が看護研究の甘さかも知れません。

表２－２に過去5年間に日本看護科学学会誌に掲載された原著論文の研究方法の分類を示しました。ここで示したのは、看護系の学会の中でもトップレベルの学会誌であり、その点ではバイアスもありますが、調査を行って、何らかの有意な結果が得られた場合には、掲載先に選ばれやすいです。ところが、面接による意見聴取で、満足な結果が得られなかった場合には、掲載先としてより採択されやすい学会誌や大学の紀要などが選ばれるので、そうした学会誌等では面接による意見聴取の割合は高くなります。こういう傾向がはっきり出るのです。

調査研究において研究対象を計画的に収集することは少ない、それゆえ、研究対象に偏りが生じている場合が少なくありません。そもそも、看護は個々の患者を対象として、個別のケアをする臨床業務であるため、個人の扱いには慣れていますが集団としての扱いは苦手です。そのため、個人を非常に大事にします。これは研究においても同様であり、本来ならば分析対象から除外するべき対象であっても、容易に除外できません。医師が行うのも臨床行為ですが、医師の場合には複数の施設や機関・部署にまたぐ共同研究で行われることが多く、様々なスタッフを含む研究チーム・グループで対応しています。それゆえ、その中には統計を専門とする者が含まれることが多いです。特に新たな治療法や検査方法などの効果判定・検証などを行う場合には、かなり綿密な研究計画を求められるので、様々なスタッフが必須となります。

（２）統計学者がいない

表2-2　日本看護科学雑誌に掲載された論文で用いられている研究手法

年　次	調査研究	症例研究	介入研究	面　接	文　献	合　計
2015	5	1	1	6	0	13
	38.5	7.7	7.7	46.1	0.0	100%
2016	8	2	1	10	1	22
	36.4	9.1	4.5	45.5	4.5	100%
2017	18	0	2	20	0	40
	45.0	0.0	5.0	50.0	0.0	100%
2018	16	2	3	11	1	33
	48.5	6.1	9.1	33.3	3.0	100%
2019	14	2	2	14	0	32
	43.7	6.3	6.3	43.7	0.0	100%

看護の場合には、そのような臨床研究を行うことはないので、自分の身近な者、数名の看護師仲間で研究チームを組むことが多いです。これは、意思疎通が密であるという長所はありますが、チームのメンバー以外の者に尋ねようとはせず、また質問する知人もいないのが現状です。大半の研究チームには統計学を専門とする者が含まれず、そうした方面からのアドバイスは受けづらいです。こうした問題が解決すれば、看護領域に属する研究者の研究状況は一変すると思われますが、それは容易ではないでしょう。

面接による意見聴取による研究を行っている者の中には、最初から独自の尺度を開発しようと試みている者もいます。こうしたことを考えている場合には、その後の対応もかなり変わってきます。

看護と統計学

ナイチンゲールは今だったら何というでしょうか。歴史的に看護師は女性の仕事であると考えられてきており、ほんの最近になって男性も従事するようになりました。たしかに「リケジヨ」という用語も生まれ、理系の女性も増えてきてはいますが、看護を目指す女性の大半は文科系の受験勉強を経ており、理科・数学は不得手という者が多いです。看護も医学系の業種であり、業務上で理科の知識は必須です。これについては、割り切っているので何とかなりますが、数学については苦手を通り越して数字に嫌悪を覚える者が少なくありません。こうした状況であるから統計といっても数理的な処理を行うことは少ないです。この点、ナイチンゲールの爪の垢でも煎じて飲ませたいです。調査研究は行われているので、記述統計量の算出・属性別の単純集計や群別比較程度は行われますが、交絡要因の調整などはほとんど行われていません。その点では、ナイチンゲールがスクタリ野戦病院の兵士の死亡率との比較にマンチェスターの死亡率を用いる際に、年齢構成を調整したことは何といっても出色です、立派であると言えるでしょう。実は、家庭教師と言いましたが、ナイチンゲールについていたシルベスターは当代一流の数学者でした。数学知識も彼女のエンジンだったのです。

看護の研究は少数例を対象とした面接による意見聴取が主ですので、あまり統計的な処理は必要としません。そうでない場合には調査研究となりますので、パラメトリックな手法の使用は少なく、多用されているのはカイ2乗検定、マンホィットニーのU検定、ウィルコクソンの順位和検定などです。たとえば褥瘡への看護対応（2通り）が病状（2通り）と関係があるか、摂食量が退院時期に関係があるかなどでしょう。

(1) 看護系研究者による尺度開発

病院へ行くと、しばしば診察前に、数問程度のアンケート回答を求められることが多いです。これは重要な情報です。どう分析されるのでしょうか。質問によって意味の軽重があるから単純に足し算すればよいとは限りません。では重みづけはどうするのでしょうか。実際、面接による意見聴取から対象者の概念構造を推察し、その結果に基づいて量的な指標（基準）を作成する試みはかなり行われています。その場合に行われるのは、新たな「尺度」（客観的「ものさし」）の作成であり、テストとしての質問票の作成とその良し悪し評価です。（だんだん専門的になりますが）評価に用いられるのは、信頼性と妥当性の検討であり、その場合には相関係数の算出や信頼性係数の算出、後述する因子分析などが行われます。あえて言えば、看護系の研究で最も統計的手法が用いられる領域です。しかし、不幸なことにこうした研究を行うためには、分析を行うことが可能なソフトウェアが使える環境にあって、分析時に生じる問題や得られた結果の解釈に関するサポート体制が整っていることが必須です。この条件を満たすのは現場の看護師には不可能であり、教育機関で教育に携わっている者に限定されます。そうした点からも今後、現場のスタッフと教育機関に属する教員によるチームの結成が望まれます。時代はそこまできています。

看護における多変量解析

どこかに何か原因がある？

ここからは「看護」を極めたい人に向けた、一層専門的な話題です。看護領域では行動科学的な研究が主であるので、多変量解析(2)が多用されています。特に多いのが「因子分析」です。因子分析は心理学の研究で多用され、変数の背後に存在している潜在変数（何かの原因）を明らかにすることが目的です。看護の調査研究で多いのが、現状把握と独自に考案した尺度の開発ですので、因子分析は多く使われます。テストの妥当性評価、特に構成概念妥当性の立証には因子分析による構成概念の確認が必須となるためです。看護においては、仮説検証的な研究は少ないです。

学んでいる人の向上心は立派ですが、注文もあります。問題となるのは用いるデータです。本来、因子分析等の相関係数に基づく分析手法で用いるデータは連続量ですが、離散量である調査の選択肢の番号を分析に用いているケースが絶えません。それでもまだ、順序性が保たれた上にある程度の数の選択肢がある場合ならば問題ないとされていますが、順序性がない単なる名義尺度や二値データを分析に用いる場合が少なくありません。投稿論文で見つけられた場合には、指摘をしますが、前例となっている論文が存在しているため、改善するのは容易ではありません。今後に期待したいです。

研究手法の選択にも新しいもの、流行り物好きな傾向がありますので、因子分析以外の話題になっている分析方法を使いたがる傾向はあります。最近では、ロジスティック回帰分析と共分散構造分析が流行です。分析方法に流行があるのは当然のことですが、看護の場合にはその傾向が特に強く、自分の研究目的とは無関係に、話題になっている手法を使いたがる者がいます。これは、特に大学院生に顕著で、手法の内容も知らずにただ使えば魅力的な結果が得られ、研究として評価されると誤解しています。こうした問題についても修正していかなくてはなりません。

因子分析の多用

心理学・行動科学的な研究が多くなると、分析方法として多変量解析、中でも心理学の領域からの因子分析が多く用いられていると述べました。以下では、その因子分析について、触れてみたいと思います。２００４年に聖路加看護大学大学院の中川氏が「日本の看護学研究における因子分析法の利用」というタイトルで、因子分析の使用状況とその内容についてまとめています。これによれば、因子分析を用いた研究は１９８９～１９９４年では５年間で４件であったのに比べ、１９９５～１９９９年の5年間では9件にほぼ倍増しました。さらに２０００年では1年間に18件と激増しています。その後の年間の件数は10件、26件、11件と落ち着いています。これは研究環境、特にソフトウェアに依存する結果で、ＳＰＳＳのＰＣ版が発売され、以前よりも遙かに容易に分析が可能になった現れです。

（2）　主成分分析、判別分析、正準相関分析、クラスター分析、パス解析、数量化理論（対応分析）など。

表2-4　年代別回転の方法（中川・西田・柳井，2005）

年　代	直交	斜交	無	記載なし	合　計
1989〜1994	4	0	0	0	4
1995〜1999	8	0	0	1	9
2000	13	2	0	3	18
2001	6	4	0	0	10
2002	17	8	1	0	26
2003	19	10	1	1	31
合　計	67	24	2	5	98

表2-3　因子分析を用いた論文数の推移（中川・西田・柳井，2005）

年　代	度　数	%	累積%
1989〜1994	4	4.1	4.1
1995〜1999	9	9.2	13.3
2000	18	18.4	31.6
2001	10	10.2	41.8
2002	26	26.5	68.4
2003	31	31.6	100.0
合　計	98	100.0	

同時に、これは細かいことで飛ばしてもよいですが、因子分析で用いられる因子の回転についても、２０００年以降、斜交回転を行う研究が増えています。これもＳＰＳＳで斜交回転が可能になった影響であり、その点では研究内容がソフトウェアに左右されるというあべこべの問題も発生しています。十分に注意すべきです。「ＡＩの時代」ではなおさらです。

以上、「尺度」を作り出す尺度開発は質問紙データから重要な基準を考え出すことであり、言い換えると「考え方」（概念）自体を発明することで、誠に有意義な作業です。そのために用いる道具が因子分析なのですが、その学びは難解とは言えないまでも、やはり勉強の意欲が欠かせません。

おわりに

看護学の祖とされるナイチンゲールの統計学における能力と研鑽は偉大であり目を見張るものがありますが、現代の看護研究者はその足元にも及びません。研究環境の問題があることは否めませんが、多くが文系出身ということによる数字に対する嫌悪感が災いしていることは明らかです。食わず嫌いを克服し、よりいっそうの努力を期待しています。

第3章　グローバル社会と統計分析の展望

地球規模で選挙したら

第3・千年紀にはいるにつれて、様々なことが国家ごとだけでなく、地球規模で捉えなければならなくなっています。国内総生産の統計をみれば足りてきた時代は過去になっています。たとえば、新型コロナウィルス肺炎による死者数を、国家ごとに見るのは大事です。しかし、人類全体で考えれば、地球規模の死者数、感染者数が重要です。命ほど大事なものはありません。国家社会ごとの違いを見たいのは山々ですが、グローバリゼーションとは地球規模で考えることなのです。

今すぐに、国家社会の重要性が消滅するなどと言っているのではありません。これは実際に行われた調査ですが、2016年の米国大統領選挙について、ウィン・ギャラップ世論調査（世界独立ネットワーク・ギャラップ世論調査、米国のギャラップ社から独立している世界45カ国の世論調査会社の

表3-1　米国大統領選挙 投票するならクリントンか、トランプか？（猪口・松原・森本，2018）（単位：人）

	トランプ	クリントン	わからない	サンプル数
アメリカ	414	475	45	934
ロシア	542	160	312	1014
NATO加盟国				
フランス	99	716	11	826
ドイツ	78	755	6	839
カナダ	125	686	68	879
東アジア				
日本	32	580	372	984
韓国	34	830	143	1007
中国	505	613	32	1150

連合組織）が世界全体を対象に世論調査を行いました。重要な質問はただ一つ。「米国は世界の各国にとって非常に重要な国家です。その動向は世界に少なからぬ影響を与えます。もし米国以外の国家の有権者にも選挙権があるとしたら、あなたはどちらの候補に投票しますか。クリントンですか、トランプですか」。世界中の結果をみると、クリントンとトランプへの票がせめぎあっていることがよく分かります。同時に、ロシアがトランプを圧倒的に支持し、日本や韓国、北大西洋条約機構同盟国がクリントンを圧倒的に支持していることがわかります。中国はトランプとクリントンが支持伯仲しています。日本が特異なのは、クリントン支持が圧倒し、トランプ支持がほとんどなく、「わかりません」という回答がロシアに次いで世界で二番目に多いことです。この世論調査で興味深いことは、回答者の属性からも米国に対してどのような意見や感情を抱いているかがわかることです。各国においてどのような分断・対立が支持パターンに見られるのかもかなりよくわかります。米国の支持パターンは、現状継続対衰退阻止が強くでています。日本の支持パターンは、現状維

持（クリントン）対現状攪乱（トランプ）が最も強く、二番目に強く出ているのは、グローバリズム対米国第一の次元です（Inoguchi, 2018）。

地球規模の世論調査に向かって前進しよう

地球規模で世論調査をする方法は3通りあります。第一、世界中の国をカバーしようという意気込みで行う方法です。質問票は共通ですが、サンプリングとサンプルサイズ、面接・非面接方法などは個々の国の組織次第でいくらか異なります。ウィン・ギャラップ世論調査は国別代表が連合している組織で、質問票やその他の世論調査の方法を決定したあと、国別に実施します。世界価値観調査はミシガン大学の故ロナルド・イングルハート教授を中心とした半世紀近い歴史を持つ世界中をカバーする巨大な学術組織で、代表が集まって決定、実施します。欧州連合からの世論調査科学研究費による欧州連合規模の世論調査が第一の良い例です。コロナ肺炎の世論調査で最近感心したのは、スロベニアの大学の世論調査です。大学生を被験者とする地球規模の世論調査です。母集団とサンプルというような統計学的なところはあまり気にせずに、世界中の大学生を相手にしています。さらに、財源や組織を気にしないのです。とにかく進取のスピリットは将来を約束するでしょう。

第二、世界を代表すると考えられる国家社会を選んで、国別に世論調査を実施する方法です。たとえば、北大西洋条約機構主要加盟国の政党制の比較などはその例で、世間ではこの第二の方法が圧倒的に多いです。しかし、自分の所属している国家社会だけでしか、世論調査を実施しないよりは、得られる知見は多くなります。

第三、これは二つの新機軸を導入する方法で、いずれも実験段階です（Gilani & Gilani, 2013）。一つ目の方法は世界中でスマホを常時使っている人口（40億人とか50億人）をサンプルとし、たとえば、国連教育科学文化機構の傘で、世界中に余暇の時間の過ごし方を尋ねるとか、一日の睡眠時間を聞くとかになります。二つ目の方法はグーグル・アースを活用する方法です。地球の非海洋表面をたとえば、１００平方キロメートル四方とか２００平方キロメートル四方とかで印をつけて、サンプルの割合を決めてから実施します。私自身、東南アジア国家連合を小さな世界と考えて２００平方キロメートル四方の点をサンプルにして、そのなかに２００万人以上がいるところを対象に、日常生活満足度を世論調査しました。実施に難点克服の余地はありますが、一つ目の方法も二つ目の方法も改善され、より頻繁に使用されるのではないかと思います。自分の見慣れた国家社会だけで世論調査を実施すると、驚くことは多くはありません。実施計画もはじめから半分以上決まっています。そうではなく、ソクラテスの言うとおり、無知の知がわかればわかるほど、人類は無知と偏見に束縛されすぎることが少なくなります。

世界をよく知るためには現地語が必要

価値や情緒は国別に因子分析した方が、比較する時に結果解釈が容易です。世論調査をグローバルに実施しても、使用言語の違いによる比較可能性の低下をいちがいに軽視できません。私自身アジア全域（29社会）で行われたアジア・バロメーターでは37個の言語を質問表に使いました（Inoguchi & Fujii, 2013; Inoguchi & Tokuda, 2017; Inoguchi, 2017; Inoguchi, 2019; Inoguchi, 2022）。英語の質問表をマスター質問表として使い、英語から現地語への翻訳は、現地にてフォーカス・グループで行いました。また、訳された現地語の質問表を英語に逆に翻訳することによって、質問表がほぼ同一であるかを確かめました。学術的目的の世論調査の言語翻訳には、現地語と英語に堪能な方が必要です。しかし、そのような方がどこにでもいるわけではないことが問題を難しくしています。欧州連合では正式な文書には加盟国の使用言語がすべて使われますが、アジアでは各国の言語に堪能な方の調達が発達していません。現地の世論調査会社の力量次第になってしまうのです。外国語教育においても、日本が先進国を輸出の主たる対象としたという歴史もあって、正規の先生が教えている外国語数は東アジアの中でも極端に少ないのです。東京外国語大学で教えている外国語は27であるのに対し、北京外国語大学は108、韓国外国語大学は76の外国語を教えており、どちらも卒業生数も熟達度も高めです。平壌外国語大学では21になりますが、卒業生の習得言語の熟達度はおおむね高いです。

国家社会から深層分析へ

統計学の起源の一つは国家社会でした。そして、それを軸に分析を行いやすくしています。たとえば、生活満足度を日常生活の諸領域や諸側面で計る場合、国際比較と称して、国別の平均を取って満足度が高いとか低いと片づけやすくなっています。２０１９年7月の日本の参議院選挙に関連して注目されたことの一つが、従来は生活満足度が高ければ政府与党支持、低ければ野党支持という仮説が実証されることが多かったのに、２０１９年春から夏の世論調査では、生活に満足が低い層も高い層と並んで、政府与党支持が高かったことです。なぜなのでしょうか、いまだ深い分析はなされていませんが、仮説的な見方が提示されています。第一に、１９９１年の日本のバブル崩壊以降、低成長が30年も続き、所得上昇がほとんど期待できない年月が長く続きました。そのため、それなりに所得がある中間所得者は社会や政治に期待することがなくなった、という仮説です（Ward, 2019；大野博人、2019）。しかも、20世紀第４・四半世紀にはデジタルな空間が地球規模で広く、深く続き、３世紀にも渡って続いてきた欧米の優勢から非欧米の興隆へとリバランスの過程が始まりました（Milanovic, 2019）。先進国ブロックつまり欧米ブロックの一角を占めていた日本も、光のあたる地域というよりは、影の中に入る地域と認定され、安定から停滞へと静かに移行しているので、このような諦めは首肯できる仮説です。第二に、下層化した中間所得集団は政府与党に対抗する勢力が野党やその他の非政府集団のなかに十分強力でなく、競争で負かしてやるという勢いが長いこと存在していません。もしそのような元気な勢力があるとしても、その元気さに一蓮托生するほどリスクはとりたくないのです。経済成長率が高ければ、成長のおこぼれがそのような集団にも流れやすく元気がでるものです。しかし、あまりにも低い経済成長率が長期間続くと、野党、対抗勢力といった集団は逆説的に元気を失いやすいのです（Roudoujin & Burgoon, 2018）。なんと言っても、そこそこの所得があれば、現在の状況で幸せと感ずることができるのです。このような仮説が出てくるだけでなく、従属変数と一連の独立変数から実証モデル分析を進めることは、米欧では恒常的になされていますが、日本では収集された世論調査データが広く使用される制度があまり発展していません。

人類共通の問題を扱うにはグローバル・イシューによる分析が不可欠

世論調査はジョージ・ギャラップの古典的時代から21世紀第1・四半世紀のデジタル化へと目ざましく発達しました。世論調査は深層分析に入るに従って人類共通の問題を扱うレベルとなり、グローバル・サンプルによる分析が重要になるのは自然なことです。それに伴い、統計的分析のレベルが多様化したことは軽視できません。世の中が複雑になり、深層分析がともなわないことには、明らかになることが少なくなってきています。にもかかわらず、今でも国別の分析がほとんどです。世論調査の回答者のデモグラフィックスについても、性別、職業、所得水準、家族、居住地域、教育水準、年齢、宗教などが質問されることが多いのですが、世論調査回答者の割合の劇的な減少に伴い、質問の数も減少しています。面接質問形式の世論調査は絶滅危惧種に向かっており、郵便やPCで質問表が送られるのが普通になっています。さらに電話や携帯電話の普及にしたがって、質問数が少なくなってきています。世論調査もまったく別の多くのクライエント（世論調査や調査全般を頼む人）がオムニバス（相乗り）形式の世論調査を実施することが増加しています。その結果、学術的な目的をもった世論調査はやりにくくなっています。たとえば、世論調査では、要配慮個人情報について聞く場合、個人情報保護法の要請によりあらかじめ回答者からの同意を得る必要があります。以前、東アジア6ヵ国の世論調査を行ったのですが、宗教についての質問は要配慮個人情報に当たるとして日本では却下されたことがあります。その時も日本ではオムニバス調査を行っていました。調査会社からは「単独調査として実施するのであれば、大学名等も明らかにし、学術調査として実施し、宗教についてもお聞きします、という説明をした上で調査協力の同意を得ることができます。しかし、オムニバス調査の場合は、他の企業や団体からの質問と一緒に聞くことになるため、大学名を出すことも、きちんとした事前説明をすることも難しいです」と断られてしまいました。小さいことと思われるかもしれませんが、この宗教に関する質問は16の日常生活の質の質問セットの一部で2000年代にアジア29ヵ国で実施したアジア・バロメーターで実施し、英文の学術研究書でも刊行されているもので（Shin & Inoguchi, 2010; Inoguchi & Fujii, 2013; Inoguchi & Tokuda, 2017; Inoguchi, 2017; Inoguchi, 2019）、10年以上経った現在ではどのような変化が29カ国でみられるかを知りたいと思っていました。単独調査を実施できれば良いのですが、予算は限られておりオムニバス調査しか実施できない状況でしたので諦めるしかありませんでした。人間の判断・行動は深層分析なくしてなかなか接近できないという最近の科学的知見からみても残念でした。

情報が秩序を作る

統計学は、国家社会経済をどのように統治・経営するかを助けるために生まれたことがその一つの起源になっています。もっとも理論化するのに進んでいたと思われてきたのが経済学です。マルクスは生産の要素を資本、労働、原料（それに、要素としてではないが、土地、技術）に分けました。考え方は生産に貢献するものを具体的な要素としてリストすることです。マルクスは、技術も外生変数とし、情報を生産要素と考えていません。現在では、ポール・ローマーのように技術を内生変数と考える人も多くなっています（Romer, 1990）。この方はこの考えでノーベル経済学賞をもらいました。自然科学はヒダルゴ（Hidalgo, 2016）のように、エネルギー、物体、そして情報にわけて考えます。ヒダルゴは「我々の宇宙を物体とかエネルギーだけで分かると思ってはいけない」と言っています。たしかに地球も物体とエネルギーで分かることが多い。しかし、地球は他の惑星と異なり、情報を絶えず創成しているのです。物理的な秩序の維持に必要なのは情報であり、無秩序に向かう運動を阻止して戦うのは情報なのです。地球は情報、ブラックホールはエネルギー、星は物体を第一に考えます。地球を地球らしくするのは情報です。他の惑星では情報は少ないですが、地球では情報なくしては無秩序へと永遠に向かってしまいます。言い換えると、情報が秩序を作るのです。社会科学風にいうと、情報が成長を作り、情報が統治を作ります。そして大胆な企てに躊躇しない人による再生産が経済発展を作るのです。ここで物理学ではこのようにみるということをヒダルゴの言説を借りて述べる理由は、知識とノウハウ（それをどのように知るか）を人の中の肉とすることは難しいということです。たとえば、経済発展を盛んに実現したいとするとどうすればよいのでしょうか。経済史家デイビッド・ランデス（Landes, 1999）はアントルプルナール（大胆な企てに躊躇しない人）を輩出するような社会集団をしっかりと再生産することが大切だと言っています。そのような人は何を注視するべきかというと、知識だけでなく、具体的に経済発展を促す生産の要素に対して注意するだけでなく、生産の過程とその時に使う工程に注意するということです。

指導者のメッセージとモード

主権国家指導者の間では、国家行事でお互いに友好関係を祈念することが普通です。これは外交という社交のやりとりです。とりわけ、共産党が指導する国家では定式化されるものがあり、しかも形式的なものが顕著です。1960年代前半は、ソ連陣営の亀裂がソ連共産党内部から外国へと一段と鮮明になった時期です。ソ連、中国、北朝鮮の指導的新聞、すなわち、『プラウダ』、『人民日報』、『労働新聞』にそのような挨拶が掲載されます。そのような挨拶は、両国と両国人民の友好や団結、帝国主義に対する共同闘争、社会主義建設の強化を主張するメッセージであり、重要です。同時に、そのようなメッセージを伝えるときのモードが重要です。モードとは、挨拶を送っている指導者のタイトル（最高指導者かどうか）、挨拶が掲載される月日が記念日の月日からどの位遅れているか、指導者に対する呼び方が熱烈かどうか（たとえば親愛なる同志と言うか、革命的同志と言うか、ただ単に指導者の固有名詞を入れずにタイトルだけにするか）とか、挨拶が新聞の第何ページに掲載されるか（あるいは全く掲載されないか）ということです。このようなメッセージとモードの両方が重要になります。お互いに好きだというだけでは情報をフルに伝えないことになってしまいます。

どのように情報処理されたら正しく理解されるのか、お互いにスキルを競い合うわけです（猪口、1970）。共産主義国の指導者だけではない場合には、ステレオタイプでないモードが使われることが普通になります。国賓として扱う場合の挨拶のモードや、出される料理などにしても差別化がされるのが普通です。

多国間条約への参加・不参加からわかること

多国間条約に参加する場合は、草案ができる段階で参加希望を表明していれば、内容を折衝している間に草案をある程度変えることができるかもしれません。あるいは、草案がほとんど決まっている場合でも「この条項について留保する」旨の文言をいれることはできるかもしれません。いろいろ考えて、その条約には参加を控える、とすることも少なくありません。参加を決定するにしても、他国の参加不参加の様子（参加国の数）をみてからという場合もあります。嫌いな国家がすでに参加を明白にしている場合などにははじめから不参加を明白にします。多国間条約は調印や批准に辿り着くまでの過程でかなりの時間を費やします。したがって、条約条項の内容だけでなく、どのようなモードを織りこんで参加不参加を決定するのかをしっかりとデータ化し、それらを分析・解釈することが肝要になります（Inoguchi & Le, 2019, 2020, 2022; Inoguchi, 2022）。その中でも一番重要なのは調印から批准までの年数です。調印から批准まで逡巡、躊躇、懊悩、煩悶すれば長くかかります。反対に即断即決もあります。外交では言葉が重要ですが、本当に重要なことは眼に見えません。『星の王子さま』の著者、サン＝テグジュペリも言っています。言葉ではなく行動から判断していくことが重要なのです（Saint Exupéry, 2011）。このような国家の行動を統計的に分析することによって、多国間条約に参加している世界の１９３の主権国家がどのような地球社会契約を好み、どのような友好国を持っているのかがわかってきます。

自己表現は言語以外も重要

メッセージをやりとりする場合、その中身がよく問題になりますが、通信の手段あるいは方式（モード）がもっと問題にされるべきではないでしょうか。方式とはなにを言ったかではなく、どのようにメッセージを隠すか（言及しないか）、通信を遅らせるか（タイミングをずらす）、非言語的に通信する、ということです。通常は言及するような友好を示す言語を使わないで外国に話しかけるのはその一例です。中華人民共和国と朝鮮民主主義人民共和国は、仲の良い時には「唇歯」の関係と言います。この表現は、中華文明圏のなかで使われることがあるのですが、上記両国間が仲の悪い時には使われません。北朝鮮が中国の支援・支持に強い謝意を表し、中国は北朝鮮が敬意を払うことに高い満足を示すような時に使われます。共産主義国ではない国家間でも、二国間会談の結果を総括する共同発表に、「率直な」、「建設的」、「友好的」、「実質的」などの形容詞が使われるかどうかは、重要なメッセージです。それにも増して、通信量の多寡（字数、語数）が最も重要となります。非言語的行動はあまりにも種類が多いのですが、私の印象に残った最近の出来事を紹介します。2017年、中国とインドの首脳が会談に合意し、中国の習近平がインドのナレンドラ・モディを訪問しました。習近平がニュー・デリーに到着した時に、モディはあるニュースに驚愕しました。中国人民解放軍が、係争地域であるカシミールに侵入したというのです。両国の友好関係を改善する目的の首脳会談の、その日その朝の出来事です。しかもその日はモディの誕生日でした。両首脳の会見の冒頭、モディがなぜと質問しましたが、習はいつものようにポーカーフェイスで「北京に帰ったら善処しよう」と言うだけでした。中国の強硬派による鬼のいぬまの自主行動だったのか、それとも強硬派を満足させるために習の指示があったのか、あるいは習の強い信念に基づく行動だったのか、よくはわかりません。その日、習のインド訪問を告げるテレビ・インドのアナウンサーは「中国大統領」とまでいってXI JINPINGという名前が読めませんでした。0・5秒位の沈黙のあと、チャイニーズ・プレジデント イレブン（XIはラテン語で11でもある）と言ってしまったのです。人間は複雑怪奇ですが、この複雑怪奇は多様で多層なデータを知ろうとすることから始まります。字面だけでは人間はわかりにくいのです。人間の科学となると、一昔前のように経済的に得になるかどうか、あるいは権力的に押し通せるかどうかというような単純な問答では済まなくなってしまいました。人間はなかなかの怪物であることが、ようやく身にしみてわかりはじめ、科学の対象にすることが本格的になってきました。複雑怪奇な心理を展開するし、それが自然環境、人間環境とどのようにインタアクトしながらなのか、一筋縄ではいかないことが理解されています。それも言葉だけでなく、体の動き、目の動き、筋肉の動き、顔の表情、汗のかきかた、脈動、脈拍、血圧などがわかったら、医療的にも社会的にも役に立つことがあきらかになってきています。このような医学的なデータだけでなく、家計の財政、企業の損得、国家の取引なども、わかればわかるほど、人間の行動の理解に役にたつことが分かってきています。しかし、ここに立ちふさがるのがプライバシーとセキュリティーの問題なのです。

医療データでもプライバシー化で難

医学情報については、昔から病院が違うとデータは共有されないといわれてきました。ところが時代は代わり、大量の多種類のデータが必要とされる時代になりました。医学情報は自らの体調情報を知られたくない政治家だけでなく、多くの方が秘密にしたがっています。１９６６年から１９９６年までの30年間で、２６１人の世界指導者がどのような死因で亡くなったのかを統計的に分析した研究があります（Pyenson et al. 1968）。公職で在任中に死を迎える人は１１８人、その44％は暗殺などによります。病気による死因のトップは心臓、ガン、脳卒中です。独裁者が国外の医者に見てもらう傾向があるのはわかる気がします。

私は、32カ国で実施したアジア・バロメーターのデータ（２００3-２００8年）を持っていて、これは世界に公開しているのですが、公開していない質問が一つだけあります。それは、回答者がその国のどの地域に住んでいるか、という質問です。学術的な目的にしか使わないと言われても、この回答は公開しません。回答者が独裁者の政府に強く反対する人が多い地域からであることがわかると、生命を危うくする場合が考えられるからです。これはセキュリティーにも深く関係しています。プライバシーを重要だと考える方が多くなってきています。

また、医療情報は企業などからの産学連携による寄付でデータを作っている場合は、外部者とはデータを一切共有しないそうです。私自身も、二度ほど医療データを作っている研究プロジェクトに頼まれ、私自身の実施した研究の話をしたり、私のプロジェクトのデータを共有することは歓迎すると伝えたりもしましたが、相手からはデータの共有は駄目だと強く言われました。学術雑誌論文で共同分析を出したいと伝えたのですが、これも拒否されました。

これとは対極的な話を最近聞く機会がありました。「産学フォーラム」での中村祐輔教授（中村、2019）のお話では、米国モルモン教徒（ユタ州に多い）が死因まで完全に記録しており、ユタ大学の医学部に対する患者の使用薬品や手術方法を含めた医療データの提供において協力がとてもスムーズで感激した、ということでした。薬品や手術に伴うリスクは当然あるはずですが、医学の発展のため、また困っている病人が少しでも良くなる可能性を信じ、患者の協力が強くあったそうです。また、弘前大学の中路重之教授は、全県的な協力を得て、高血圧を緩和するための医療、生活習慣改善などを目的とする青森県民の医療データを集めました（中路、2018）。さらに、喜連川優教授によると、フィンランドでは国民500万人の数十年分の健康データを保持し、かつ二次利用できるようにしているそうです（喜連川、2019）。世論調査で医療健康データを同時に調べることはいろいろな測定器があるからはるかに容易になってきていますが、健康データや医療データも、宗教と同じように要配慮個人情報とも言えます。プライバシーもセキュリティーも大きくかかわってきます。セキュリティーの話は国家の安全保障に繋がる場合もあります。病気に国境はないので、国家安全保障に直接関連します。宇宙で医療研究を進めることは、米国や中国などで着実に進んでいますが、これは紙面の関係でここでは省略します。

結論

多様・多層のデータへの関心が高まり、需要も増大してはいますが、供給がいま一つ追いついていません。プライバシーの擁護、セキュリティーの確保を堅固にすると同時に、データの種類と質の向上をさらに進めることが、人間生活、社会生活、地球生活を向上させます。日本では国家に対する信頼感は意外と低く（Inoguchi & Tokuda, 2017）、政府が強大な権力をもつことに躊躇する国民が多いことはさまざまなデータが示しています。日本は、世界的にみても権力分散度が強く、所得平等度も比較的高い国です。アジアの29社会のうちでも、蛸壺社会という丸山眞男の言うとおり、狭い蛸壺のなかで共生し、蛸壺内と蛸壺間で競争する社会と言えます。社会地位が世代的に継承される度合いは意外と低く、つまりそれだけ社会移動性は高いということです。しかし、政府や企業のエリートの教育程度がＯＥＣＤ諸国のなかでも一番低いくらいで、リーダーシップが肝心の時に低く、議論百出で連日会議をして過ごす時間が長いのが弱点です。指導者エリート間のコミュニケーションは蛸壺社会では意外と低いのです。

統計学はグローバル社会を分析することに不慣れなのではないか、という問題提起は私自身の経験から生まれたものです。私自身がグローバル社会の分析で向かい合ったのは、本書で検討した問題ですが、いずれも解答を出せたと言えるものではありません。しかし、それが問題としてありつづけることは、グローバル社会の統計技法の進歩と深く係わりつづけることになるでしょう。

残念な訃報です。本章の著者である猪口孝氏は去る2024年11月27日に不慮の火災により亡くなられました。80歳でした。親しかった一友人として読者のみなさまに謹んでお知らせいたします。

思い出しますと、猪口氏は1970年代の中頃、20代の終わり頃でしたか、筆者の記憶に今も鮮やかに残る、日ソ漁業交渉に対する計量データ分析の研究で、当時は計量分析が非常にめずらしかった政治学の分野に一陣の新風を吹き込みました。林知己夫先生もその才能を激賞され、同年齢の筆者も文理と分野は違いましたが相当に意識しました。まさに「データの科学」の新領域でしたが、2018年日本行動計量学会（於：慶應義塾大学）においてMaking Statistics Great Again! というテーマで「ラウンドテーブルディスカッション」を主導されましたが、これは本当は私など統計学者がやるべき責務です。その先見の明には頭が下がるものがあります。その進取の気性と疲れを知らない研究態度は文字通り最後の一日まで続きました。そのエネルギーはまさに驚嘆に値します。もうこれだけの人はなかなか出にくいでしょう。

氏の研究分野は政治意識と政策分析とまとめてよろしいかと思いますが、同年の学会でも「統計学・社会調査の再考」という特別セッションをオーガナイズされたように、社会調査の国際的次元への進展に非常に情熱を示されていました。国際的次元もリアルで実証的（英文論文は native 並み）、分析にイデオロギー性は抑えられているが、意識には構造的な因子を想定し、エッセイには言外に歴史性さえ感じさせるものがありました。これらが猪口流であり、筆者も同年齢でありながら猪口ファンでした。講演会にも呼んでくれて、しばしばコメントを求められました。

若年の頃から人柄がよく開放的で友人も相当に多かったと思います。筆者などはそのほんの一人でしたが、これからも一緒にやろうという矢先でした。実際、その連絡のあった当日、災厄に遭われたのです。その悲嘆は甚大で、表わす言葉を知りません。猪口さん、本当に無念だったでしょう。私たちが後を引き継ぎます。最後に衷心よりご冥福を祈ります。

松原　望（編者）

第4章　ある遺伝学者の時代的随想

確率のない国

これは架空の国の話です。現実世界の話ではありません。

あるところに、「確率」の概念がない国がありました。すべての物事は、「ある」か「なし」で決まるのです。曖昧なことでも「ある」か「なし」です。未来の不確定のことでも割り切って「ある」か「なし」で決めるのです。どうしても決められない場合は「アバウト」という、一つのカテゴリーに分類します。アバウトの案件にも決断を下さざるを得ないことがあります。その場合、大きな役割を果たす手段は「直感」と「情緒」です。なんと、いさぎよくすがすがしいことではありませんか。

この社会では形あるものが好まれます。内容についてはあまり考慮されません。形あるものは

「ある」「なし」で決まりますが、内容は「ある」「なし」で決まらないからです。また、形ある大きなものが好まれます。大きい小さいの判断には曖昧さがないからです。

この国の名詞には、「a」と「the」の区別がありません。「a」のような不確定な対象と「the」のような確定の対象を区別する必要がないからです。この国のことばには数えられる名詞と数えられない名詞の区別がありません。「ある」か「なし」か、は数えられるに決まっているからです。

直観と情緒に委ねる

この国の政治家のほとんどは文科系で、確率は理解できません。考えを伝達する手段は、文章しかないのです。政策決定は確率の概念なしに行われます。アバウトに分類される事項の決定は全て「直感」と「情緒」に委ねられます。個人の判断によりどちらにもなるのです。なんとよく考えられた、便利なシステムではありませんか。詮索好きの一部の人々は、それを「個人の利益誘導」と批判しますが、それはあたらないでしょう。この国の政治家たちは皆、清い心の持ち主であることはまちがいないからです。

理科系の人々の意見は求められますが、政策決定には加わりません。理科系の人々の一部は確率を理解していますが、それは抽象的世界で用いるもので、現実世界で用いるべきものではないと理解しているからです。現実世界に用いなければ失敗はありえません。失敗がなければ、責任も取る必要がありません。何と便利なシステムではありませんか。

不確実な未来を判断できない

ある時、この国に大変な問題が持ち上がりました。大国と戦争するかもしれないということになったのです。戦争は負けると塗炭の苦しみが待っています。もちろん勝っても悲劇が待っています。戦争は勝つか負けるかわかりません。客観的にはこの国が勝つ確率は10％もなかったのですが、何しろこの国には「確率」の概念がありません。不確実な未来の結果を判断する手段がないのです。

この国では戦時には熱血漢の若者が好まれます。アバウトな案件に、死をもおそれず、後先顧みず「ある」「なし」の決定を下し、行動するからです。なんと勇ましく、潔く、清々しいではありませんか。アバウトの案件には、自分の好む方向に決断が下されます。「我が国は特別な国だから必ず勝つ」「戦争で悪い敵をこらしめる」。そして、わからない人々にはわかりやすく、わかる人々には不可解な、世界最大の兵器が建造されました。確かに戦果なく沈没させられましたが、それはそれでいいのです。世界最大の兵器を建造することに意味があるのです。結果はいうまでもありません。今でもこの国には「確率」の概念はありません。形のある「ハコモノ」の建造に余念がありません。誰でも理解できるものだからです。形のあるものはそれ以上、大きくはなりません。形のない人々の能力や思考こそ、大きくなって将来の幸福をもたらす可能性があるのですが。しかし、この国では未来の可能性は「アバウト」という、ただ一つのカテゴリーに分類されます。形あるものばかりに国費を費やすと、財政破綻の確率が上昇するという予測も、「アバウト」のカテゴリーの中では変わりありません。確率がいかに上昇しても同じカテゴリー内にとどまるからです。何というつごうのよいシステムではありませんか。

将来のこと

将来を考えた場合、この国が心配でなりません。しかし、その心配は無用です。将来はどうであれ、現在、この国に住むことは清々しく、心地よいことだからです。将来の心配も無用です。しょせん、これは架空の国の話しであり、現実の話をしているのではないからです。

データ・サイエンスの歴史

世界の科学も産業も、「モノ」だけを対象にした時代から、「データと情報」も対象とする時代に移りつつあります。データと情報を対象とする科学分野を「データ・サイエンス」と呼ぶ傾向が強くなりました。そこで、ここではデータ・サイエンスの歴史について解説したいと思います。

データと情報は別

我が国では科学も産業も欧米からの輸入に頼ってきたというのが現実です。もちろん、輸入したものに改良を加え、世界最高の品質を誇ってきたという自負はあるでしょう。しかし輸入に頼るとどうしても現場主義が最優先され、歴史は置き去りにされることが多いものです。科学や産業の由来はどうでもいいから、とにかくすぐ役立つものを作ってくれという要請が強いのが我が国です。追いつき、追い越すためには歴史を振り返る余裕はなかったのではないでしょうか。製造業では、ある程度それが通用したかも知れません。モノは誰にでも見え、しかも理解しやすいからです。しかし、これから重要になる「データと情報」の世界ではそういうわけには行かないというのが私の考えです。それを理解するためには目に見えない「概念」や「関連と因果」を理解する必要があるからです。

我々が認識できる対象として「モノ」「データ」「情報」があります。我が国ではデータと情報を区別しないことが多いようですが、私は、データと情報はかなり異なった対象であると考えています。たとえば遺伝子について考えてみましょう。遺伝子は、モノとしてはＤＮＡという化合物です。しかし、データとしてみるとアデニン、グアニン、チミン、シトシンという4文字の配列です。ヒトゲノムはこの文字が30億個でできています。父由来の30億の文字、母由来の30億の文字が次の世代の受精卵に伝えられ、一人の人間が形成されるわけです。データはモノほどではありませんが多くの人に理解しやすいものです。データそのものは見ることができるとは言い切れませんが、書いた文字や記号の並び方として見ることができます。データは多くの場合、モノと一対一対応することが多いものです。

これに比較して「情報」は理解することが容易ではありません。たとえばデータである遺伝子の配列と表現型の関係が「情報」です。遺伝子のこの配列が変化しているから、この病気になる、あるいは遺伝子のその配列が変化しているから、この薬の副作用がでやすい、というようなものが「情報」です。

関係の大切さ

このように情報はモノやデータの間の「関係」に関するものが多いといえます。その中でも最も重要な情報は「因果（原因と結果の関係）」に関するものです。「関係」の情報であっても、それが「因果関係」でなければ価値は低いものです。因果に関する情報が重要な理由は、それを予測に用いることができるためです。たとえば、血液型と性格の関連が単なる「関係」であれば、血液型から性格は予測できません。しかし、因果関係であれば、血液型から性格が予測できることになります。日本では情報を直感や純粋な数学として考える傾向があるため、因果の把握が甘い傾向があるように思われます。

また因果関係があれば、原因を動かすことで結果を動かすことができます。たとえば、喫煙が癌の原因であれば、喫煙をやめることで癌の可能性を減らすことができます。しかし、単なる関係であればそのようなことは起きません。

モノ中心から重点を移す

すでに世界の重要な産業は、対象を「モノ」から「データと情報」に移しています。日本も「モノ」だけを対象とした教育から、「データと情報」も対象とした教育に重点を移す必要があります。これには、現在の教育の大幅な改革が必要だと考えています。現場主義だけではなく、歴史を知る必要があるという最初の問題に戻りますが、データ・サイエンスは次のような歴史を辿っています。

遺伝学の時代　↓　統計学の時代　↓　情報学の時代　↓　人工知能の時代

今、まさにデータ・サイエンスは「情報学の時代」から「人工知能の時代」に移行しつつあります。もちろん、その前の3つの項目の重要性は継続しますが、人工知能の重要性が今後増してくるといえます。我が国は輸入科学の特徴として、これらの時代の間の学問的、あるいは人的なつながりがないことが多いといえます。新しい時代の学問は、ある程度完成してから輸入すればよいからです。前の時代の人々と学会の非難と迫害に耐え、新しい分野を切り開く苦しみを味わう必要はありませんでした。たとえば、我が国では統計学は遺伝学とは関係なく始まり、発展してきたし、人工知能は統計学、情報学と無関係に輸入されてきたように見えます。これでは「どのように(how)」はわかっても「なぜ(why)」がわかりません。それでは、当面の現場の要望には答えられても、次の時代を生み出す力は生まれてきません。

統計学、AIは遺伝学から

そこで、データ・サイエンスの歴史について説明しましょう。遺伝学では「親と子」「遺伝子と表現型」の因果は自明です。それを前提として「回帰」「尤度と最尤法」「多変量モデル」「線形モデル」「ランダム化」などの基本的概念が構築されました（遺伝学の時代）。すなわち、データ・サイエンスの分野では「自明の因果」を前提として様々な概念が生み出されたのです。数学から生み出された概念ではありません。統計学や人工知能で使われる概念の多くがこの時代に生み出されたことは重要なことです。

しかし、因果が自明である遺伝学の対象分野は広くありません。このままではデータ・サイエンスの応用範囲は限られていたでしょう。次第に、因果が自明ではない対象にもデータ・サイエンスの手法が応用されるようになりました（統計学の時代）。しかし、統計学の時代には多くの人々は因果を前提に思考を進めていました。現在のデータを基に、「過去の出来事の確率を考える」ことには大きな抵抗がありました。

その後、コンピュータの発達とともに手計算より複雑な計算が可能となり、モンテカルロ法やマルコフ連鎖のような自動計算が容易にできるようになると、ベイズの定理のような、「前後関係」を逆転した発想も容認する研究者が次第に増えてきました（情報学の時代）。

データ・サイエンスの対象

それでは、最も新しい「人工知能の時代」の、その前の時代からの本質的な変化は何でしょう。遺伝学の時代から情報学の時代まで、データ・サイエンスは主として生物が生み出す複雑なデータを解析することを対象としてきました。「モノ」とちがって「生き物」のふるまいは不確実で多様です。その生み出すデータは複雑で膨大です（ビッグデータ）。このようなものを対象とする学問は科学ではないと物理学者の一部に言われながら、それでも何とか分析し、生き物の本質に迫る努力を続けてきたのがデータ・サイエンスの歴史でしょう。しかし、ここにきて、データ・サイエンスは、生物から得られるデータを解析するだけではなく、「生物そのものを模倣する」方向へと進んできたようにみえます（人工知能の時代）。もう一つの大きな変化は、遺伝学の時代以来主流であった「線形モデル」が、人工知能の時代では「非線形モデル」に置き換わったことです。

現在は高等生物の神経系を模したニューラルネットワークが人工知能の中枢を占めています。しかし今後、人工知能研究は生物の神経系だけではなく、神経系を作ったゲノムシステムの取り込みに向かっていくであろうというのが私の考えです。すなわち、遺伝学の時代から、統計学の時代、情報学の時代を経て、人工知能の時代はループを作って、遺伝学の時代へと回帰していくであろうというのが私の予測です。人工知能を作ったのは明らかに人間の神経系です。しかし、人間の神経系を作ったのは明らかにゲノムシステムです。

先端国から脱落か

先進国の産業の移り変わりを見れば、「モノ」から「データと情報」への移行が進んできています（たとえば、世界時価総額ランキングを参照）。そのような移行の中で、日本企業の存在感が縮小していっているように見えるのは残念なことです。「モノ」を作るにしても「データと情報」を活かす必要があります。「モノ」の存在は誰でも理解できますが「データと情報」を理解するには高度な教育が必要であり、先進国の産業には必須の分野です。日本だけ手をこまねいていては、先進国から脱落する可能性も否定しきれません。人口減少の今、できるだけ早い時期に教育の改革を行ってほしいものです。そのためには、最先端の分野をただ輸入し、how を理解するだけではなく、その歴史を知り、why を理解する必要があります。

データ・サイエンスの4つの時代

モノを対象とする限り、比較的確実な予想が可能です。しかし、一旦、生き物が介在すると予測は格段に困難になります。モノづくり産業に比較したサービス産業の難しさもここにあります。後者の場合、結局、直感に頼るしかないというのが実際のところでした。

親から子の予測

19世紀になって、不確実な生き物の予測に数学を介在させるという試みが始まります。ある程度理論的予測が可能なのは、親から子の予測です。しかし、それでもなお不確実性は残ります。ゴールトン（F. Galton, 1822-1911）は親の身長から子の身長を予測するために「回帰」という概念を導入します。これが、多様な実際のデータを数学を用いて分析した最初の例と言われています。データ・サイエンスの開始と言えるでしょう。ゴールトンの弟子ピアソンは相関、モーメント、主成分分析などの手法を導入し、この分野を発展させますが、飛躍的な進歩をもたらしたのはメンデルの法則の再発見です。フィッシャー（R. Fisher, 1890-1962）は、メンデルの法則に基づき分散、尤度などの概念を導入し、この分野の発展に尽くします。

統計学の発展

この分野を遺伝学から大きく飛躍させたのはネイマンです。彼は、尤度比の概念を用い、現在の検定、推定理論を再構築します。ここで、データ・サイエンスの分野は遺伝学から統計学へと大きく移行したと言えます。その後の展開にはご存知の通り、コンピュータが大きな役割を果たしました。研究者の多くが統計学の重要性を認識するようになり、検定や推定、さらには多変量解析もパソコンのソフトで簡単に行えるようになりました。

情報学から人口知能へ

ＥＭアルゴリズム、隠れマルコフ法、モンテカルロ法やマルコフ連鎖モンテカルロ法なども開発されてきました。情報学の時代が訪れたと言えます。しかし、今は、データ・サイエンスはビッグデータと人工知能の時代を迎えたと言えるのではないでしょうか。先程も述べた通り、データ・サイエンスは４つの時代を経て発展してきたといっていいでしょう。遺伝学の時代、統計学の時代、情報学の時代、そして人工知能の時代です。今はまさに情報学の時代から人工知能の時代に移りつつあります。

多様性に弱く、統計学もあやふや

ここで問題となるのは、日本のこの分野の弱さです。不確実性と多様性への対応の弱さの一部が言語構造にあるのではないかというのが私の仮説です（鎌谷、2014）。もう一つの要素は、我が国における４つの時代の不連続性です。欧米では、時代の移行の実行者は前の時代の人々の一部であり、旧勢力と闘いながら新しい分野を切り開いてきました。しかし、日本では４つの時代が分断されています。

その大きな理由は、日本では新しい分野は旧勢力との闘いを通じて始まるのではなく、欧米からの輸入によって始まるためです。これは欧米に遅れを取らないという点では優れた方法ですが、科学としての深みが決定的に不足する原因となっています。

たとえば統計学についていえば、ほとんどの人々は本質的にそれを理解しているわけではなく、本に書いてあるとおり、あるいは他人に教えられたとおり実行しているにすぎません。そうすることにより論文が通り、皆に評価されるというわけです。このことは、次の人工知能の時代になるとさらに深刻な事態を引き起こす可能性があります。つまり、多くの人々は、教えられた通りやってみたらうまく行った、というレベルに留まる可能性があります。本質的な理解はすべて欧米に委ねるというわけです。こうなれば、人工知能が社会に深く浸透する時代には、社会の中枢部分を他国に支配される可能性があります。それが我が国に深刻な影響を与えることは明らかです（すでに統計学、情報学を通じて、それに似たような事態は起きています）。なぜでしょうか。

日本は人類遺伝学が極端に弱い

スタート時点に原因

データ・サイエンスは、遺伝学の時代、統計学の時代、情報学の時代を経て、今、人工知能の時代に移りつつあるのですが、わが国はこの分野が不得手です。その理由の一つに、輸入科学のため、4つの時代の間に断絶があることを述べました。しかし、そもそも、わが国はスタート時点から躓いたのではないかという可能性を考えます。次の文章を読んでください。

Japan provides an unusual situation, for medical and human genetics have here been particularly weak, despite highly developed scientific, technological, and medical traditions.

これは、英国の人類遺伝学の大家、ピーター・ハーパー（Peter S. Harper）が2008年に出版した「*A short history of medical genetics*（医学遺伝学小史）」の一節で「日本は異常である、人類遺伝学と遺伝医学が極端に弱い」と述べています。

強さと弱さの根本原因

人類遺伝学の中でも、モノ、あるいはモノと一対一対応をするデータが対象の場合なら日本はむしろ強いと言えます。細胞、染色体、DNA、さらには遺伝病、ゲノム配列の研究では日本は強いのです。日本の人類遺伝学者に前述のハーパーの記述を紹介しても、何のことかわからず困惑するだけでしょう。怒る人もいそうです。概念の特殊性は、それを理解していないと、「自分がそれをわからないことがわからない」点です。

それでは日本の人類遺伝学が何に弱いかというと、「情報」に弱いのです。具体的には、数多い遺伝病の原因解明に絶大な威力を発揮した連鎖解析への貢献が日本からほとんどありませんでした。連鎖解析は尤度・最尤法と並行して進歩してきた手法です。ハーパーは欧米の人類遺伝学者の立場から、情報学を欠いた日本の人類遺伝学を極端に弱いと言っており、日本の人類遺伝学者は情報学が遺伝学の重要な要素であると考えていないのでそうは思っていないのです。「情報に弱い」という点は日本社会の過去における失敗に大きく影響し、現在と将来にも暗い影を投げかけています。

戦前の日本軍の戦略を詳細に分析した『失敗の本質』（戸部他、1991）を読むと、この日本社会の問題点が危機の時、大きな弱点として現れることが明確にわかります。危機の時代には多くのことが不確実になるからです。この本の中で、戦前の軍隊では重大な決定に若手将校の熱血が大きく作用したことが繰り返し述べられています。不確実性に「論理と数理」ではなく「直感と情緒」で対処する傾向が日本社会には強いと言えます。一方、連合国では暗号理論のチューリング、機械制御理論のウィナー、統計学のネイマンの寄与が大きかったのです（鎌谷、2015a, b）。

リスクを嫌い縮小

戦後の日本では稀に見るほどの長く安定した時代の継続が見られました。安定した環境では不確実性が対象とする情報の意義は低下します。したがって、これまでの日本では情報の重要性はそれほど大きくはなかったのではないでしょうか。しかし、人口も減り始め、経済は停滞し、アジア諸国に追いつかれ、不確実性が急激に増大している我が国で、情報の意義は急速に大きくなっています。そのような状況の変化により、「情報に弱い」という事実が現在の日本に悪影響を及ぼし始めているように見えます。

たとえば日本社会はリスクを極端に嫌います。リスクとは不確実性の中でも都合の悪いことが起きる可能性と、その確率をさすと解釈できます。個人は最初から不確実性を受け入れることを拒否しているようにも見えます。会社は国内ではリスクを取ることを嫌いますが、国外の会社買収には積極的です。しかし、その結果は原子力発電の例を見るまでもなく、成功しているとは言い難いようです。「直感と情緒」によるリスクテイクではなく、「論理と数理」によるリスクテイクをしているのでしょうか。個人や会社がリスクを極端に拒否すると、当然のことながら成長は期待できず、縮小を余儀なくされます。しかし、個人や会社がリスクを拒否する代償として、国が大きなリスクを引き受けているようにも見えます。このままでは国全体に危機が訪れる可能性を否定できません。

終りに

日本人社会が不確実性に対処する「情報」の能力を身につけるために最も重要な要素は教育だと思います。それも、付け焼き刃の情報教育や人工知能教育ではなく、思考構造の根本に迫る教育改革を希望したいと考えています。

本章は公益財団法人痛風・尿酸財団ウェブサイトのコラム「医学の地平線」の第１０１号、第１１４号、第１１５号、第１１７号をもとに再構成したものです。

第5章　潜在構造を探る——質的データの数量化

サン＝テグジュペリの『星の王子さま』のはじめに、語り手の「ぼく」の子供の頃の話としてこんな話がのっています。「ぼく」が6つの時に見た絵本に「うわばみ」が獲物をかまずに飲み込んでしまうということが書いてあった。「ぼく」はうわばみはなんでもまるのみにすることを知ったので、うわばみが象を飲み込んでいる絵をかいて大人に見せた。すると大人たちはその絵をぼうしの絵だと思うというものです。『星の王子さま』にはつばひろの「ハット」の挿絵と、輪郭が「ハット」でその中に鼻としっぽを伸ばして寝そべっている象が入っている挿絵が描いてあります。「ハット」に見える絵ははじめに「ぼく」が大人たちに見せた絵、象が入っている絵は、大人たちが分かってくれないので説明するために「ぼく」が描いたものです。つまり、「ぼく」が見ているのはうわばみのなかに象が飲み込まれているという、内部構造も伴ったものですが、大人たちは外側のみをみて判断しているということです。

相関

統計学の重要な概念に「相関」があります。相関係数は二つの変数間に直線にのるような関係があるとき、それが右肩上がりであれば+1、右肩下がりであれば-1というような値を取るものです。たとえば、身長と体重の関係は図５‐１のようになりますが、このような図では、相関の強さを表す相関係数は０・７程度になります。相関係数は、-1から+1の間の値を取り、２変数のデータの直線的な関係の尺度として用いられます。正の相関ならば右肩上がり、負の相関ならば右肩下がりです。

ある大学で聞いた話です。入学試験の点数と卒業時の成績を比較するとほとんど関連はないそうです。イメージ的には図５‐２のようになります。これは、横軸のｘ（入学試験の点数）と縦軸のｙ（卒業時の成績）の間に相関がない場合に相当しています。相関係数はほぼ０です、ところが、1年生の成績と卒業時の成績には、非常に密接な関係があるということでした。ｘ軸を1年生時の成績、ｙ軸を卒業時の成績としてプロットすると図５‐３のようになります。相関の強さを表す相関係数は０・98くらいになりますから、卒業時の成績はほとんど1年生時の成績で決まっているようなものです。ですから、入学したばかりの学生たちに、１年生時の授業をしっかり勉強するように指導してほしいということでした。相関の有無はこのように二つの変数の関係を示すのに役立ちます。

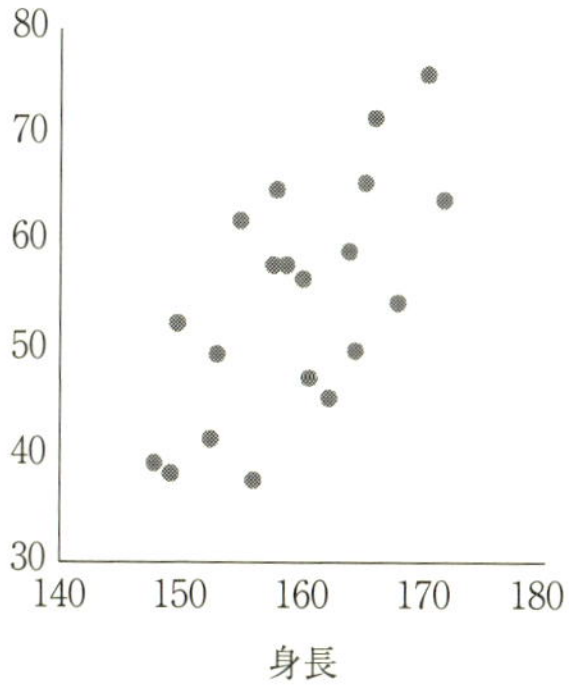

図 5-1　ある集団における身長と体重の関係

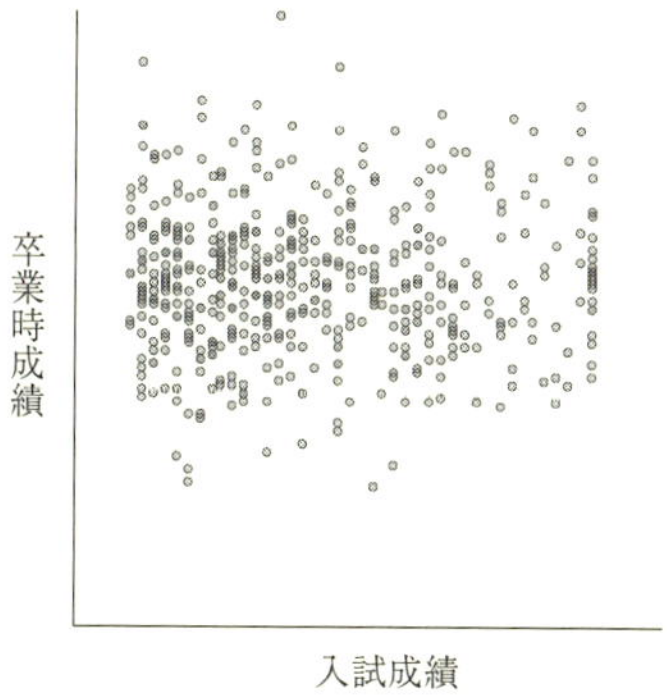

図 5-2　入学試験の成績と卒業時の成績のイメージ

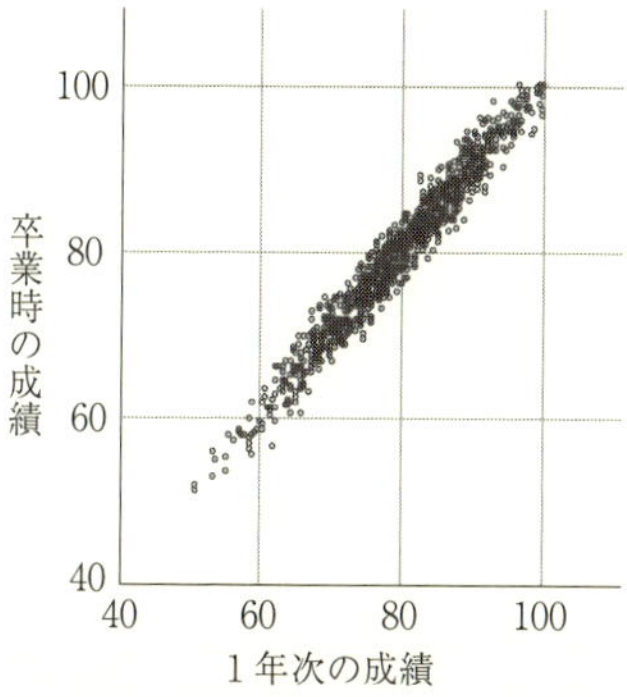

図 5-3　1 年生時の成績と卒業時の成績の関係イメージ

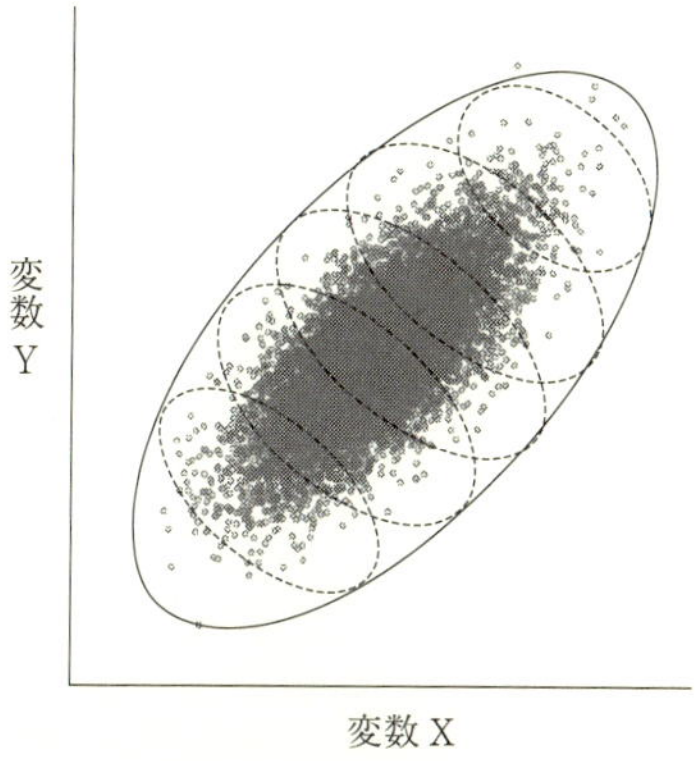

図 5-4 「ぼく」の観るものと「大人」の見るもの

図５－４はある集団の変数Xと変数Yの関係を表す散布図のイメージです。図の一番外側の大きな楕円が「ぼく」の描いた楕円だとすると、大人はこれを見てXとYとの間には正の相関がある、つまり、Xが大きくなればYも大きくなる傾向があると考えます。ちなみに、この点の分布の相関係数はおおよそ０・７になります。ところで、実は、「ぼく」はこの楕円の中に色々なものを詰め込んでいました。それを点線で表される小さな楕円で示しました。X、Yのほかに第３の変数があるとしてそれをZとします。このZによって散布図の点を層別したとします。そうして、層ごとのデータが小さな楕円でくくられているとすると、層の中ではX、Yの関係は右肩下がりの関係、つまり負の相関があるということになります。この小さな楕円の中の点はマイナス０・５～マイナス０・７程度の負の相関を示します。仮に、この図が家庭における夫と妻のお小遣いの額を表しているものとしましょう。Xが夫のお小遣い、Yが妻のお小遣いで、Zは家計でのお小遣いの総額とすれば、Zがほぼ同じグループでは、夫のお小遣いが多ければ妻のお小遣いが少なく、妻が多ければ夫が少ないという相補的な関係がありますから、層別にしてみれば、負の相関になってもおかしくはないことになります。つまり、この図を見て、大人は夫のお小遣いが多ければ妻のお小遣いも多いと思うのですが、「ぼく」の目から見るとお父さんが多ければお母さんが少ない、お母さんが多ければお父さんが少なくなるということになります。

数量でないものの数量化という考え方

相関は次のような場面にも登場します。「【問】健康についての情報をどこから得ていますか」という質問をして5人の人に応えてもらった結果が表5－1に示してあります。この表を眺めていても何もわかりませんが、情報源と5人の人の順番を入れ替えてみます。それが表5－2です。こうするとわかりやすいですね。情報源としては、ネットが真ん中にありそれをはさんで家族と講習会になります。家族は身近で気楽な情報源、講習会はわざわざ出かけていくあるいは「よし、聴くぞ」というように少し心構えが必要な情報源と考えればこのような配置も理解できます。また、Cは講習会だけで情報を得ている人、D、Bは家族やネットという講習会に比べれば軽い情報源を情報にしている人というように人の特徴づけもできることになります。

この例は、5人で3つの項目の並べ替えですから、目で見ても簡単にわかりました。しかし、項目も人数も多い場合はそういきません。何かいい方法はないでしょうか。そこで、表5－1と表5－2の場合を改めてグラフにしてみました。仮に単純にネット、家族、講習会のそれぞれを数値の1、2、3に対応させ、A、B、C、D、Eに1、2、3、4、5を対応させたのが図5－5です。一方並べ替えをした場合は、数値の対応は図5－6のようになります。これを散布図と

表5-1　健康についての情報源は？

	ネット	家族	講習会
E	○		○
D	○	○	
C			○
B	○	○	
A	○	○	○

表5-2　並べ替え

	家族	ネット	講習会
C			○
E		○	○
A	○	○	○
D	○	○	
B	○	○	

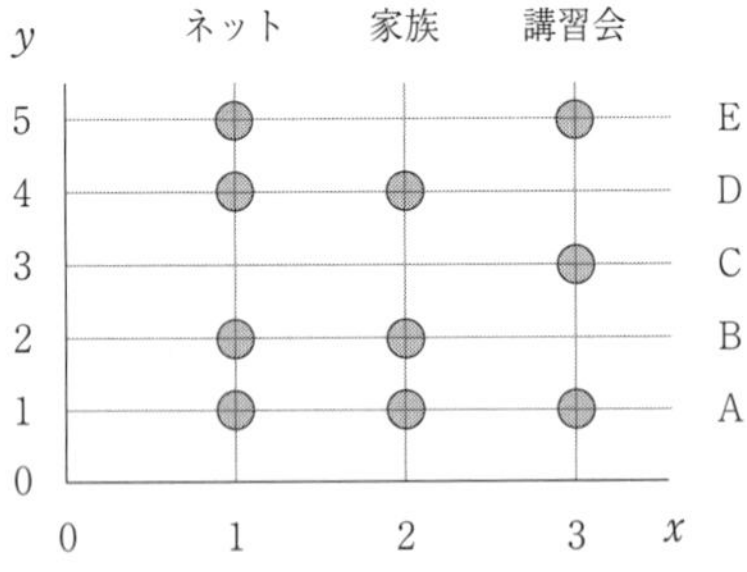

図5-5　健康についての態度の2次元座標でのプロット

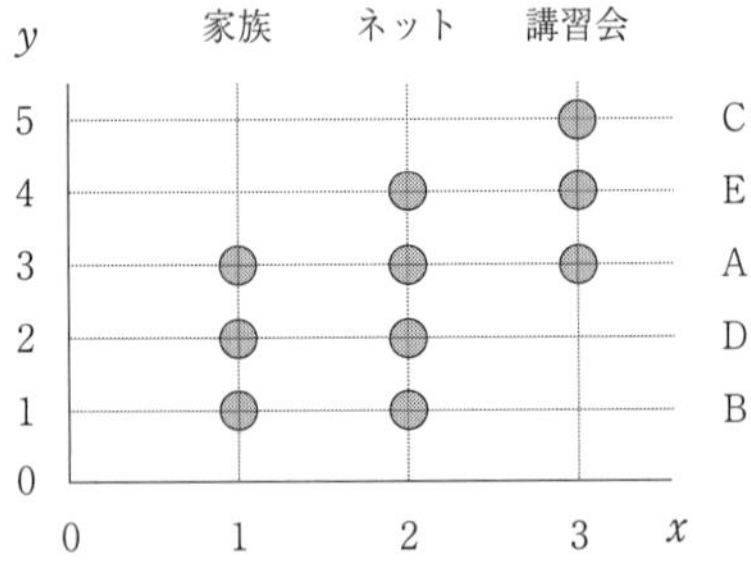

図5-6　健康についての態度の並べ替え後のプロット

みなせば、図5-5は図5-2と同様に、相関がない場合に対応します。実際、各項目に単純に数値を対応させて計算すると、相関係数はマイナス0・016でした。一方、図5-6のようにならびにすると、相関係数は0・62になります。つまり、情報源（家族、ネット、講習会）に与える数値をx、人（A、B、C、D、E）に与える数値をyとして、xとyの相関が大きくなるように各項目に数値を割りあて、数値の大小順に人と項目を並べ換えれば図5-6のようなプロットが得られます。もともとはカテゴリーであるネット、家族、講習会やA、B、C、D、Eといった項目に数値を割りふることで人や情報源の項目の分類ができることになります。これは、林の数量化理論第Ⅲ類と言われる方法の基本的な考え方です。数量化理論は林知己夫博士によって1960年代に考案された方法で、数量化理論第Ⅰ類、数量化理論第Ⅱ類、数量化理論第Ⅲ類等がよく知られています。ネーミングは林博士ではなく、社会学者の飽戸弘博士で、第Ⅶ類まであります。最近では数量化理論第何類という名称は簡素化されて、単に数量化Ⅰ類、Ⅱ類、Ⅲ類といった表現が一般的になっています。

お化け調査

数量化Ⅲ類を開発したきっかけは缶詰のラベルのデザインの評価でした。それがもとになり、調査の分析をはじめとして、数量でないデータを数量化して解析する多くの場面で利用されるようになりました。ここでは数量化Ⅲ類の例として、林博士が中心となって行った人々の心の底にある意識（基底意識）を探る研究による調査から、「お化け」に対する意識の計量化のお話を紹介します。

この調査は、昭和51年に東京で、52年に米沢で、53年に東京で行われました。この調査は、「通常の社会調査で得られる回答は表層的なものではないか、表層的な回答はより深い心の底にある意識の影響を受けているとすれば、それをいかに捉えることができるか」ということを知るための調査法と分析法の研究の一環として行われました。

調査では、日常的に受けている伝統・習慣・素朴な宗教的感情など、心の奥にあるものについて、素直に回答ができるような質問を試みています。その一つが「お化け」に関する質問でした。「お化け」（「怪力乱神」という表現も用いられていますが、ここでは「お化け」と表現します）は図5-7に示した12種類を用意しました。回答は「信じる」「信じない」ではなく、「こわい」や「おもしろい」など、それぞれのお化けに対して率直に感じる感情を尋ねました。感情語は図5-8に示した8つの言葉を用意して、選んでもらうようにしました。「雪男」「ネッシー」「タイムマシン」

雪男、ネッシー、空飛ぶ円盤・宇宙人、ゆうれい・亡霊、カッパ、妖怪、超能力、過去や未来に行けるタイムマシン、龍、鬼

図 5-7　質問に含まれる「お化け」

Existence
- いる
- いない

Expectation
- いてほしい・あってほしい
- いてほしくない・あってほしくない

Emotion
- こわい・おそろしい
- こわくない・おそろしくない
- たのしい・おもしろい
- つまらない

図 5-8 「お化け」に対するこころの関わり。３つのＥについての８つの選択肢。被験者は選択肢のうちの１つを選ぶ。

「空飛ぶ円盤」など昭和50年の調査の頃に話題になっていたもの、「鬼」や「ゆうれい」のように古くから知られたもの、未確認の超自然物、伝統的化け物などが取り上げられています。これらをまとめて「お化け（怪力乱神）」としています。

今は、存在しないことが分かっていますが、当時は評判になったネス湖の「ネッシー」などが取り上げられています。このネッシーですが、「○○ッシー」と言われるご当地キャラクターなどのネーミングの原点になっているのではないかと思います。雪男は、ヒマラヤのような高地で見つかった、人のような大きな足跡から大きな動物がいるのではないかという話が由来です。未確認飛行物体は、いまではＵＦＯで通じるでしょうが、当時は「空飛ぶ円盤」でした。タイムマシンも「過去や未来へ行ける」という説明がついているところをみると、まだ、多くの人には認知されていなかったのではないかと思います。

調査の際には、調査員が図5-7の「お化け」を書いたカードを見せて、一つ一つ質問しました。なお、お化けを聞く順番はランダムになっています。これは、順序効果を除去するためです。順序効果と言えば、最高裁判所裁判官国民審査の際に×がつけられる数は、名簿の順番に多いという話はよく耳にします。これは順序効果と言えると思います。回答の選択肢は図5-8に示した3つのEに関わる8つの項目です。「お化け」の名称を聞いた時に頭に浮かぶのは何かを探るものです。「いる-いない」という存在、「いてほしい-いてほしくない」という期待、「こわい-こわくない」「たのしい-たのしくない」という情緒といった3つの切り口の中で何が一番ぴったりするのかを選んでもらうという方法です。この調査は、調査員による面接調査でした。質問の方法は、図5-9に示したやり方です。「お化け」というテーマで、一つ一つのお化けについて、ストレートに「いると思うか」「いてほしいか」というようなことを聞いたら、本音の答えが返ってこないだろうということで、8つのうちの一つを選ばせるという方式をとっています。このように、調査における様々な工夫がされている点からも面白い調査です。

調査結果の年齢別のまとめが大変興味深いものでした。お化けと心の関わりを表す指標として、「いる」「いてほしい」「いてほしくない」「たのしい」「こわい」を選んだ割合の合計を用います。20代は男女とも関わり合いが高いのですが、高年齢になると関わり合いが低くなります。特に、20代の女性では、怨霊、タイムマシンとの心の関わりが80%と高水準でした。一般的に、高年齢では「お化け」への関心が薄くなっています。近代的な「お化け(?)」である超能力、タイムマシン、

カードをお渡ししますが、ここにあげてある言葉を
まずよくごらんになってください。

（読む間、間を取る）

これから一つ一つお尋ねしますが、このリストの中からあなたの気持ちにもっともぴったりするものをひとつだけあげて下さい。

・3Eの8つの項目のうちひとつだけあげてもらう。
・被調査者に渡すリストは8つの選択肢の言葉のみがランダムな順序で書かれてある。
・被調査者はお化けの名を聞いて、いる・あるなどの8つの選択肢のどれかを選ぶことになる。

まず、「雪男」についてはどうですか。

［回答を取る］

では、「ネッシー」についてはどうですか。
あなたの気持ちにぴったりするものを一つだけあげて下さい。

［以下、同様］

図5-9　調査員の質問の仕方。3Eの8つの選択肢をランダムに並べるのは、1つだけ選んでもらうときに、先に出てきた選択肢が選ばれやすいという順序効果を排除するため。

UFO、ネッシーなどでは、20代では60〜80%であるのに対して、高年齢では20〜40%の間になるなど、関心が低くなります。

話を、お化けの位置づけに戻しましょう。表5-3に集計表を示しました（データは駒澤勉編著『数量化理論』放送大学教育振興会より）。ここでは、8つの項目のうち「こわい-こわくない」を除いてあります。また、鬼・妖怪はまとめて一つのカテゴリーにしてありますので、6つの項目と11の「お化け」になっています。

この表をもとに、数量化Ⅲ類により、6つの項目と11の「お化け」を相関が高くなるように並べ替えをします。この並べ替えですが、並べ替えは1通りとは限りません、一般的に言うと、最も相関が高い並べ替え、次に相関の高い並べ替え、3番目に相関の高い並べ替え、…、というように複数の並

表5-3　調査結果のクロス集計表
駒澤（1992）より作成

質問 ＼ お化け		超能力	タイムマシン	UFO	ネッシー	雪男	龍	鬼・妖怪	カッパ	怨霊	幽霊	人のたたり	計
存在 Existence	いる（ある）	30	1	14	7	7	1	1	2	6	14	18	101
	いない（ない）	19	26	25	23	32	46	49	46	33	28	26	353
期待（ロマン的） Expectation	いてほしい（あってほしい）	9	19	8	12	8	4	2	8	1	1	1	73
	いてほしくない（あってほしくない）	3	1	4	2	4	4	6	2	19	12	17	74
情緒（愛すべき） Emotion	たのしい	20	28	24	23	17	15	13	23	1	3	0	167
	たのしくない	9	11	11	10	14	11	10	9	8	8	8	109
計		90	86	86	77	82	81	81	90	68	66	70	877

べ替えが存在します。つまり、複数の数量の与え方が存在します。これを、相関の大きい順に、第1相関軸（第1軸）、第2相関軸（第2軸）、…、と名付けることにします。図5－10は、第1相関軸と第2相関軸での6つの項目のプロットです。これから、第1軸は「いてほしい－いてほしくない」の期待の軸、第2軸は、「いる－いない」の存在の軸であることが分かります。図5－11に、「お化け」の布置を示しました。図5－10を参考にしてこれを見ると、怨霊、幽霊、人のたたりは、いてほしくないものであることが分かります。さらに、いてほしいものは「タイムマシン」「ネッシー」「カッパ」「雪男」「UFO」、いないものは、「鬼・妖怪」「龍」、存在するもの（あるもの）は「超能力」というように「お化け」が分類できることになります。

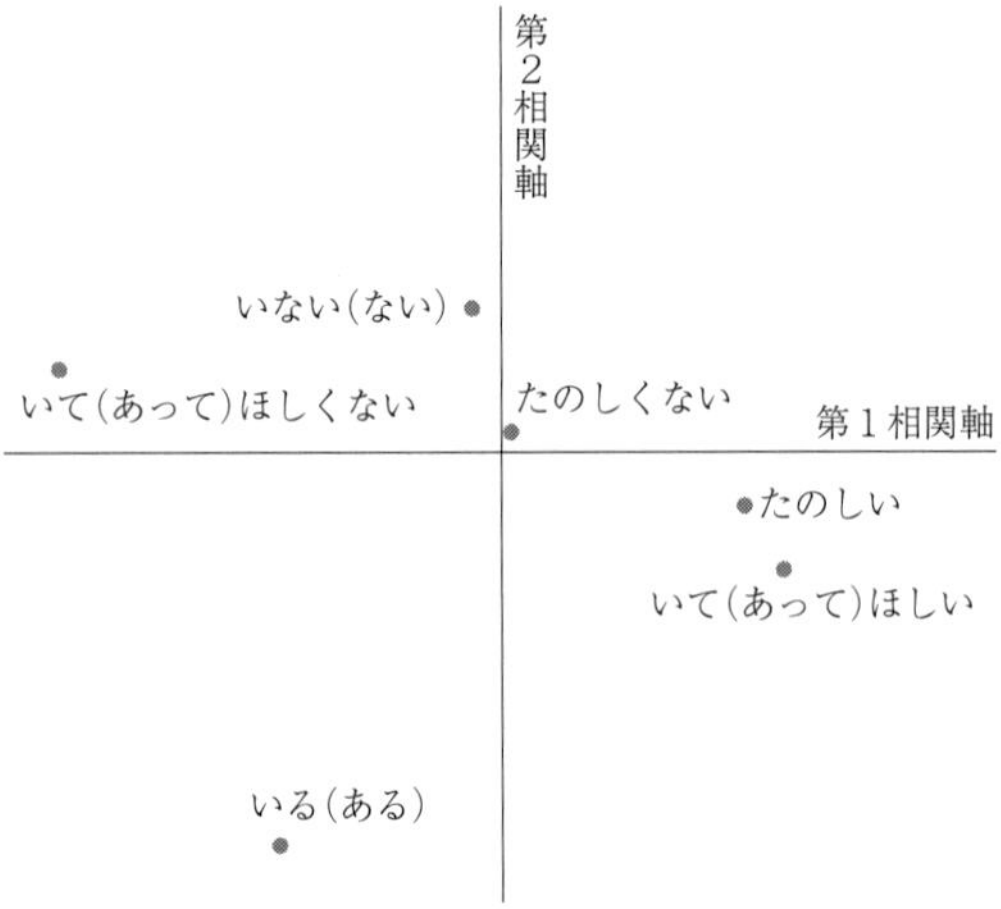

図5-10　数量化による選択肢の布置（駒澤（1992）掲載の数値をもとに作成）

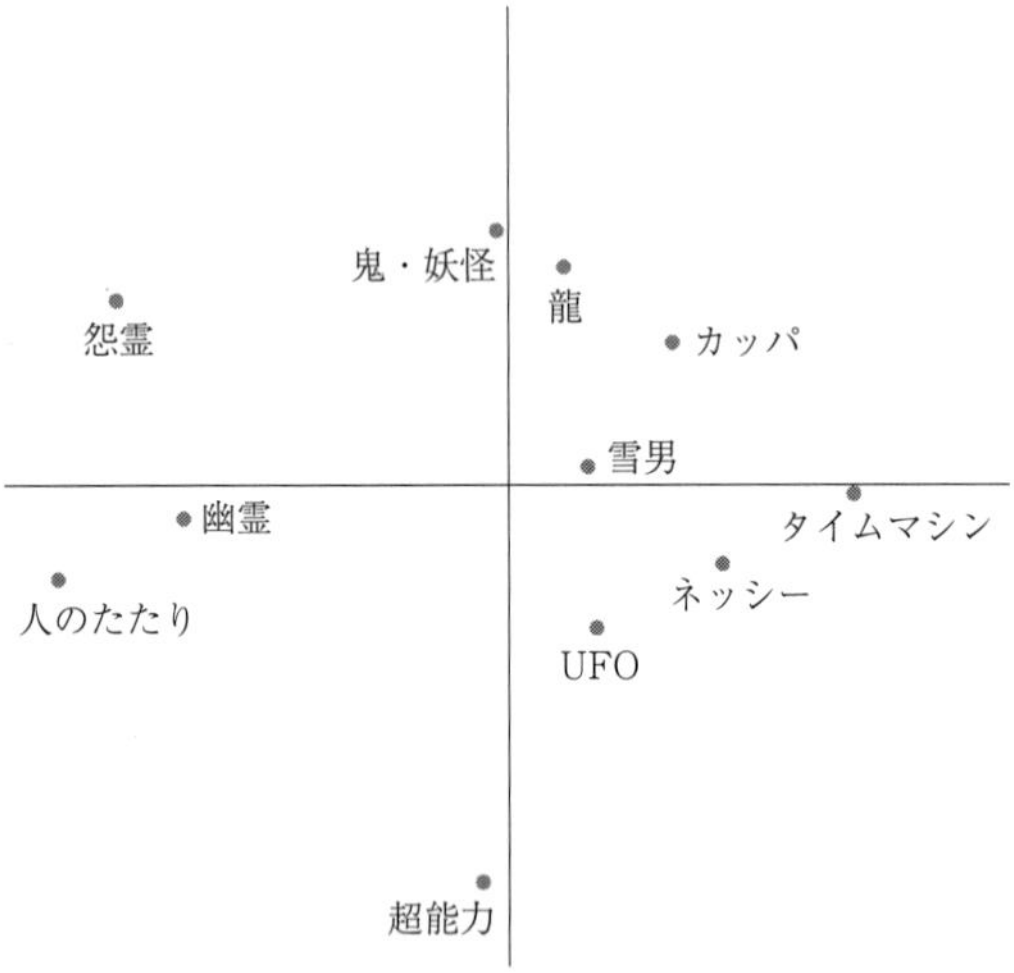

図5-11　こころのなかの「お化け」の布置（駒澤（1992）掲載の数値をもとに作成）

順序構造の探索

数量化Ⅲ類による「お化け」についての分類のお話をしましたが、数量化Ⅲ類は、まだまだ、面白い性質があります。表5－4にはⅠ01からⅠ10までの10個の項目についての10通りの回答パターンが示してあります。質問は、項目ⅠXXについては「はい」ですか「いいえ」ですか？ というようなものであるとします。質問項目間に順序構造があり、ある項目に「はい」の場合、両隣に「はい」ということはあっても、2つ離れた項目については「はい」になることはないものとします。このようなデータの場合、数量化Ⅲ類により項目に数量を与えると、図5－12と図5－13に示したように、項目がきれいな曲線上にのるという面白い性質があります。第1相関軸と第2相関軸の場合（図5－12）は、2次曲線、第1相関軸と第3相関軸の場合（図5－13）は3次曲線になります。この性質は、質問項目と回答パターンが、表5－5のような場合でも同じです。項目を第1相関軸と第2相関軸でプロットした場合（図5－14）は2次曲線になりますし、第1相関軸と第3相関軸でプロットした場合（図5－15）は3次曲線になります。ついでですが、第1相関軸と第4相関軸でしたら4次曲線、第5相関軸とは5次曲線というように次数が上がっていきます（岩坪、1987）。

このような性質は、順序が関係する別のタイプのデータにも当てはまります。たとえば、

【問】 あなたは下記のようなことがありますか、

表5-4　項目対に順序構造がある場合のデータ

被験者＼項目	I01	I02	I03	I04	I05	I06	I07	I08	I09	I10
S01	1	1								
S02		1	1							
S03			1	1						
S04				1	1					
S05					1	1				
S06						1	1			
S07							1	1		
S08								1	1	
S09									1	1
S10										1

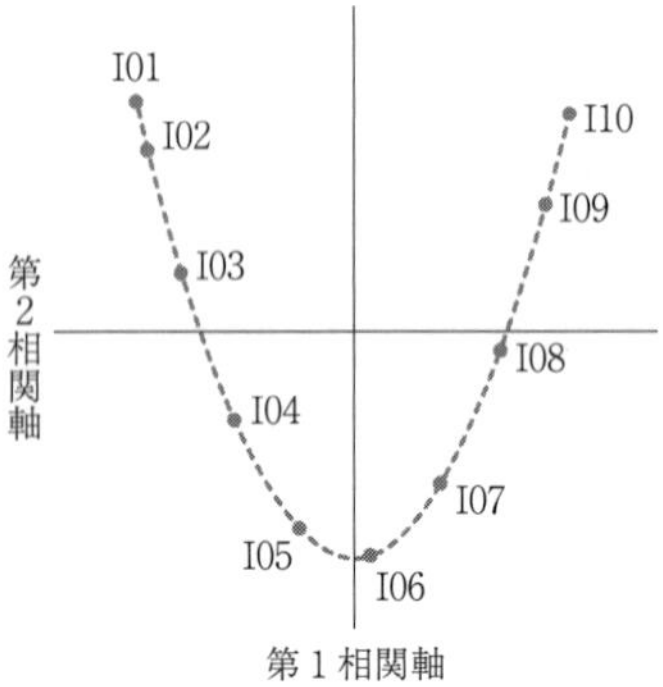

図5-12　第1相関軸、第2相関軸による項目のプロット。項目は2次曲線の上に乗る。

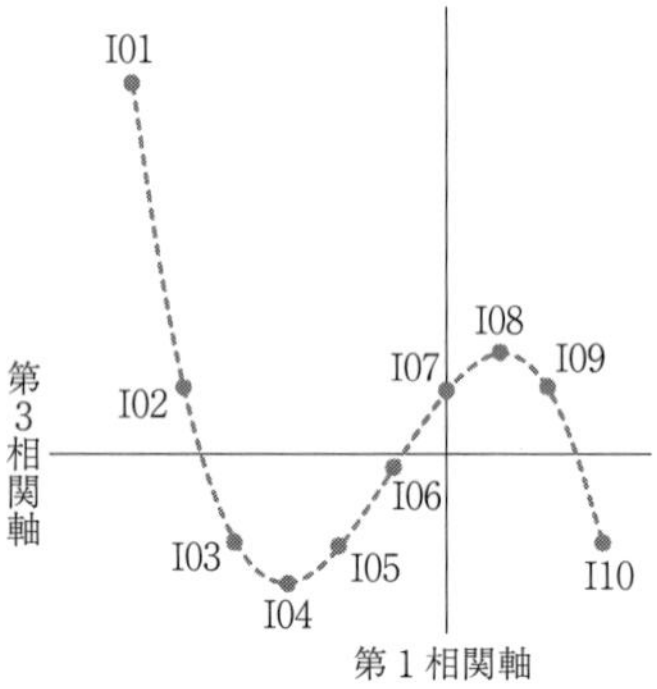

図5-13　第1相関軸、第3相関軸による項目のプロット。項目は3次曲線の上に乗る。

表5-5　項目間に順序のあるデータ。たとえば、「あなたは○○ができますか？」という問いに対して、「はい」ならば1とした表。この表では、I01ができる人はI02～I10、すべてができる人。I01でいいえで、I02がはいの人は、I03～I10まではできる、というように項目間に順序がついている。

被験者＼項目	I01	I02	I03	I04	I05	I06	I07	I08	I09	I10
S01	1	1	1	1	1	1	1	1	1	1
S02		1	1	1	1	1	1	1	1	1
S03			1	1	1	1	1	1	1	1
S04				1	1	1	1	1	1	1
S05					1	1	1	1	1	1
S06						1	1	1	1	1
S07							1	1	1	1
S08								1	1	1
S09									1	1
S10										1

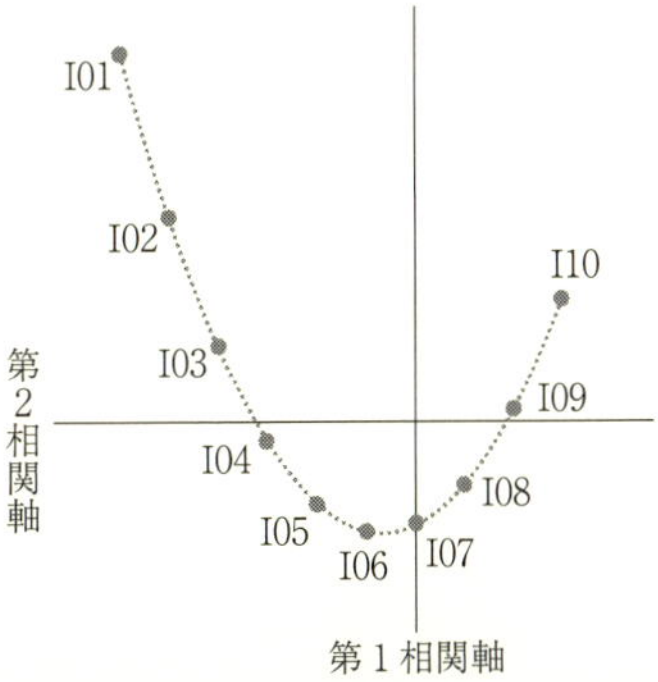

図5-14　第1相関軸、第2相関軸による項目のプロット。項目は2次曲線の上に乗る。

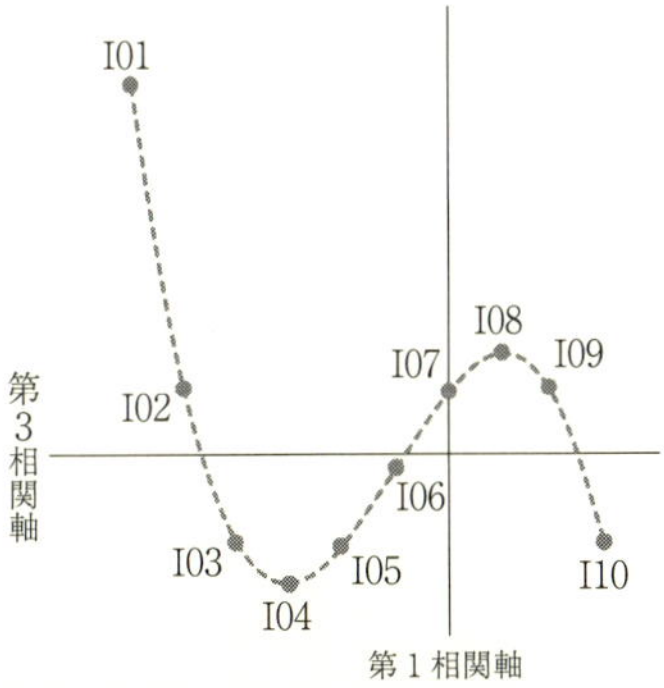

図5-15　第1相関軸、第3相関軸による項目のプロット。項目は3次曲線の上に乗る。

【問1】食欲がない、【問2】眠れない、【問3】疲れを感じる、【問4】めまい、【問5】息切れ
回答は、次の5つの中から選んで下さい。
1 よくある、2 時々ある、3 あまりない　4 ない

このような場合にも、順序構造がある場合には2次曲線や3次曲線になることがあります。この性質を使えば、数量化Ⅲ類による数量化の結果から、第1相関軸と第2相関軸、第3相関軸等との数量のプロットが2次曲線や3次曲線になるときには、項目間に1次元構造があるものと判断できることになります。

言葉の数量化：まったり——東京圏での調査

食感覚の擬音語、擬態語の一つとして「まったり」という言葉があります。「まったり」はもともと、京都・滋賀地方の方言ですが、料理にうんちくを傾けるコミックに登場したり、料理評論家がよく使ったこともあり、全国的に認知されるようになった言葉です。早川文代博士は、首都圏と京都地方で、アンケート調査を行い、数量化Ⅲ類を適用することにより、「まったり」という言葉の客観化・尺度化を試みました。

最初に東京圏での調査について紹介します。調査は平成11年12月から12年3月にかけて行われました。調査は、東京都、神奈川県の大学および短大の学生に調査票を配布し、後日回収するという

方法です。調査回答者は400人でしたが、出身地や現住所が首都圏ではない人、両親あるいは祖父母に京都・滋賀地方出身者がいる人などを除くと、最終的な解析対象者は239人でした。年齢は18〜24歳で、男性95人、女性144人でした。若い人だけを対象としたのは、事前調査で東京圏の高年齢層では「まったり」という言葉の認知度が低いことが分かったためです。なお、この調査では、「いつから「まったり」という言葉を知っていたか」という質問をしており、3年以内が43・5％、3〜10年ほど前という回答が48・5％で、合わせて90％以上を占めていました。「何によって「まったり」を知ったか」については、同世代、マスコミという回答の2つで90％を占めていました。つまり、首都圏の当時の若年層にとっては、「まったり」は新しい言葉、「流行語」であったということです。また、「「まったり」を何に対してよく用いるか」という問いに対しては「場の雰囲気」が83％で、「食べ物」が51％で、必ずしも食べ物についての言葉として広まっているわけではないことが分かりました。

「まったり」の客観化・尺度化についての調査および解析の手順は以下の通りです。

（1）「まったり」と関係のある食物をピックアップする。

（2）調査対象者にそれらの食物を「とてもまったりしている」「ややまったりしている」「まったりしていない」「たべたことがない」の4カテゴリーで評価してもらう。

（3）調査の結果を数量化Ⅲ類で解析し、尺度構成を行う。

まず、調査に用いる食物の選定が重要です。食物の選定に関しては、予備調査、料理漫画や料理に関するエッセイの検索、インターネットの検索などで「まったり」していそうな食物を整理し、それにダミーとなる食物を加え52品目としました。その52品目は、表５－６に示した通りです。この52品目を、１まったりしていない、２ややまったりしている、３とてもまったりしている、の３段階で評価をしてもらいました。数量化Ⅲ類による食品の数量化の結果は図５－16のイメージ図のようになりました。項目が２次曲線上にきれいにのるというものではありませんが、全体の雰囲気としてはほぼ２次曲線に近い形でカテゴリーの１、２、３が分布しました。したがって、食品は１次元構造を持っているとみなしても良いだろうということになります。そこで、第１相関軸の数量の平均値で食品を並べました。それが図５－17です。まったりしている食品はカスタードクリーム、生クリーム、バタークリームなどクリーム系の食物が上位に来ました。また、どのような形容詞や副詞が「まったり」と類似の意味を持つのかも調査されています。50％以上の人が「まったり」を表していると思っている言葉は、「ねっとりした感じ」「まろやか」、「口にゆっくり広がる感じ」、「こってりした感じ」、「とろとろ」、「こく」の６つでした。

言葉の数量化：まったり――京都地方での調査

調査は京都・滋賀地方でも平成11年12月から平成12年７月にかけて行われています。調査の対象者は、京都府あるいは滋賀県の大学、短期大学、教育関係の出版社等に勤務している人およびその

表5-6　まったりしているかを尋ねた食物（早川・馬場（2002）より）

アイスクリーム	あじの干物	アボカド	甘エビ
あんこ	鰻の蒲焼き	梅酒	親子丼
カスタードクリーム	かぼちゃの煮付け	カルボナーラ	キャラメル
餃子	クラムチャウダー	クリームシチュー	栗きんとん
小芋（里芋）の煮物	コーンポタージュ	ごま豆腐	こんにゃく
白味噌	すし飯	ゼリー	せんべい
チョコレート	天ぷら	トマト	とろ
トンカツ	豚骨ラーメン	納豆	生ウニ
生クリーム	日本酒	バタークリーム	バナナジュース
ババロア	ハンバーグ	ビーフカレー	ビーフシチュー
ピザ	冷や奴	フカヒレのスープ	豚の角煮
プリン	抹茶	マヨネーズ	みたらしだんご
ミルクココア	モンブラン	ヨーグルト	レアチーズケーキ

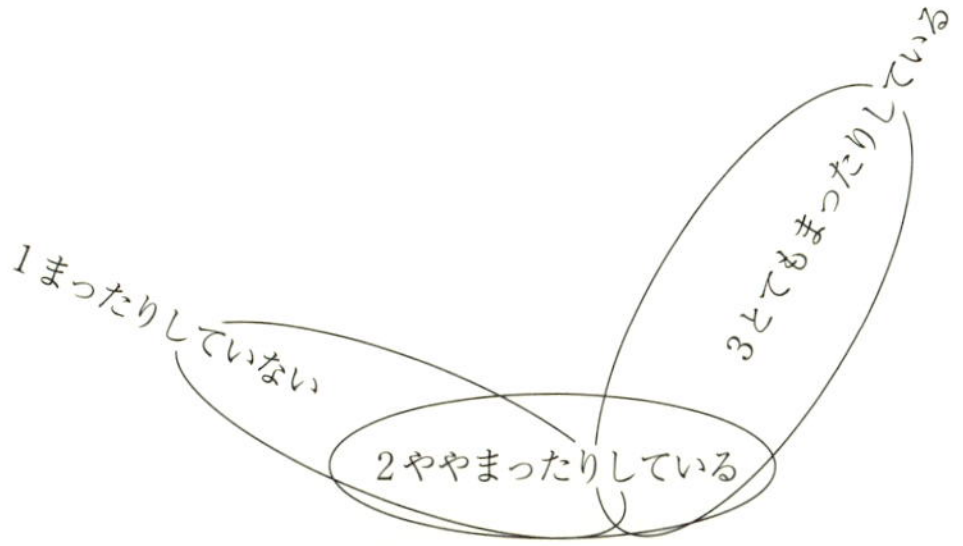

図5-16　カテゴリーの布置のイメージ図

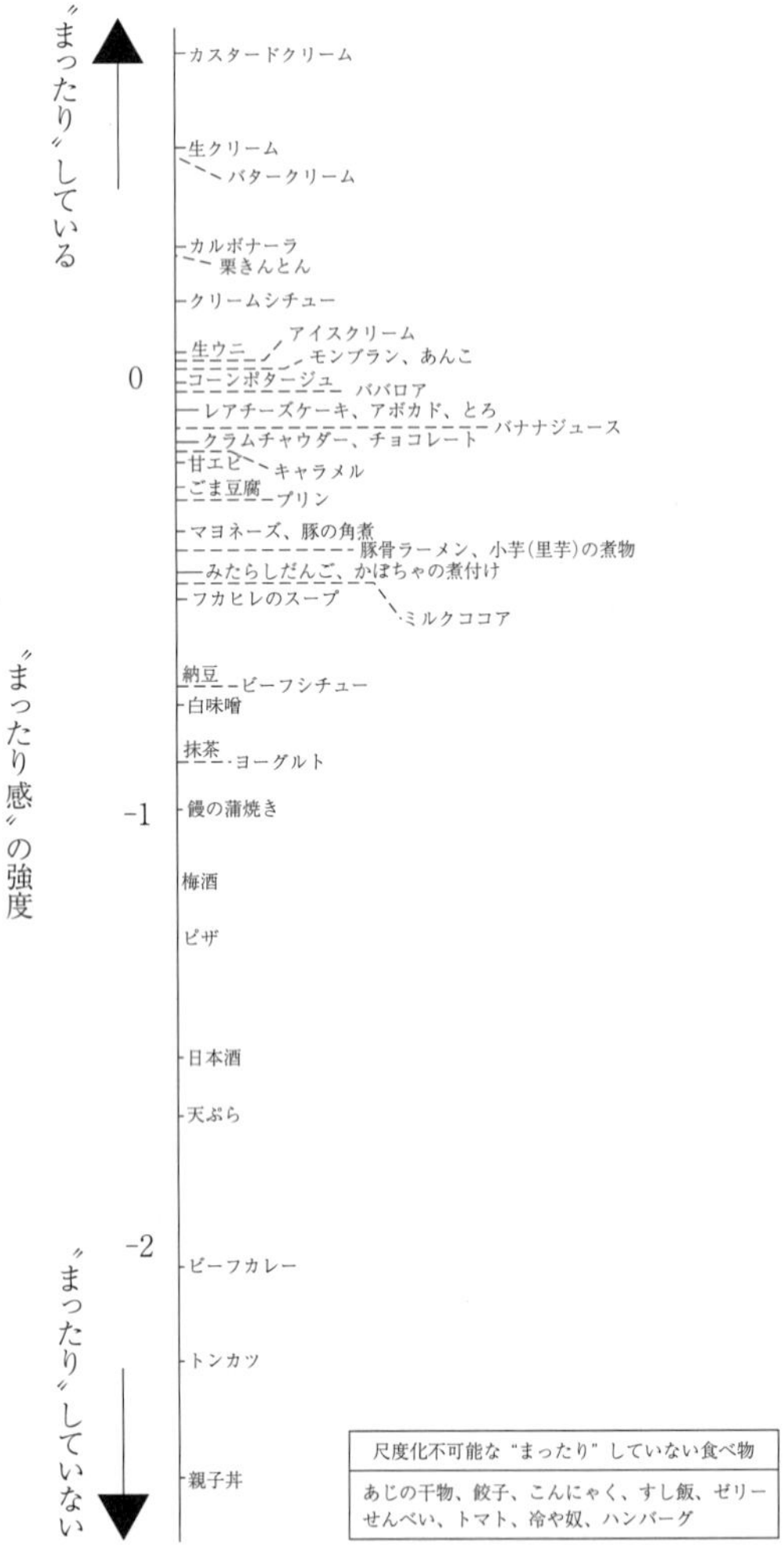

図5-17 「まったり」した食物の数量化（早川・馬場（2002）をもとに作成）

家族です。回答者数は８０８人でしたが、有効性の低い回答や、「まったり」を知らなかった人、出身地や現住所が京都府、滋賀県に該当しない人を除いて、分析できたのが５０６人でした。この５０６人を、若年層（18～29歳、２１０人）、中年層（30～49歳、１５４人）、高年層（50歳以上、１４９人）に分け、それぞれの層について分析が行われています。

若年層ですが、「いつから「まったり」という言葉を知っていたか」という質問に対して、3年以内が19・5％、3～10年ほど前が48・5％、合わせて10年以内が76％でした。10年以上前から知っていたという人で比較すると、若年層では24％、中年層では66％、高年層では83％でしたから、京都地方の若年層では、東京圏の若年層と同じように「まったり」は比較的近年知った言葉ということになります。

「何によって「まったり」を知ったか」という質問に対しては、若年層では「同世代」、「マスコミ」という2つの回答合わせて70％程度、「上の世代から」という回答が30％でした。この「上の世代から」については、東京圏の若年層の10％に比べて多いことが分かりますが、京都圏の高齢者に比べて東京圏の高齢者では「まったり」の認知度が低いことが関係しているものと思われます。この「上の世代から」について比較すると若年層では30％であるのに対して、中年層では44％、高年層では72％です。「まったり」が方言であることが現れているものと思います。

また、「「まったり」を何に対してよく用いるか」という問いに対して、若年層では「場の雰囲気」が30％台でした。東京圏の若年層の80％に比べてかなり低い割合でした。一方、東京圏の若年層では半数であった「食べ物」が京都圏の若年層では90％程度で非常に高い割合でした。京都の中年層、高年層ではほとんどが「食べ物」で「場の雰囲気」などは10％前後であるところが年齢層による大きな違いになります。

さて、数量化Ⅲ類による客観化・尺度化に話題を戻しましょう。若年層、中年層、高年層のどれでも、食品の数量化の結果は図５‐16のイメージ図のようになりました。１次元尺度の構成ができることになります。ただ、第１相関軸と第２相関軸のプロットについていえば、若年層では比較的きれいな２次式の構造が見られるのですが、中年層、高年層では多少、それがゆるむようです。

東京圏の時と同じように、第１相関軸の数量の平均値で食品を並べると、若年層では、「まったり」している上位には、カスタードクリーム、生クリーム、バタークリームが布置され、東京圏と同じようにクリーム系の食物が「まったり」と評価されています。ところが、中年層では、栗きんとん、カスタードクリーム、アイスクリームが上位３つにはいり、高年層では、栗きんとん、白味噌、ごま豆腐、抹茶、あんこなどが上位に来るというようにかなり違った様相を示していました。食物の評価については年齢による違いが大きいことが推察されます。

以上、数量化Ⅲ類による、１次元尺度の構成についてお話してきました。「まったり」のような、方言でありまた流行語でもある言葉は年齢の影響も大きいことが推察されますので、すべての年齢を通した１元的な評価は難しそうなことが分かりました。

仮釈放と数量化理論の誕生

この話を終えるにあたり、質的データの解析法である数量化の原点になった研究について言及しておきます。林の数量化理論が誕生したのは昭和20年代のことです。昭和20年代と言えば第2次世界大戦が終わり、人々が復興に向けて動き出したいわゆる戦後の時代です。数量化の開発のきっかけになったのは、刑法学者西村克彦氏が林知己夫博士に持ち込んだ仮釈放の予後予測に関する研究でした。このころは、受刑者が増加しており、仮釈放の問題は重大な問題でした。受刑者を仮釈放しても再犯を繰り返すようでは仮釈放の意味はありません。仮釈放の候補者の再犯の確率が低いかどうかを判断するにはどうするか、それを客観的に判断する方法がないか。こういう問題意識で、仮釈放に関する実証的研究が行われました。当時の研究は横浜刑務所の協力を得て文部省統計数理研究所の林知己夫、石田正次、田熊正子、法務府矯正保護研修所の西村克彦、吉川弘の共同研究によって行われました。林先生の著書『数量化——理論と方法』（林、1993）には、「志願して（身分を隠して本当に）刑務所に入ってそれを体験する（研究）が外国にあることを知って、日本でもやってみたいと統計数理研究所の所長に話したら「何を言うか」と一括された。今の私なら、「やってみよ」と言いたいのである」などという興味深いエピソードが書かれています。研究の詳しい経過は統計数理研究所輯報第6号、第7号（1952年）にまとめられています。また東京大学出版会からも『假釋放の研究』として出版されています。なお当時の統計数理研究所輯報は活字印刷ではなく、ガリ版刷りの書体に似た手書き文字の印刷物であり、大変味のある研究報告書となっています。

仮釈放者を再犯を犯さない成功者と再犯してしまう失敗者とに分類し、成功者と失敗者を分かつ要因として以下のものが検討されました。受刑者の身体的状況、素質、性格、成育歴、居住歴、学歴、職業歴、犯罪歴、特に最初の不良行為、犯罪の性質、犯行の大要、共犯者の有無、犯行の動機、犯行前の心理、犯行後の心理、逮捕時の心理、裁判に対する態度、受刑中の行動、行状、受刑中の教育効果、受刑中に習得した技能、釈放後帰りゆく居住地、その状況、保護者、つくべき職業、家庭環境、交友関係、近隣関係、前犯関係者との関係、被害者に対する気持ち、社会に対する態度、家族に対する態度、自己の将来に対する希望、あるいは犯罪というものに対する恐怖感の程度、罪悪感の麻痺の程度、その他いわゆる身上調査、分類調査票に記載ある様なもの等が要因と考えられました。

そうやってリストアップした要因から判別に役にたつ要因を見つけ、要因のカテゴリーに数量を与え、ある値以上の数量の合計が得られたら成功者（となる）、そうでない場合は失敗者（となる）と判定することにすれば、様々な組み合わせによる再犯の可能性が推測できることになります。こうして数量化の方法が開発されました。これが数量化Ⅱ類です。これが発端となり、その後、我が国の社会科学におけるデータ解析では不可欠の数量化Ⅲ類等が開発されることになりました。なお、ほぼ同じか少し後に様々な国で数量化に似た考えが提案されています（西里，2010 に詳しい）。たとえば、フランスのベンゼクリがコレスポンデンスアナリシス（対応分析）、カナダの西里が双対尺度法を提案していますが、これらは本質的には数量化理論と同じものを含んでいます。

さて、このお話は『星の王子さま』が出発でした。以前は何気なく読んで記憶に残っていなかったのですが、数量化の話を書きさえ終えたあとで『星の王子さま』を読みなおしたら、こんなことが書いてありました（サン＝テグジュペリ、2010）。

おとなというものは数字がすきです。新しくできた友だちの話をするとき、おとなの人は、かんじんかなめのことはききません〈どんな声の人？〉とか、〈どんな遊びがすき？〉とか、〈チョウの採集をする人？〉とかいうようなことはてんできかずに、〈その人、いくつ〉とか、〈きょうだいは、なん人いますか〉とか、〈目方はどのくらい〉とか、〈おとうさんは、どのくらいお金を取っていますか〉というようなことを、きくのです。そして、やっと、どんな人か、わかったつもりになるのです。

第6章　データ解析・回帰・ロジット・プロビット分析など

なぜ、データを解析するのか

世の中の事象には、なぜそれが生じるのかについて、ある程度、積み重ねや経験などに基づいて予想がつくようなものと、まったく想像もつかないものがあります。前者は様々な事象を見たり経験したりしたとき、もしかしたらAとBは関係するかもしれない、あるいはAのためにBが生じているかもしれないなどと考え、それを仮説として立て、その仮説が正しい可能性を見出そうとする場合です。一方、後者ではまったくの事前情報を持たずに得られたデータの中から、何らかの規則性を見出したり、新たな仮説を帰納的に見出したりするような場合です。このような研究は検証的研究と探索的研究に分けて捉えることが、特に医療の分野では一般的です。しかし、データを解析する目的からみれば、信頼できる情報を引き出して、意思決定に役立てたいということが第一でしょう。本論では、データ解析の目的はそこにあると考えて、考え方の違いを中心に述べます。

データ解析は、文字通り、データに基づいて解析を行うことを意味します。おおまかには、どのような信頼性の高い情報を得たいのか、その目的の設定・仮説の設定・データ解析・施策実施という手順で分析を進めることが多くなされています。もちろん、これは分野によっても変わってきます。たとえば、「○×ダイエットは痩せるのに効果的！」というフレーズが巷にあふれていますが、皆さんはそれにどの程度のエビデンス（根拠・証拠）があると考えるでしょうか。「○×ダイエット」をしたAさんは、していないBさんに比べてスマートに見える、「○×ダイエットを3か月継続」したCさんは、していないDさんに比べて3か月後の体重が5キロ減った、「○×ダイエット」をした人5人としなかった5人を比べたら、した人のほうが平均で3キロ痩せた等々、いろいろなエビデンスと称される事柄が示されていることもありますが、何をもって信頼のおける情報だと考えるでしょうか。考えてみれば最初はわからないことだらけです。探索的研究では、目的の設定のあとに目的に応じてデータを収集し、データ解析を行うのが常套手段でしょう。その結果から次の仮説を設定するという感じです。実際のデータ解析ではこれらの過程を繰り返し、大きな目的に向かって螺旋的に進めていくことになります。一方、検証的研究ではあらかじめ用いるデータとそれらの関連性に関する情報が得られていて、その情報を用いて、本当にその仮説が検証できるかという点に絞って研究を行います。薬効や治療などの臨床試験がこれにあたります。検証的研究ではそれまでに得られた知見の下支えのもとで、確認的に試験を行うため、エビデンスレベルという点では検証的研究がはるかに高いといえます。

データ解析は、決して単にデータハンドリングを行うのではないことに留意しましょう。データによって現象を理解することを目的として、データのとり方、そのデータに応じた分析の仕方、その結果から得られた知見の理解まで含めて考えるのです。

データという言葉からどのようなものを思い浮かべるでしょうか。一般には何かの測定結果で特徴を表す数値として得られたデータを思い浮かべることが多いでしょう。たとえば職場や地域でほぼ毎年行う健康診断を例にとってみると、そこではさまざまな検査が行われています。血圧測定や血糖値、総コレステロールなどの検査値は数量で測定されたデータです。これを量的データといいますが、このほか、ストレスチェックなどの心理的尺度として数値化されたものやテストの得点などもこれにあたります。一方で、アンケート調査結果などの回答として得られた「好き」、「嫌い」、「どちらでもない」などの選択肢（カテゴリー）として収集されたものや、用語や文章、果てはビデオなどとして収集されたようなデータ（これらを質的データといいます）などがあり、その内容は実に幅広いのです。質的データはそのまま扱うことは難しいので、数字で置き換えて、たとえば「好き＝1」、「嫌い＝2」、「どちらでもない＝3」などと標識を付けて扱います。時には年齢を、たとえば「65歳未満＝1」、「65歳以上＝2」などとグループ化したり、いくつかのパターンに分類してカテゴリー化した上で取り扱うこともあります。量的データは連続変数とも呼ばれ、質的データは離散変数とも呼ばれ、それぞれに対応したデータ解析を行います。

著者や権威者の意見をつづったようなエッセイではなく、何らかの手続きに基づいて収集されたデータを用いて解析を行うことがデータ解析なのです。本章ではこれらのうち、主に量的データを用いたデータ解析について話を進めます。

ランダムサンプリングとランダマイゼーション

通常、統計学では様々な変数同士の関連性を表す統計モデルで取り扱うデータは、対象とする母集団からのランダムサンプル（無作為標本）であることを前提としています。つまり、母集団を構成するすべての個体の選ばれる確率が等しいというサンプリング法（抽出法）なのです。たとえば、ある地域で高血圧の人がどのくらいいるかを知るために、その地域住民から２００人を抽出して血圧値を調べようとします。この時、その地域には高層マンション群があり、戸建て住宅の住民を調べるより一つの高層マンションの住民を調べれば効率的に多くの人のデータが得られると考えて、高層マンションの住民２００人の血圧測定のデータを得たとします。この場合、果たしてこのデータからその地域を代表する住民の平均血圧値が求められるか、という問題が生じます。なぜなら高層住宅に暮らす人は一般に若い人が多く、戸建て住宅には古くからその地域に住んでいる高齢者が多い可能性があること、高齢者は若い人に比べて血圧値が高いということを考えると、このようにして求めた平均血圧値は、高齢者も含めたその地域の住民の平均血圧値に比べると、低いほうに偏ったデータとなってしまうからです。その地域の住民全体の平均血圧値（真の値）からの偏り（真の値からの一定方向のズレ）のことをバイアスと呼びます。もし、ランダムサンプリングを行っていれば、その地域の年齢構成に比例したサンプルが得られるはずです。ランダムサンプリングとして抽出されたデータの誤差は、確率化の偶然性に左右されて変動する誤差（チャンス）で生じるだけで、他のバイアスはないと見なせます。

これに対して、ランダムサンプリングができないときにはランダマイゼーション（無作為化）として対象を割り付ける方法をとります。これは臨床試験や疫学の実験的研究などで何らかの介入効果を見ようとするときによく行われる方法で、ある介入を行うか、別の介入を行う（あるいは行わない）かをランダム（無作為）に割り付けて介入の効果を比較しようとするものです。たとえば、ある治療法Aによる症状の改善に対する効果を検証しようとするとき、ある集団を、治療法Aを行う群と、従来の治療を行うB群という2つのグループに分けて比較することを考えてみましょう。ランダマイゼーションは2つのグループができるだけ等質な集団になるように、「でたらめ（無作為）」に1、2という2つの数値を集団の構成員に付与して、2つのグループにわけます。こうして分ければ、それらの集団の特性は、あたかもその集団からランダムに2つのグループを抽出したのとほぼ同等とみなせます。このようにして、（あくまでその集団に限定してですが）比較可能性を高めることが一般的です。現在では疫学研究でランダムなデータが取れない時にプロペンシティ（傾向）スコアを用いるなどいくつかの対処法も考えられてはいますが、測定されていない潜在的なバイアスの可能性を否定することはなかなか難しいのです。

ここでは、ランダマイゼーションを行うときの方法（手順）について少し触れておきます。無作為化法には完全無作為化法、置換ブロック法、層別無作為化法、最小化法などの方法があります。

たとえば2つの治療法（A、B）を比較する臨床試験を行うとします。患者が登録されたときに一様乱数（区間［0,1］の数値が等確率で発生される乱数）を利用して、0・5以下の数値が発生された場合にAを、0・5より大きい数値が発生された場合にBを割り付ける方法を完全無作為化法といいます。つまり、理論的にはAとBは0・5の確率で半分半分になることが期待されます。かつては無作為割付の例にサイコロやコインを利用して、偶数あるいは表なら、などと割付の説明をすることが多かったのですが、今どきはサイコロやコインを取り出して割り付けるということは実際には行われておらず、コンピュータで一様乱数を求めることになります。なお、この完全無作為化法では、割り付け方は単純ですがサンプルサイズが小さい場合にはグループが不均衡となる場合がありますす。なぜなら確率は繰り返し（試行）が無限大になれば0・5となることが期待されますが、試行が少ない場合ではその割合のバラツキが大きいからです。

このような不均衡を避けるための方法として置換ブロック法というものがあります。これは一定の症例数（ブロックサイズ）ごとに同数となるように、ブロックサイズTに応じた治療法の組み合わせを決めておき、割付順序をあらかじめ設定して割付を行う方法をいいます。たとえばブロックサイズT＝4のとき（A、B）の組み合わせのブロックは（AABB、ABAB、ABBA、BABA、BBAA、BAAB）と6つのパターン（ブロック）となります。1～6までの乱数にそれぞれのブロックを対応させて乱数に応じたブロックに設定された順序で割付を行います（一様乱数を用いるのであれば1を6等分して約0・167間隔で区切ります）。

さらに、施設や性別など、特性（特に交絡因子）の分布が均衡になるようするための層別無作為化法があります。これは、重要な交絡因子で層別しておいて、それぞれの層の中で無作為化する方法です。層内では完全無作為化法や置換ブロック法などにより無作為化します。なお、交絡因子とは、ある変数が結果と要因の両方と関係があるような第3の因子のことをいいます。これは厄介なもので、もし、その分布が2つの治療法（A、B）の群で違っていると、本来の関係とは違った見かけ上の関係を見てしまう恐れがもたらされます。たとえば心筋梗塞発生への血圧の影響ということを考えてみます。この場合、交絡因子としてたとえば「年齢」が考えられます。なぜなら年齢が高いほど血圧が高くなる傾向があり、一方で、年齢が高いほど心筋梗塞を発症しやすいということもあります。さらに年齢は血圧値にも影響します。年齢を考えずに血圧値と心筋梗塞の発生率との関連をみたとき、その対象に若い人が多かったらどうでしょうか。血圧と心筋梗塞の発症との関連は過小評価されてしまうでしょう。逆に高齢者が多かった時には高齢者は心筋梗塞の問題はなくても血圧値は若い人に比べて高めですので、血圧の影響が過大評価されてしまうこともあります。この場合の年齢のように、その分布が異なることによりイベント（この場合は心筋梗塞）への影響が過小評価されたり、過大評価されたりする第3の要因を交絡因子といいます（図6－1）。ですので、比較を行うときには交絡因子の分布が不均衡にならないように留意することが肝要なのです。

・取り上げた要因：A
・制御できない変数（調整変数）：X
・結果因子：Y

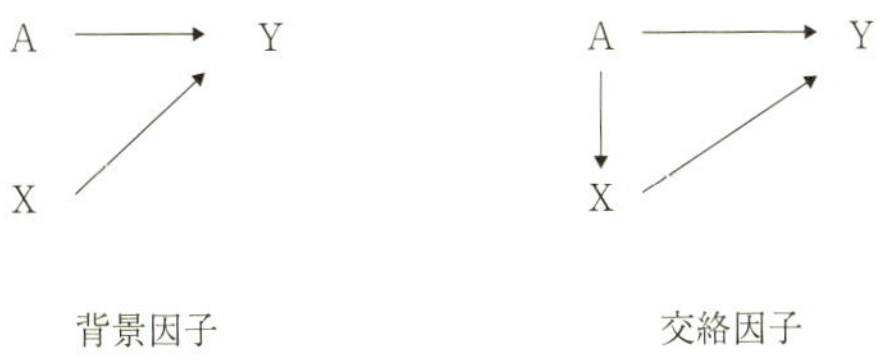

図6-1

話を無作為化法に戻しますが、層別無作為化法を行っても、割り付ける順番により施設や性別などの分布が不均衡（インバランス）になることがあります。これを改善するために最小化法という割付法が提案されています。層別無作為化法からさらに不均衡を最小にすることを図った方法で、たとえば最初の患者を完全無作為化法で割り付けたあと、患者が登録されるたびに、それぞれの層別因子ごとに症例数の均衡を図りつつ、全体の症例数の均衡も図れるよう、逐次的に割り付けて行く方法で、コンピュータ・プログラムを用いて行います。（丹後、2003参照）

回帰分析

血圧値には年齢が影響するということについて、実際に血圧値と年齢との関連をデータからみるとき、よく利用される分析法が回帰分析です。これは血圧値（たとえば拡張期血圧の値）と年齢のデータを収集し、2つの変数の間に一方が高ければ他方も高いというような直線的な関係があるかどうかをみることにより、現象を捉えていこうとするものです。この例では血圧値を事象Yとし、年齢を要因Xとして、XとYとの関係を直線 Y=a+bX というような方程式で表現します。年齢が高いほど血圧値も高いという右上がりの直線的な関係です。このような関係を捉えるモデルを統計学では回帰モデル、それを用いた分析を回帰分析といいます。

回帰という概念はゴールトンが親の身長から子の身長を予測するために導入したことが発端とされています。広い意味では一般線形モデルとしてまとめられますが、（線形）回帰分析がよく利用されています。単回帰分析は、結果変数（従属変数、基準変数とも呼ぶ）を、全体の平均（切片）に、説明変数に何らかの係数（傾き）を掛けた値を足して、それにさらにモデルの推定に伴うランダム変動が正規分布に従うという仮定のもとで（測定には誤差が伴うため）誤差項eを加えて表現したモデルです。説明変数（要因のこと、独立変数とも呼ぶ）には誤差を仮定せずに、結果変数の誤差（測定値間の誤差は独立と仮定）だけを想定して関係をモデル化しています。誤差項に正規分布を仮定しているので、それを明確に表現して正規線形モデルともよばれます。

さて、血圧値には年齢だけでなく、さまざまな要因が影響します。たとえば喫煙や肥満度、運動習慣の有無などの影響も同時に検討したいときには、これらのデータも収集して、説明変数が複数個ある場合の回帰分析である重回帰分析を利用して分析します。これらを説明変数としてモデルに加え、そのパラメータの推定値から年齢、喫煙、肥満度、運動習慣の影響を評価するのです。このとき、重回帰分析での説明変数の評価は、同じモデルに加えた他の変数の影響を調整した評価となります。つまり、他の変数の値が同じであれば、当該変数の影響はどのくらいかということをみることになるのです。たとえば血圧値は高齢者であれば高い傾向がありますから、もし、喫煙者に高齢者が多ければ、喫煙の影響がなくても血圧値は高い値をとることが多くなりますし、逆に喫煙者に若い人が多ければ、たとえ喫煙の影響で血圧が高いとしても、全体として低めに評価されてしまうことになりかねないからです。血圧値に対する喫煙の影響をみるときに年齢は交絡要因となります。したがって、重回帰分析ではこの例のように、喫煙の影響を見たいが年齢や肥満度、運動習慣の有無の分布が異なるとき、それらが同じであったときの喫煙の影響を評価する、すなわち、年齢等の他の要因の影響を調整した喫煙の影響を評価することになります。単なる背景要因と交絡要因との影響の違いは図6－1に示したようになります。

重回帰分析ではr個の説明変数 x_j（j=1, …, r）により基準変数yの値を推定（または予測）するために両者の関係をモデル化します。いま、一つの個体についてr個の説明変数のデータ（$x_1, x_2, \ldots, x_r$）が得られたとき、誤差成分eを考慮してそれらの変動によって基準変数yの変動がほぼ説明されるとすれば、

$$y = a + b_1x_1 + b_2x_2 + \cdots + b_rx_r + e$$

と表現します。右式の $b_1, b_2, \ldots, b_r$ は説明変数 $x_1, x_2, \ldots, x_p$ のそれぞれがyに与える影響の強さを示すパラメータ（ある母集団を構成する母数）です。重回帰分析では多くの個体について得られる（$y, x_1, x_2, \cdots, x_r$）の組の情報を分析することによってパラメータの推定値を求めます。こうして得られた推定式を用いて予測平均値 $\hat{y}$ が求められるのです。このときデータがある母集団からのサンプルであると見なして誤差成分eに適当な確率分布を仮定すれば、パラメータの推定値がどのような分布をするかを確率的に導き出し、パラメータの評価をすることが可能になります。

説明変数には連続変数を仮定しますが、j番目の説明変数が2つ以上のカテゴリーをもつカテゴリー変数、たとえば性別なら属するカテゴリーが男性であれば1を、女性であれば0を与えるというような2値変数（ダミー変数）x_{ik}

x_{jk} = 1, j番目の説明変数の第kカテゴリーに属する
　0, j番目の説明変数の第kカテゴリーに属しない

を定義し、j番目の説明変数の第kカテゴリーの効果を表すパラメータを(k=1, …, K)として表現できます。もし、喫煙状況として3つのカテゴリー（禁煙、中途禁煙、喫煙）を持つ場合には2つのダミー変数d1、d2を用いて3つの状態を表すことができます。つまり、禁煙を基準にしてこれに対する中途禁煙、喫煙の影響をみるなら、(d1, d2)は、禁煙＝(0, 0)、中途禁煙＝(1, 0)、喫煙＝(0, 1)とします。ただし、各カテゴリーの推定値は絶対値としての意味はなく相対的な差が意味を持ったため、パラメータ間に制約条件を課す必要があります。一般的には、第1カテゴリーのパラメータを0とおく、あるいはパラメータの総和を0とおく、として推定することが多くみられます。したがって、前者の場合にはパラメータの推定値の解釈は第1カテゴリーに対する差、後者の場合には興味ある2つのカテゴリー間の差をとり解釈することになります。

次に、血糖値を下げるための生活習慣改善教育という介入の効果を、介入後の「血糖値」の変化から評価することを考えてみましょう。ここで、血糖値を結果変数とし、「年齢」、「ベースライン血糖値」を説明変数とし、両者の関連を分析するのが重回帰分析です。一方、介入の有無というような2群以上のカテゴリー変数のグループ（水準）間での平均値の差を検定する方法として分散分析（ANOVA）があります。さらに介入の有無をモデルに加えて、特に介入の有無という分類の

効果に着目して分析する方法を共分散分析（ANCOVA）と呼びます。共分散分析は、線形モデルとしてみれば、重回帰分析と同じモデル形式で、結果変数が連続量の場合の要因調整を行う分析法として利用されています。血糖値は年齢により異なることも考えられますし、介入前の血糖値が高い人は介入後も高めに出る（前値と後値には相関がある）ため、年齢やベースライン血糖値を調整して検討することが意味を持ちます。

共分散分析では、水準ごとに切片の異なる直線をあてはめます。傾きが等しければ切片の差は共変量の影響を調整した水準間の差を示すことになります。図６－２のように簡単な場合を考えてみます。観測値のみの見かけの差は真の群間差（２つの直線間の距離）を反映しないので、共変量の差に起因する部分を調整する必要があるというわけです。なお、共変量を調整した共分散分析による平行性の検定はベースラインと群との交互作用項の有意性で検定し、有意差が認められなければ傾きが等しい（平行）とみなし、交互作用項を除いた主効果だけのモデルでベースライン調整を行った群の効果（介入の効果）を検定します。別の言い方をすれば、水準間の傾きの平行性の検定は、すべての傾きは等しいという帰無仮説のもとで平均平方和を求め、検定統計量を導いて検定します。共分散分析により偏りが調整され、ベースライン値で説明可能な変動要因が除去されるため、推定誤差が減少し、推定精度や検出力の向上がなされることが期待されるのです。ただし、追加した共変量が結果変数の分散をほとんど説明しない（結果変数と関連しない）場合には、自由度が減り検出力はむしろ小さくなる可能性もあります。検定等の詳細は他書（丹後、2013）等を参照してください。

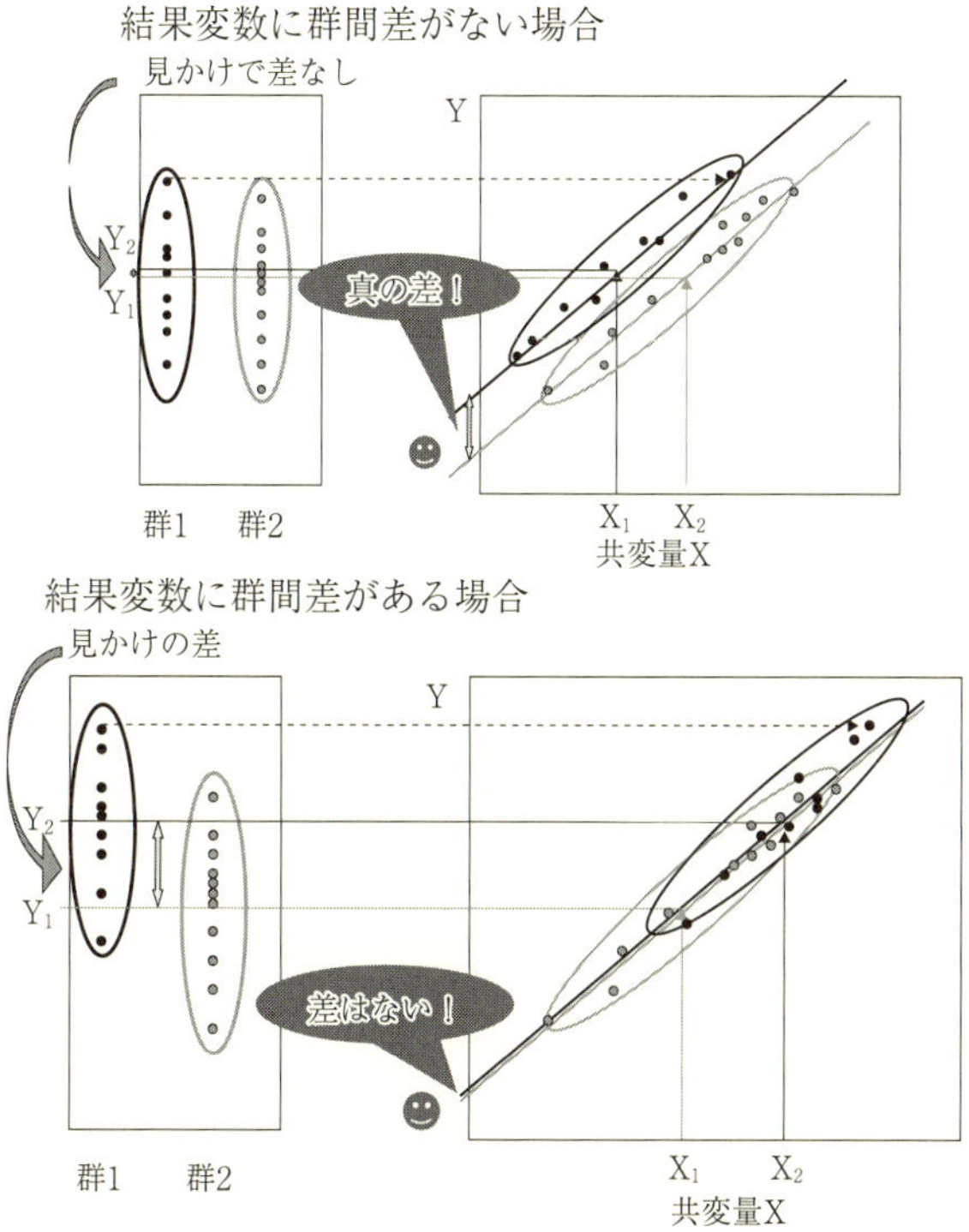

図 6-2

回帰分析のような統計モデルを評価するプロセスとして、モデルの適合度とモデルの有意性の2つの面があります。回帰分析で得られたモデルの適合の良さを表す指標としては重相関係数Rや決定係数R^2、自由度調整済み決定係数、平方根平均二乗誤差などがあります。一方、モデルの有意性検定は、「説明変数Xは結果変数Yに影響を与えていない」（モデルに加えたすべての説明変数のパラメータが0である）という帰無仮説を設定して検定統計量を求めて検定します。

ロジスティック回帰分析（ロジット分析）

次に、たとえば、性別、年齢、喫煙状況、介入の有無、ベースラインコレステロール値が3年後の冠動脈心疾患の発症にどのように影響するかという問題を考えてみます。このような問題は医療では一般にベースライン時点の要因が、後の疾患の発症率にどのように影響するかを捉えるため、一定の集団を1年なり、5年、あるいは10年と追っていき、その間での発症の有無を結果要因として取り上げて検討するというコホート研究として行われます。さきほどの回帰分析は結果変数に血圧値や血糖値、あるいはテストの点数のような連続量を想定していましたが、この問題では、冠動脈心疾患の発症の有無という二値変数です。このような場合には回帰分析は適切なモデルとは言えません。なぜなら、モデル式の右辺は−∞〜+∞までの値を取り得るのに対して、左辺の結果変数はあり（=1）、なし（=0）の二値変数だからです。このような場合の分析法として提案されたのがロジスティック回帰分析です。結果変数が質的変数（離散変数、2カテゴリー以上）であり、説明変数が連続変数、質的変数、あるいはそのコンビネーションであるようなデータに対する回帰分析の一手法です。発想は大きく異なりますが、この点では数量化I類などを含む一般の回帰分析や数量化II類やダミー変数を用いた判別分析などと共通しています。なお、林の数量化法とも呼ばれる方法は、1950年頃に林知己夫によって提唱された、実際に得られたデータからいかにして有効な情報を引き出すかという過程から導き出されてきた、現象解析のための一連の手法の総称です。数量化で取り扱うデータは、母集団からのランダムサンプルで、サンプルサイズが一般に大きく統計的検定論の有用性の枠を越えてしまうようなものを想定しており、サンプルを母集団であるとみなし解析するという立場を取っています。なお、初期には数量化理論としていましたが、後年には数量化または数量化の方法と呼ぶようになっています。（林，1993）

特に多変量の変数を用いた場合には多変量ロジスティック回帰分析あるいは多重ロジスティック回帰分析と、単変量と分けて呼ぶこともあります。ロジスティック回帰分析の特徴として関連性をオッズ比で表現できることがあります。解法としては最尤法による推定が提案され、医学を初めとし、現在では多くの分野で利用されています。本項では、結果変数が最も基本的で重要である2値変数の場合をとりあげ、ロジスティック回帰分析の概要について述べます（丹後・山岡・高木（2013）参照）。

データの形式

ロジスティック回帰分析を適用できるデータ形式は、標本に基づくものとプロファイルに基づくものの2通りがあります。たとえば各標本の対応するデータ（標本ベース）をそのまま用いる場合と、説明変数の相異なる反応パターン（プロファイル）ごとにまとめた形式のものです。プロファイルとは個人個人の反応を、たとえば（性別、年齢［階級］、喫煙状況、介入の有無、ベースラインコレステロール値［高・低］）について、（1,5,2,0,0）といったパターンを取る人々の反応としてみていくわけです。この場合、説明変数が連続量だけであれば同じプロファイルを持つ人はまれになりますが、カテゴリー変数の場合にはそのプロファイルを持つ人の中で発症・非発症が生じてきます。標本ベースの場合には標本ごとの発症確率を推定し、一方、プロファイルベースではプロファイルごとの発症確率を推定します。統計ソフトウェアでは、標本ベースの分析のみを取り扱うものが多くみられます。

モデルの形式

ロジスティック回帰モデルは、右辺を（$-\infty \sim \infty$）の変動範囲をもつ通常の回帰分析の形で表し、左辺は範囲（0,1）に値をもつ発生確率 $p(x)$を、ロジスティック関数を用いて変換したモデルで、一般化線形モデルの1つとして位置づけられています。

多変量ロジスティック回帰モデル：$\log \frac{p(x)}{1-p(x)} = \alpha + \beta_1 x_1 + \cdots + \beta_r x_r$

ここで、対数（ログlog）はeを底とする自然対数です。左辺は$p(x)$のロジットであり、このような変換をロジット変換（図6-3）と呼びます。このためロジスティック回帰モデルをロジットモデルと呼ぶこともあります。左辺は事象が発生する確率$p(x)$をそれが起こらない確率（$1-p(x)$）で割った値を取りますが、これはある事象が起こらない確率に対するその事象が起こる確率の比で、この比のことをオッズと呼びます。オッズの例としては競馬でのオッズがわかりやすいかもしれません。競馬では「その馬券が的中した場合に何倍の配当がつくか」を倍率で表しますが、その倍率

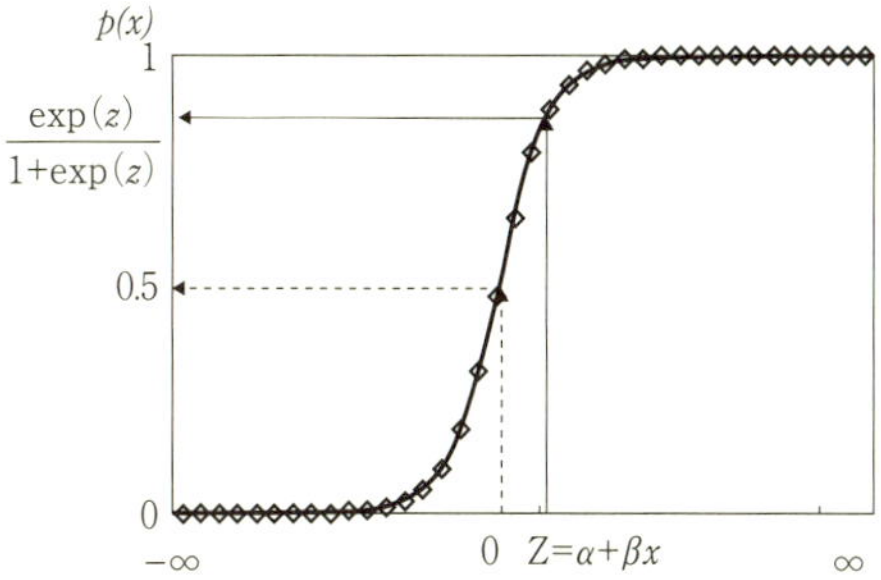

図6-3 ロジット変換

のことをオッズと呼びます。ロジスティック回帰モデルでは、x という要因を持つときの事象が発症するオッズの対数を取った形（対数オッズ）の式で表していますが、このときx_1だけに着目して、$x_1=0$と$x_1=1$だけが異なり他の変数がすべて同じ値をとれば、右辺の引き算ではx_1のパラメータだけが残り、あとは0となります。一方、左辺のほうは$x_1=0$のときのオッズの対数を取った値と$x_1=1$のときのオッズの対数を取った値との比、つまり対数オッズ比となります。したがってこれを変形してオッズ比を求めることができるのです。

プロビット分析

殺虫剤の効力について、その薬量をいろいろに変えたときの虫の死亡する割合をグラフで表すと、薬剤の量が少ない時には殺虫効果はわずかですが、薬剤の量が多くなるにつれて死亡は増加し、さらに多量にすれば一定量を超えたあたりから死亡の増加がゆるやかになり、最後には100％の虫が死亡するということがデータとして取られていました（河野（1951）参照）。図6－4はブリ

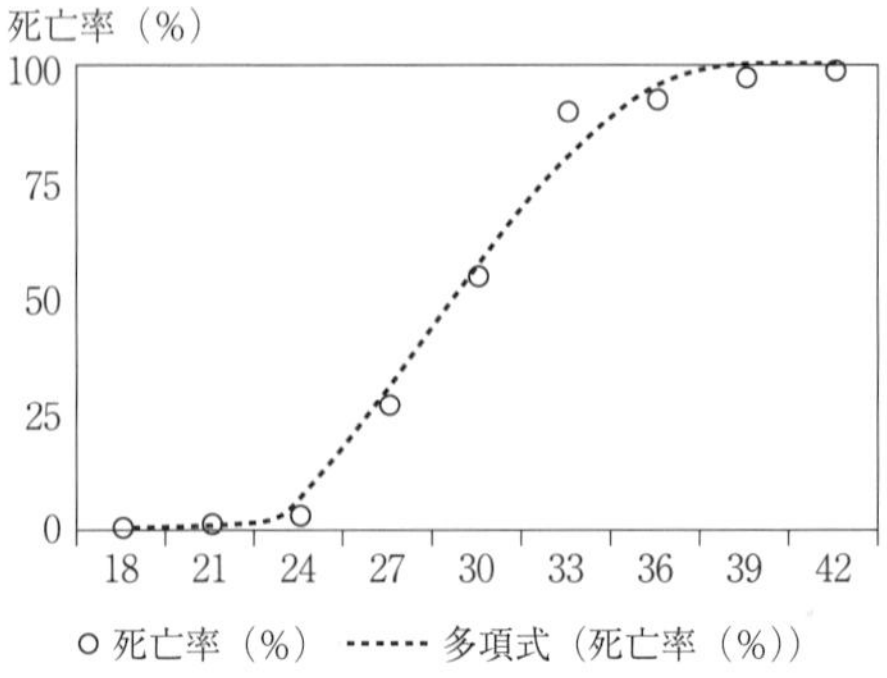

図6-4　薬量死亡率曲線

スにより例示されたデータをプロットしたものです。それを曲線で近似すると、ロジスティック曲線と似たS字曲線（シグモイド曲線）となることが多く、これを薬量死亡率曲線と呼びます。

プロビットは確率単位という英語名の略のことで、正規分布の累積関数の逆関数で１９３４年にブリスにより提案されました。この関数を用いて変換することをプロビット変換といい、この方法によるプロビット分析は薬学や毒物学（半数致死用量の算出、ＬＤ50）で特によく用いられています。

混合効果モデル

近年、医療や教育学の場ではクラスター無作為化試験という研究が多く実施されるようになってきました。次に紹介するデータは診療所を単位としたクラスター無作為化試験に基づく糖尿病患者への個別ライフスタイル教育（ＳＩＬＥ）プログラムの効果を評価した研究例です。外来糖尿病患者を、診療所ごとにＳＩＬＥを実施した介入群と従来型教育群（対照群）に無作為に割り付けて、６か月後のヘモグロビンＡ１ｃの変化量を混合効果モデルを用いて分析して評価したものです。介入群10施設（１００人）では７・６％から６・７％に改善されたのに比べて、対照群10施設（93人）では７・３％が７・０％の改善にとどまり、介入群の方が有意に（p=0.004）改善されたことを報告しています（山岡ら（2016）参照）。

このようなクラスターデータの特徴として、診療所（クラスター）間のデータは独立ですが、クラスター内の個人データにはクラスター内相関があることになります。一般にデータ間に相関のあるデータを、データは独立であることを仮定している通常のロジスティック回帰モデルで解析した場合、推定値の標準誤差が過小評価され、検定統計量が過大評価され、有意になりやすい問題が指摘されています。この例でのクラスター内相関はわずか０・02程度でしたが、それでもすべて独立として通常のロジスティック回帰分析で分析すると極めて有意な結果となってしまいます。

このような相関のあるデータに対応できる方法として混合効果モデル（混合モデル）があります。混合効果モデルは、変量効果を個人レベルだけでなくクラスター間の変動にも導入することによりクラスター内相関を表現したモデルです（丹後（2015）参照）。

社会科学や医学データは何らかの階層構造やクラスター構造をもつことが多くあります。たとえば地域特性と住民の健康状態との関連を見る場合に、学校や地域など同じ特性をもつ施設や家族内でとられた複数の標本であったり、交替制勤務の健康影響を検討するために職域データを集めて分析する場合での同一部署内で業務内容が類似している場合などです。さらにグループ（クラスター）を割付対象とするようなクラスター割り付け無作為化試験や、個人ごとにある事象の出現確率が時間経過に伴って変化するような経時的に観測されたデータ、あるいは異なった条件の下で繰り返し測定されたデータの場合などもあります。これまでに述べたモデルでは、解析に使用する結果変数のy変数は全て互いに独立であることを仮定していました。しかし、ここで挙げた例のようにデータ間の独立性の仮定が成立しない場合も少なくありません。これは、大きな母集団から無作為に選ばれた個人よりも、同じ生活環境を共にしている人々の間には、たとえば食生活が同じだとか、類似した部分が多くあるからです。

混合効果モデルは階層的に異なった水準（レベル）で測定された変数というような階層的なデータ構造を考えるので、それを取り入れたモデルとしてマルチレベルモデルと呼ばれることもあります。マルチレベル分析はこのような問題を克服するための統計的手法であり、変動項を個人レベルだけでなく、グループレベルにおいても仮定するのが特徴です。

第7章　シンプソンのパラドックスとマルチレベルモデル
――試されるデータ読みの力量

コロナウィルスデータに関する注意

不思議かやっかいか

２０２０年2月以来、ニュースの内容はほぼコロナウィルス関連ばかりでした。陽性率や偽陽性率など統計学の授業で扱う用語がニュースで流れ、データの読み方に関する力量の必要性が高まった期間でもありました。そのような中、コロナウィルス関連のある論文（von Kügelgen, Gresele, & Schölkopf, 2020）が目を引きました。

この論文は、「イタリアよりも中国の方が、年齢別にみるとどの年齢層でもコロナウィルスによる症例致死率（感染が確定したケースにおける致死率）は高いが、全体ではイタリアの方が中国よりも高い」という内容に関するものです。具体的にグラフを見ると図7－1のようになっており、確

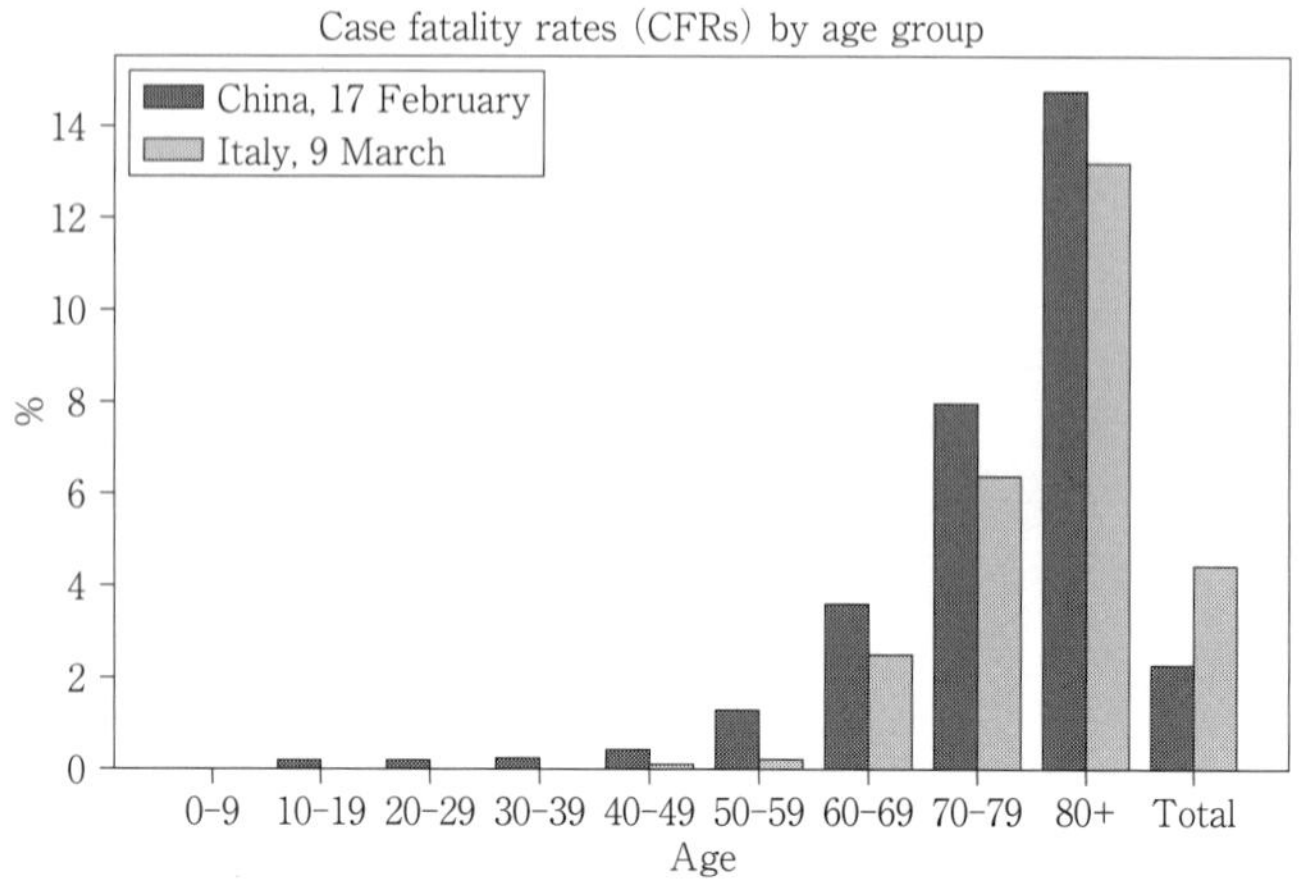

図7-1　年齢別および全体（Total）の症例致死率（von Kügelgen, et al., 2020）

かに年齢層別と全体とでは傾向が異なり、反対になっています。０－９から80＋までが年齢区分を表しており、Total が全体です。なお、中国は２０２０年２月17日、イタリアは２０２０年３月９日のデータです。

これはどうしたことでしょう。部分を併せると（あるいは、逆に部分に分けると）、傾向が反対になることがあるのです。データ読みの力が試されます。これを「シンプソンのパラドックス」というのですが、詳しい説明は少し後にして、もう一つ元の典型例に近いものを挙げてみます。

性別と合格率に関して

原型はクロス表

シンプソンのパラドックスを簡単なクロス表の例でみてみましょう。以下の表７－１はある塾Aにおける志望大学への合格・不合格を男女別に計算した

表7-1　塾Aのクロス表

	合　格	不合格	合格率
男　子	30人	9人	**0.769**
女　子	300人	100人	0.750

表7-2　塾Bのクロス表

	合　格	不合格	合格率
男　子	300人	249人	**0.546**
女　子	30人	25人	0.545

表7-3　塾A＋塾Bのクロス表

	合　格	不合格	合格率
男　子	330人	258人	0.561
女　子	330人	125人	**0.725**

ものです。わずかですが男子の合格率の方が高くなっています。表7－2の塾Bについても同様にわずかですが男子の合格率の方が高くなっています。表7－1と表7－2からすると、塾Aと塾Bをあわせた場合にも、合格率は男子の方が高くなると考えられますが、実はそうではありません。実際には表7－3のように女子の方が高くなるのです。性別（X）と合格率（Y）の関係が塾（Z）を考慮したとき（男子＞女子）と、考慮しないとき（男子＜女子）で異なっており、シンプソンのパラドックスに当てはまります。

解き明かし

なぜこのようなパラドックスが生じるのかを説明しましょう。塾Aは塾Bよりも合格率が高く、男子よりも女子の人数の方が圧倒的に多くなっています。逆に、塾Bは塾Aよりも合格率が低く、女子よりも男子の人数の方が圧倒的に多くなっています。すると、塾Aと塾Bをあわせたデータ（表7－3）には、男子は合格率の低い塾Bのデータが多く含まれ、女子は合格率の高い塾Aのデータが多く含まれるようになります。したがって、塾Aと塾Bをあわせると、塾別の場合とは異なり、女子の方が合格率は高くなるのです。

おわかりですか。ただし、表７－１と表７－２から表７－３に合併する方向ではわかりやすいですが、表７－３を表７－１と表７－２に分解するのは、思いつかないと難しいですね。クロス表の読み方が難しい理由もここにあります。

「シンプソンのパラドックス」とは

このように、部分と全体で成立する統計学的仮説の結果が異なるという矛盾を、「シンプソンのパラドックス」と呼びます。シンプソン（E. H. Simpson）はこのパラドックスに関する論文をケンブリッジ大学在学時の１９５１年に発表しました。一大学生の論文もその名がつくような重要結果なのです。

もう少し詳しく説明すると、シンプソンのパラドックスは、２変数ＸとＹの関係性が３つめの変数Ｚを考慮するかしないかで変わる、という統計学上の重要結果を指しています。先ほどのコロナウィルスの場合は、国（Ｘ）と死亡率（Ｙ）の関係が年齢層（Ｚ）を考慮したとき（中国＞イタリア）と、考慮しないとき（中国＜イタリア）で異なるということです。

COVID解き明かし

コロナウィルスに関するこのシンプソンのパラドックスの背景として人数が重要な鍵を握っています。

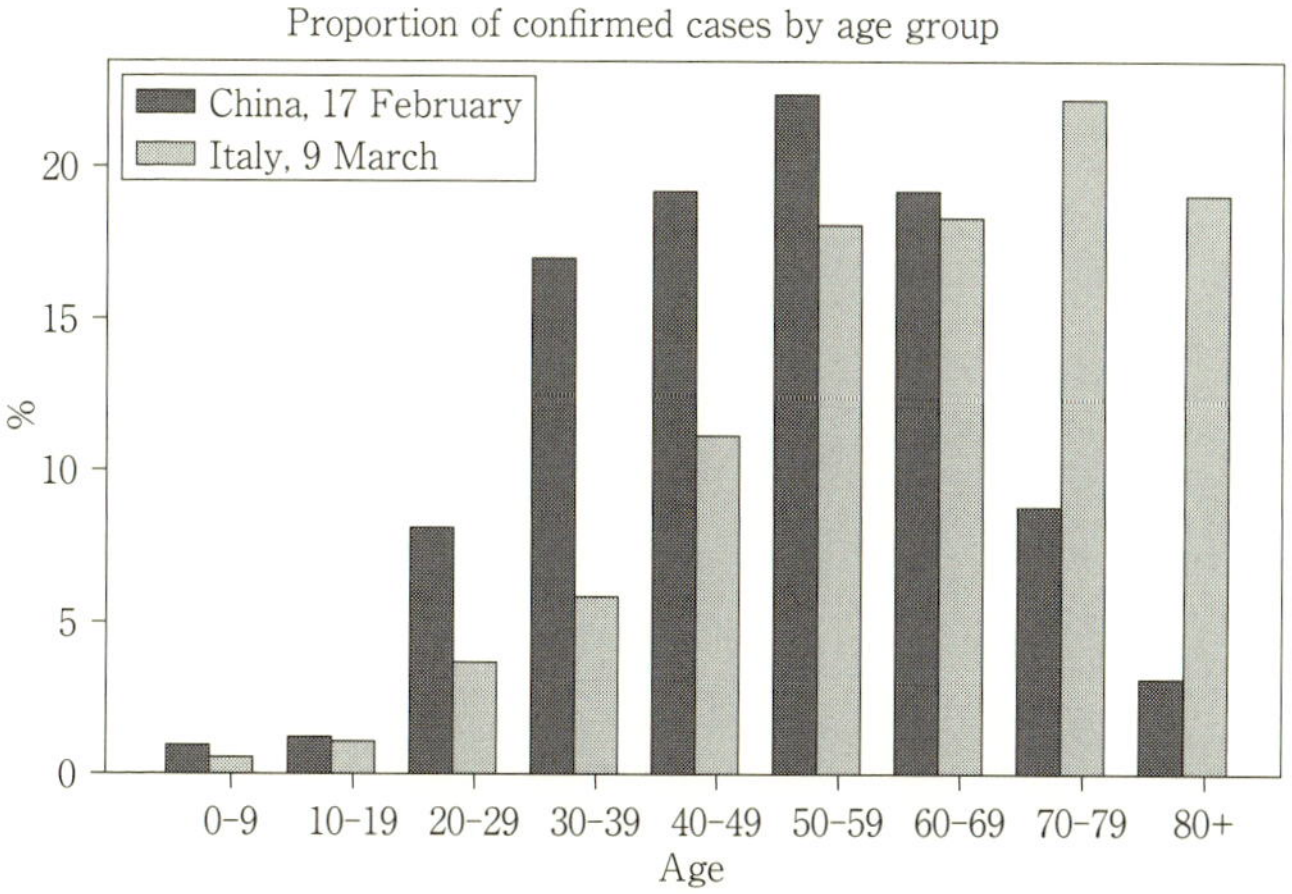

図 7-2　年齢別の症例致死率（von Kügelgen, et al., 2020）

ここまでは、年齢を固定して、感染者→致死の因果関係で考えていました。しかし、年齢→感染者という因果関係も働いているはずです。以下の図7－2は感染者に限った年齢の内訳です。中国に比べてイタリアでは感染者内に年配者が多いことが分かります。そして、致死率は年配者の方が高いので、致死率の高い年配者の感染者がイタリアで多いことによって、全体では中国よりもイタリアの感染致死率が高くなっているのです。これがシンプソンのパラドックスの種明かしです。

シンプソンのオリジナル論文

性別と合格率の例がそうであったように、シンプソンのパラドックスはクロス表に関して言われることが一般的です。Simpson（1951）でも、52枚のトランプの「赤と黒」と「絵札とその他」の関係に関する例が挙げられています。「赤と黒」と「絵札とその他」にはもちろん関係はありません。ですが、

Simpson（1951）には、赤ちゃんがトランプで遊んだために、汚れているカードと汚れていないカードがあるという設定があります。さらに、赤ちゃんは赤いカードと絵札のカードを好むという設定もあります。その結果、汚れているカードにおいても、汚れていないカードにおいても、「赤と黒」と「絵札とその他」には「赤いカードは絵札以外のカードになる可能性が高い」という関係が求まっています。ここはお話だけにしておきましょう。

Ｊリーグデータの場合：外因の影響の除き方

ここまでに2通りの解き明かしを紹介しましたが、似た例は無数にありそうです。そのたびに我々はミスリードされる危険があるので心すべきです。ここでは少し広く解説します。

発　展

関心の高い例をもう1つを挙げましょう。表7‐4は日本の男子サッカーの一部リーグＪ１の２０１９年度の成績です。一方で、表7‐5はＪ１の２０００年度から２０１９年度のトータルの成績です。Ｊリーグは J１を頂点とする階層構造になっており、ある年にＪ１リーグで下位のチームはＪ2リーグに降格し、その代わりにＪ2リーグの上位のチームがＪ１リーグに昇格します。したがって、表7‐5のトータルの成績には、長年Ｊ１リーグで戦ってきたチームのデータもあれば、数年しかＪ１リーグに在籍しなかったチームのデータもあります。

表 7-4　2019 年度 J1 の成績（https://data.j-league.or.jp/SFTP01/ より取得）

チーム	総勝	分	総敗	得点	失点
札幌	13	7	14	54	49
仙台	12	5	17	38	45
鹿島	18	9	7	54	30
浦和	9	10	15	34	50
FC 東京	19	7	8	46	29
川崎 F	16	12	6	57	34
横浜 FM	22	4	8	68	38
湘南	10	6	18	40	63
松本	6	13	15	21	40
清水	11	6	17	45	69
磐田	8	7	19	29	51
名古屋	9	10	15	45	50
G 大阪	12	11	11	54	48
C 大阪	18	5	11	39	25
神戸	14	5	15	61	59
広島	15	10	9	45	29
鳥栖	10	6	18	32	53
大分	12	11	11	35	35

表 7-5　2000 年度から 2019 年度 J1 の成　績（https://data.j-league.or.jp/SFTP01/ より取得）

チーム	総勝	分	総敗	得点	失点
札幌	63	38	129	275	416
仙台	133	99	168	494	563
山形	30	36	70	108	199
鹿島	346	130	184	1071	747
浦和	299	138	193	1017	768
大宮	129	104	175	455	579
千葉	123	68	129	479	493
柏	226	123	209	799	773
FC 東京	261	136	229	865	796
東京 V	73	41	104	302	370
川崎 F	266	115	159	959	712
横浜 FM	298	157	205	951	738
横浜 FC	4	4	26	19	66
湘南	49	46	109	213	350
甲府	69	73	130	255	404
松本	13	20	35	51	94
新潟	156	115	201	557	679
清水	243	135	248	857	923
磐田	251	129	212	914	813
名古屋	262	132	232	916	867
京都	61	41	124	251	395
G 大阪	301	131	194	1137	858
C 大阪	177	106	177	688	673
神戸	195	133	264	783	902
広島	247	132	217	876	772
徳島	3	5	26	16	74
福岡	37	27	98	168	301
鳥栖	101	66	105	318	357
長崎	8	6	20	39	59
大分	88	70	140	320	412

表７－４と表７－５それぞれについて、得点と総敗の相関係数を計算するとどうなるでしょうか。相関係数とは２つの変数（ここでは、得点と総敗）の関連性の指標であり、-1から1の範囲の値をとります。-1に近いほど「変数Xが大きいほど変数Yは小さい」という関係が強く見られ、１に近いほど「変数Xが大きいほど変数Yは大きい」という関係が強く見られることになります。また０に近い場合には、「変数Xと変数Yには関係性がない」となります。

表７－４（２０１９年のデータ）における得点Xと総敗Yの相関係数はマイナス０・５６５になります。サッカーでは得点を取れば取るほど負ける可能性が低くなりますから、マイナスの相関係数になっていることは妥当です。ところが、表７－５（２０００年から２０１９年のデータ）における得点Xと総敗Yの相関係数は０・８６９になります。この相関係数をそのまま解釈すると、「得点が多いチームほど負けも多い」となり、おかしなことになります。

解き明かし

２０００年度から２０１９年度のデータでなぜこのような結果になるのかというと、それはこのデータの成り立ちに関係があります。このデータは過去20年間のうち、Ｊ１に在籍した年だけのデータだけが累積されています。すると、長く在籍したチームもあれば在籍が短かったチームもデータに含まれます。在籍年数が長いということはＪ１リーグでの出場試合数も多く、したがって得点を取る機会と負ける機会の両方が増えます。一方で、在籍年数が短いチームは出場試合数が少なく、したがって得点を取る機会と負ける機会の両方が少なくなります。このように、２０００年度から

２０１９年度のデータでは各チームの出場試合数が均等ではなく、このことが得点と総敗の間にプラスの相関を生み出している可能性があるのです。

これがシンプソンのパラドックスになっているのは、部分（２０１９年）と全体（２０００-２０１９年）で得点と総敗の関係性が異なっており、その理由が出場試合数という別の変数にあるからです。「部分」については２０１９年以外で計算しても、得点と総敗の間にはプラスの相関係数がありますが、すべての年をトータルすると相関係数はマイナスになります。シンプソンのパラドックスの例は先に挙げた性別と合格率の関係のように、クロス表に関するものですが、Ｊリーグのような相関係数の例も挙げても良さそうです。

（1）割って見る

出場試合数の影響を得点と総敗から除外する最も素朴な統計的方法は、各チームの得点と総敗を出場試合数で割り、各チームの1試合あたりの得点率と敗率を求め、得点率と敗率の間で相関係数を求めるということです。出場試合数を総勝＋分＋総敗としてこれを計算すると、相関係数はマイナス０・８７８となり、今回は「得点率が高いほど、敗率は小さい」という当然の結果になりました。

（2）偏相関の方法

出場試合数の影響を得点と総敗から除外するもう1つの方法は、偏相関係数を求めるということです。偏相関係数というのは、変数Xと変数Yの両方に影響を与える第3の変数Zの影響を除いたときの変数Xと変数Yの相関係数です。これを計算すると、偏相関係数はマイナス0・763になりました。今回も「出場試合数の影響を除くと、得点が多いチームほど負けない」という当然の結果になりました。ただし、偏相関の計算はエクセルにはなく、SPSSなどの統計パッケージを使うなど、多少専門的かもしれません。

シンプソンのパラドックスとマルチレベルモデル

レベルの上下階層性

本章の話題でもあるマルチレベルモデルについて話をしていきます。「マルチレベルモデル」は「階層線形モデル」とも呼ばれ、階層性のあるデータに対する適切な分析手法とされます。

階層性の説明については、なんでもいいのですが、たとえば社会調査では2段抽出法という方法がよく使われます。社会調査で使用される2段抽出法は、まず調査を実施する市区町村を選び、各市区町村の住民基本台帳等から具体的な対象者を選ぶというものです。このようにして選ばれた対象者は、A市に住むBさん、A市に住むCさん、A市に住むDさん……Z市に住むEさん、Z市に住むFさん……となり、対象者と居住する市区町村の2つのレベルがセットになっています。このような場合、データは「市区町村―対象者」という上から下への階層性を持っているといいます。この別の例を挙げます。昨今、従業員エンゲージメントという概念が経営学および実際の会社経営において注目されるようになりました。従業員エンゲージメントとは、自社への愛着・自社の理念への共感等を指し、生産性の向上や離職率の低下への効果が期待されます。経営学の研究者が、「従業員エンゲージメントと生産性の向上」との関係を調べようとしたとします。このデータをいくつかの企業で収集したとすると、データはA社のBさん、A社のCさん、A社のDさん……Z社のEさん、Z社のFさん……となり、従業員と働く企業がセットになっています。このような場合、データは「企業―従業員」という階層性を持っているといいます。

上のレベルから見ると相関が逆転

仮にこのデータを3つの企業（企業A、企業B、企業C）から得て、それぞれの散布図を並べて描いたところ図7－3のようになったとします。図7－3の横軸は従業員個々人から収集したエンゲージメントの値、縦軸は従業員個々人から収集した生産性の値とします。図7－3の散布図を企業ごとに見ると、各企業内ではエンゲージメントが高いほど生産性も高く、正の相関が見られます。ところが、企業の違いを無視すると、やや右肩下がりの散布図になり、エンゲージメントが高いほど生産性が低いという負の相関が見られます。エンゲージメントが高いほど生産性が低い。これはどうしたことでしょう。

同じ変数間（エンゲージメントと生産性）の関係性なのに、企業ごとに（部分で）見れば正の相関、企業の違いを無視すれば（企業全体で見れば）負の相関、というのはJリーグのデータで見られた構図と同じです。サッカーデータでは各年で見れば負の相関、20年間トータルで見れば正の相関に

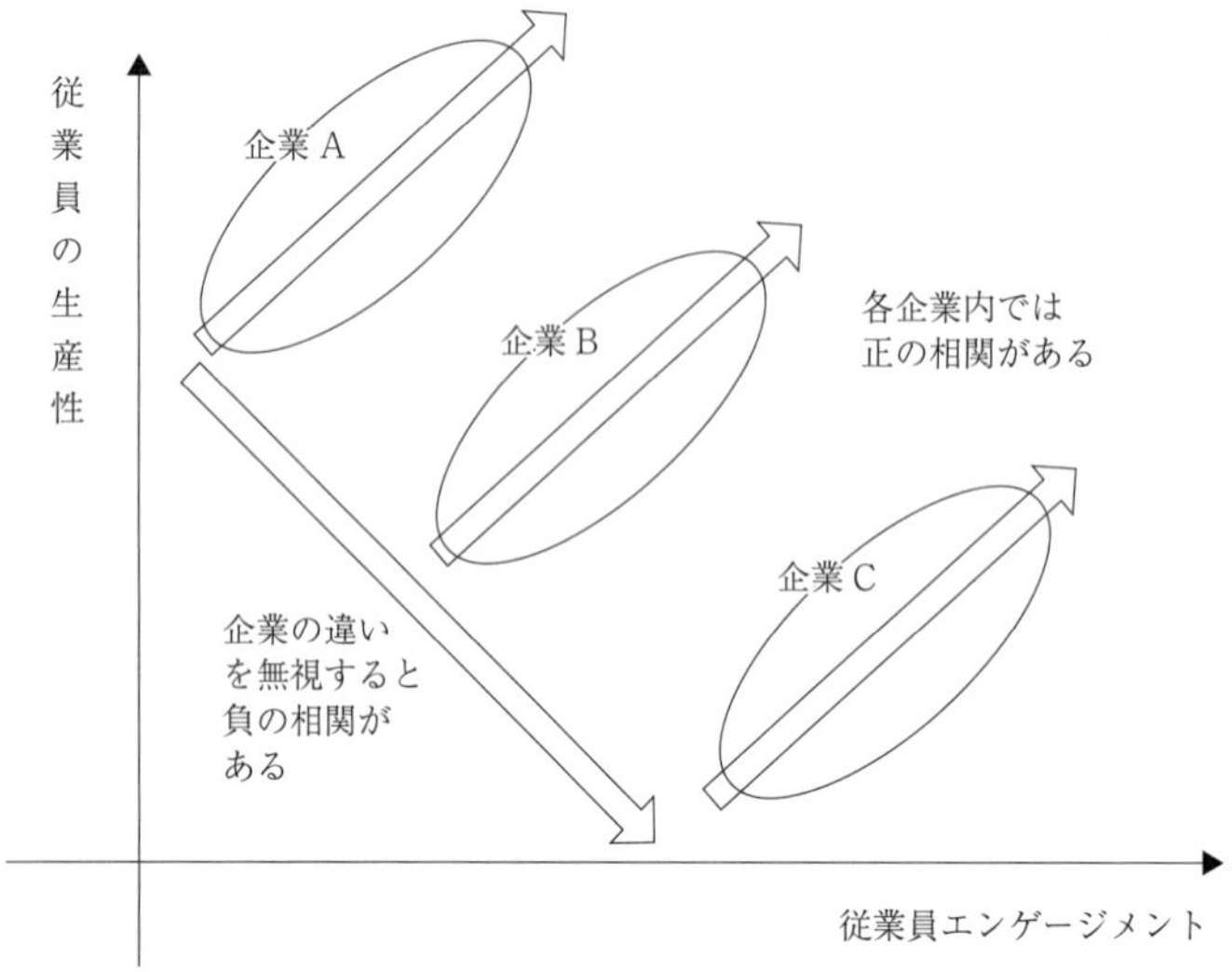

図7-3　従業員エンゲージメントと従業員の生産性の関係

なっていました。したがって、図7-3で見られる相関の正負の逆転もまた、シンプソンのパラドックスの延長といえます。

サッカーの場合には20年間トータルで見れば得点と総敗に正の相関が見られる（得点が多いほど、総敗も多い）というおかしな現象を、試合数の影響を除外した偏相関係数を計算することで解決しました。

それでは図7-3の従業員エンゲージメントと従業員の生産性の関係の場合はどのようにすればよいでしょうか。サッカーデータの試合数に相当する（その影響を考慮しなければならない）変数は、図7-3では「企業の違い」になります。ただ、試合数は数値であるのに対して、企業の違いは数値ではありません。ふつう統計学では試合数のように値の違いが量の違いを表す変数を「量的変数」、企業の違いのように値の違いが質の違いを表す変数を「質的変数」と呼び、扱いが異なります。

マルチレベルモデルの考え方

マルチレベルモデルは、このように質的変数を考慮して変数間の関係性を分析する必要があるときに使用します。「企業―従業員」や「市区町村―対象者」という階層性を持ったデータの場合です。ただ、「従業員」と言っても属する企業も異なり、その企業の違いが大きく左右するでしょう。だから「企業」を取り上げる必要があるのです。さらに、「企業」と言っても業種による違いもあるでしょう。となれば、さらに上のレベルの「3階建て」になるでしょう。

マルチレベルモデルは複数の階層において、統計モデルを当てはめたものです。「企業―従業員」の場合であれば、従業員エンゲージメントと従業員の生産性の関係を企業レベルと従業員レベルのそれぞれで検討します。企業レベルで検討するということは、従業員エンゲージメントが平均的に高い企業ほど従業員の生産性の平均も高いかを調べることに相当します。また、従業員レベルで検討するということは、企業内でエンゲージメントが高い従業員ほど生産性も高いか、を調べることに相当します。当てはめる統計モデルには様々なものが考えられますが、この例のように変数間の関係を調べる場合には回帰モデルが当てはめられることが一般的です。

学級規模の大小と学力の推移：マルチレベルモデル分析

最適学級人数

良い学業成績を修めるには学級の人数は何人がよいのでしょうか。興味深い課題です。このことを調べるために、山森（2016）は学業成績と学級の人数に関する大規模データに対してマルチレベルモデルを当てはめました。

山森（2016）は、2005年時点で第2学年の単式学級が2以上ある公立小学校（1万2043校）に属する児童（101万3101人）を母集団として、集落抽出法によって調査対象となる児童を抽出しました。集落抽出法というのは、抽出された集団の成員全員を選ぶ方法です（選ばれた学校の第2学年の全員に対して調査を行ったということです）。結果的に、生徒数は4321人、学校数は48校となりました。

収集したデータは、学級規模、7月検査（各児童の7月時点の国語の学力テストの結果）、12月検査（各児童の12月時点の国語の学力テストの結果）です。横軸を7月検査、縦軸を12月検査とした散布図に直線を当てはめた結果は図7－4のようになりました。直線が複数あるのは、学校ごとに直線を描いているからです。

この直線はおおむね右肩上がりになっており、7月検査で良い得点を取った児童ほど、12月検査でも良い得点を取っていることが分かります。しかしながら、この関係性は学校ごとに異なってい

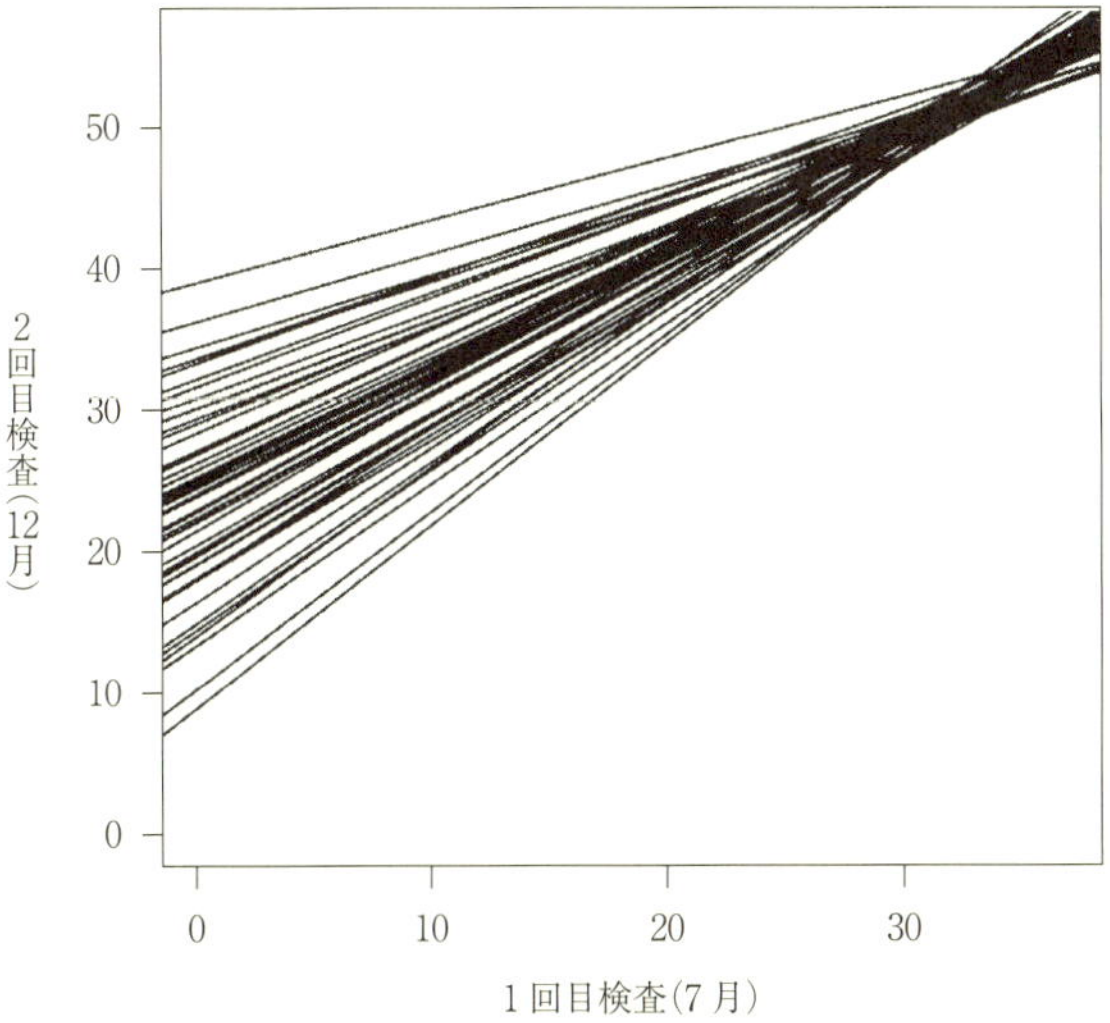

図 7-4　学校ごとの 7 月検査と 12 月検査の間の回帰直線
（尾崎・川端・山田，2019）

るので、学校の違いを考慮する必要があります。そして、学校ごとに学級規模が異なるので、ここでは「学校の違いの背景には学級規模がある」という仮説を考えることになります。つまり、図7－4で直線の傾きが異なる背景に学級規模があるだろうか、という仮説について分析しました。

　この研究では個人レベルと学校レベルという2レベルのモデルを用いています。山森（2016）も指摘していますが、調査方法によっては、個人、学級、学校の3レベルを仮定することも考えられるでしょう。

　山森（2016）の結果は、「（7月の学力検査の成績の学校平均が同程度の学校間で比べると、）7月の学力検査が平均程度の児童についてみれば、学級規模が小さい学校に在籍した児童の方が12月の学力検査の成績が良かった」というものでした。

まとめ

本章では「シンプソンのパラドックス」から入りマルチレベルモデルの解説をしました。マルチレベルモデルはこのように大規模な調査データの分析で威力を発揮します。大規模な調査データの場合には、データ内に複数の学校や企業が含まれている可能性が高いからです。

シンプソンのパラドックスは日常出会うデータにも起きている可能性がありますから、学校や企業などを考慮せずに分析してしまう例もあるでしょう。シンプソンのパラドックスとマルチレベルモデルは、データを正しく見ないと誤った結論を導いてしまう危険があることを示す、非常に大切かつ統計学的にも今後注目すべきトピックになります。

第8章　社会モデルとゲーム理論

社会の人間活動をいかに捉えるか

様々な人が様々に活動する社会においては様々な事象がおこり、そして様々な結果に帰結します。そのなかで行動を起こす人は目標すなわち望ましい結果を持っており、その実現を目指します。つまり、人々は基本的にはミクロ経済学で取り上げられることの多い「自己の利益の最大化」を目指して行動します。しかしながら、明確な目的があるにもかかわらず、現実社会では誰もが求める結果にたどり着けるとは限りません。その原因は何でしょうか。

その主たる原因は利益の競合する人の存在です。競合相手が自身の利益をできる限り増加させようとするとき、こちらの利益は多かれ少なかれ減少することになります。当然ながらその逆も成り立つので、お互いに自己の利益の最大化を目指そうとすれば必然的に競合相手の利益を減少させることにつながります。このような状況をコンフリクト（conflict）、紛争と呼びます。ケンブリッジディクショナリー（Cambridge Dictionary）によれば紛争の定義は“an active disagreement between people with opposing opinions or principles”とあります。つまり前述した経済利益をめぐる競争だけではなく人々の間に対立要因が存在して合意できない状況全般のことを指し、たとえば子供たちのお菓子の取り合いのような小さなものから、移民・難民への人道的支援と税金を払っている国民の権利の対立のような深刻な社会問題までも含みます。

社会というものが人間の集合体である以上、人が社会で活動するときには他人との間に紛争が起きることは必然といえますが、同時に必ず解決しなければならない社会問題でもあり、法律や慣習などの共通のルールの活用が代表的な紛争解決の手段になります。紛争解決を考えるときに重要なことは、その問題における争点を把握することと同時に望ましい解決に到達するための条件を正確に把握することです。つまり、紛争の当事者たちが合意を受け入れない・合意を簡単に破棄できるような内容では不十分であるため、当事者たちがお互いに受け入れることができる条件を見つけ出すことが重要になります。

社会問題のモデル化

ある紛争の解決方法を考えるときには論点を整理して重要な情報とそうでない情報を取捨選択することで、議論を明確化することが必要になります。社会の活動を扱うといってもそれに関連する要因は非常に多く、全てを取り上げて分析するとむしろ本当に重要な要因がわかりづらくなります。そこである紛争を検討するときは、その主たる構成要因とそれらが当事者たちの間に引き起こす作用（相互作用）を図表や数式などで論理的・視覚的にまとめ上げて論理構造を構築することが分析に非常に役立ちます。そうすることで、どのような条件が加わればどのような結果がもたらされるか、望ましい結果をもたらすための必要条件は何かを効率よく考察することができます。

このような作業をモデリングもしくはモデル化と呼び、様々な研究で活用されます。モデル分析によって得られる知見は論理的・抽象的になるのでそれをどう現実の戦略に落とし込むべきかという課題は残ります。また、現実に存在する要因を捨象して簡略化した仮想社会を再現することの意義に疑問を持つかもしれません。しかしながら、それらがモデル分析の有効性をなくすことはありません。最も重要な点を浮き彫りにすることで紛争の性質を理解し、ある戦略を選んだ場合の結果を高い精度で予想することができるからです。

このモデル化を用いた代表的な分析手法の一つとしてゲーム理論が挙げられます。20世紀を代表する科学者の一人フォン・ノイマン（John von Neumann）とオーストリア学派のモルゲンシュテルン（Oskar Morgenstern）が１９４４年の著書で確立したゲーム理論は社会問題のモデリングを非常に的確におこなうことができる分析手法です（von Neumann & Morgenstern, 1944 [2004]）。ゲーム理論はある紛争状況に適合する規則を定めてモデル化し、そのうえで理論上の解を導き出し、そしてそれに適合する現実の状況における最適な戦略を導くための示唆を与えます。特に重要なこととして、自分だけではなく相手の意思決定まで考慮に入れなければならない戦略的相互依存関係における最適な意思決定の分析に特化した手法であることが挙げられます。紛争における争いや交渉は常に戦略的相互依存関係の中でおこなわれる以上、ゲーム理論は紛争における解答をもたらすのに最適な方法の一つといえます。

囚人のジレンマとは

ゲーム理論を代表する事例として、1950年にRAND研究所のフラッド（Merrill M. Flood）とドレッシャー（Melvin Dresher）がおこなった実験結果を基にタッカー（Albert. W. Tucker）が定式化したといわれる囚人のジレンマ（Prisoner's Dilemma）を挙げることができます（Poundstone, 1992: 106-121）。

囚人のジレンマとは2人の容疑者A、Bが別々に拘留されて別々に取り調べをうける状況です（表8-1）。確定した犯罪以外にまだ余罪がある疑いがあり、自白させることが警察側の目的ですが、容疑者は刑期を増やしたくないので余罪を認めようとしません。そのときにそれぞれが自白した場合と自白しない場合に応じてAとBの刑期を変化させます。AとBが自白しなければどちらも確定した犯罪に照らし合わせた刑期1年、AとBが自白したならば余罪も合わせてどちらも8年の刑期となります。しかしながら、Aが自白してBが自白しないときは捜査協力の見返りにAの刑期は3か月に減刑される一方で、Bの刑期は黙秘したペナルティも合わせて10年となります。Bが自白してAが自白しないときは捜査協力の見返りにBの刑期は3か月に減刑される一方で、Aの刑期は黙秘したペナルティも合わせて10年となります。この刑期を利得として捉えると容疑者A、Bと

表 8-1　囚人のジレンマ（Luce & Riffa, 1957: p. 95）

容疑者A ＼ 容疑者B	自白しない	自白する
自白しない	（懲役 1 年，懲役 1 年）	（懲役 10 年，懲役 3 か月）
自白する	（懲役 3 か月，懲役 10 年）	（懲役 8 年，懲役 8 年）

• Aの選好順序は（自白する、自白しない）>（しない、しない）>（する、する）>（しない、する）
• Bの選好順序は（自白しない、自白する）>（しない、しない）>（する、する）>（する、しない）

もに刑期を可能な限り減らすことが目的となり、「自白する」と「自白しない」という2つの戦略を持って刑期の減少を目指すモデルとなります。それを表にすると表8‐1のようになります。表の括弧内の1つ目（左側）がAの刑期、2つ目（右側）はBの刑期を示し、選好順序の括弧内の1つ目がAの戦略、2つ目はBの戦略を示します。選好順序とはそのゲームにおいて複数存在する結果に対してプレイヤーそれぞれが持つ望ましさの順序であり、プレイヤーの性格を表します。それぞれの戦略の組み合わせは、A、Bどちらも「自分が自白して相手が自白しない」が最も損失が小さくなる（刑期が短くなる）ので最も望ましい結果であり、「2人とも自白しない」が2番目に望ましく、「2人とも自白する」が3番目に望ましく、そして「相手が自白して自分が自白しない」が最も望ましくないことを示しています。

囚人のジレンマの重要な含意は、2人のプレイヤーにとってはどちらも自白しないことが最も良い結果ですが、A、Bそれぞれの個人的な利得でいえば自分が自白して相手が自白しないことが最も良い結果であるという状況になっているということにあります。つまりはお互いに仲間と協力しあうことが2人にとって最善の戦略になりますが個人としてはお互いに仲間を裏切る行為が最適な戦略になっているというジレンマの

表8-2　戦略の組み合わせの含意

A＼B	自白しない	自白する
自白しない	2人にとっての（全体にとっての）最善の結果	Bにとっての最善の結果であり Aにとっての最悪の結果
自白する	Aにとって最善の結果であり Bにとっての最悪の結果	2人にとっての（全体にとっての）最悪の結果

ことです。さらには、それにもかかわらずこのモデルの帰結は2人とも自白する（懲役8年、懲役8年）となり、2人にとっての最善の結果にもA、B個人にとっての最善の結果にも到達できないことにあります（表8－2）。

モデルで定められた条件に基づいて到達する結果の（懲役8年、懲役8年）がこのゲームの解すなわち論理的帰結であり、このどちらの容疑者も独力では戦略を変更しようがないポイントをナッシュ均衡点と呼びます。

囚人のジレンマの本来の意味とは異なりますが、このモデルを取り調べの研究として捉えるならば、容疑者を自白せざるを得ないように追い込む優れた取り調べのモデルを構築しており、犯罪解決のための有益な研究成果ともいえます。

共有資源問題のナッシュ均衡点はどこか

囚人のジレンマは全員が協力して社会全体の利益を実現する難しさを示しています。ここからは刑期のような負の利得だけではなく正の利得も含む事例として共用資源問題をモデル化して考えてみます。

共有資源問題とは人々の公平な使用が求められる共有財産の維持の難しさを示すゲーム・モデルです。いろいろな社会問題がこれに該当しますが、ここでは水資源（川、湖、貯水池など）を共有する水産業者を例とします（表

表8-3　共用水資源の囚人のジレンマ状況（Ostrom, et al.（1994）を参考に作成）

水産業者A ＼ 水産業者B	規約の遵守	過剰使用
規約の遵守	（100万円，100万円）	（20万円，200万円）
過剰使用	（200万円，20万円）	（50万円，50万円）

9－3）。貯水池を利用して魚を養殖する水産業者A、Bがいて、貯水量を考えると一年の間に2人が1万m³に抑えればどちらも100万円の利益を上げる養殖が可能となります。もし一方が2万m³を使用すれば200万円の利益を上げられますが、そうすると水量が不足するためもう一方の利益は20万円に減少します。もしどちらも2万m³使用しようとすると途中で不足するため、一方的に使用されるよりもましではあるものの利益は50万円に減少します。そこで両者は一年における使用の上限を1万m³とする規約を結びました。

このような状況において水資源の規約を相互に遵守できるかといえば、理論上は不可能という結論になります。第一に自分自身に過剰使用による利得増加の誘惑があること、第二に同業者にも過剰使用による利得増加の誘惑があること、そして第三に相互に相手が過剰使用によって利益を増やせることを知っていることです。この第三の理由は相互不信と裏切られることへの不安を増大させ、相手に裏切られて利益を減少させられないために自分から裏切るという結果をもたらします。このゲームのナッシュ均衡点が相互の過剰使用（50万円、50万円）となることからもそれが示唆されます。

この利害関係による紛争を解決できずにいれば水産業者間の対立は深刻化を続け、紛争が続けばその地域の水産業は衰退することになるため、その解決方法を考える必要が生じます。そこで、このモデルで設定された条件のうち何を変えれ

表 8-4　共用水資源の秩序モデル

水産業者 A ＼ 水産業者 B	規約の遵守	過剰使用
規約の遵守	(100 万円, 100 万円)	(20 万円, −200 万円)
過剰使用	(−200 万円, 20 万円)	(−100 万円, −100 万円)

- Ａの選好順序は（遵守、遵守）＞（遵守、過剰使用）＞（過剰使用、過剰使用）＞（過剰使用、遵守）
- Ｂの選好順序は（遵守、遵守）＞（過剰使用、遵守）＞（過剰使用、過剰使用）＞（遵守、過剰使用）

ばゲームを相互の規約の遵守に帰結させることができるかを考えることで、共有資源問題の解決方法を模索することができます。

どちらも規約の遵守を選択することがゲームの論理的帰結になるための条件を考えると、最も確実なのは選好順序を変化させることです。もし表８－４のように過剰使用をした場合はどちらも損失を被るとしたら、このゲームの論理的帰結は相互の規約の遵守となります。また水産業者Ａ、Ｂの選好順序において相手に裏切られた場合の利得が相互に裏切る（過剰使用、過剰使用）よりもましな結果となったことで裏切られる不安がなくなり、また相手を裏切っても利益は得られないので、どちらも規約の遵守を選択できる状況に変化しました。この状況を構築できれば資源の共有は問題なくおこなわれることになります。このモデルのように相互の遵守や協力がナッシュ均衡点となるゲーム・モデルを本章では秩序モデルと名付けます。秩序とは社会が望ましい状態を保つためのきまりごとを意味し、相互協力という結果は秩序の実現といえるからです。

この秩序モデルが表した論理的帰結を現実の社会で再現するための方法を考えると、たとえば法律による罰則が挙げられます。国家ないし地方自治体が１万㎥を超える水資源を使用した水産業者には４００万円の罰金を、２人が同時に違反した場合には２００万円ずつの罰金を科したならば、過剰使用で200万円の利益を上げても罰金400万円で合計マイナス200万円となり、過剰使用を選ぶ誘因はなくなります。

囚人のジレンマと秩序達成のモデルの本質的な違いは水産業者の選好順序にあります。2人の選好順序の組み合わせによってゲームの結果は変化し、規約違反が相互に最適な戦略となる囚人のジレンマから規約遵守が相互に最適な戦略となる秩序モデルにまで変化することがわかります。

この水産業者の争いは水資源という公共資源なので国家権力による強力な管理を想定することができ、秩序モデルの状況に変化させる手段は比較的容易に考えることが可能です。しかしながら、紛争の全てが強力なルールによって結果を保証されるわけではありません。法律のような強制力が必ずしもうまく機能しないプライベートな争いや国家間の紛争においては囚人のジレンマ状況を秩序モデルに変化させることは非常に困難になります。

国際紛争のモデル

近年日本の安全保障にも大きな影響を及ぼしている北朝鮮の核保有問題ですが、主として米国がこの紛争解決のために交渉をおこなってきました。核廃棄をめぐる米朝交渉には水資源問題のように紛争当事者全員に強制力を発揮できる権力は存在しません。秩序モデルは違反行為に対して罰を与えることができる権力があればこそ成り立つモデルであり、米朝核問題においては前提とすることはできません。あくまでも当事者同士で解決を図らなければならない紛争を想定したモデルで解決方法を考える必要が生じます。

核廃棄を目指す米国の立場からこの紛争を見た場合に大きく問題となるのは北朝鮮の求める結果が必ずしも明らかではない点にあります。想定される北朝鮮の目的は一般的に現政治体制の維持であり、ひいては米国との平和条約の締結なので、「核保有しながら平和条約を締結」「核廃棄を受け入れて平和条約を締結」のどちらかであり、受け入れられない結果として「米国との軍事紛争」「核廃棄を受け入れるも体制崩壊」があります。米国側としては北朝鮮に「核廃棄を受け入れて現体制を維持する」を受け入れる意思があるのか否かがまず問題となります。もし北朝鮮の本心が強硬派路線で核保有と現体制の維持を同時に求めるものであれば、米国が先に平和条約を締結してしまうと核廃棄を実行しないという結果になりうるため、米国は簡単に平和条約の要求を受け入れることはできません。

その一方で、仮に北朝鮮の正体が体制維持の確実な保証があれば核廃棄を受け入れる意思がある穏健派であるとしても、核廃棄を受け入れた後に経済制裁や軍事力行使によって現体制を崩壊させられる恐れがあるとしたらそう簡単に核廃棄を実行することはできないと考えられるので、その点に関する信頼を北朝鮮から得ることが課題となります。

表８－５に示したように、北朝鮮の真意によって選好順序は異なるのでそれぞれのモデルが構築されます。強硬派の場合は囚人のジレンマ状況であり、紛争が激化することが懸念されます（表８－６）。それに対して穏健派の場合は鹿狩り（Stag Hunt）もしくは保証ゲーム（Assurance Game）と呼ばれる状況となっています（表８－７）。

表 8-5 米朝非核化交渉のモデル

米国＼北朝鮮	核廃棄	核保有
平和条約	非核化＆体制維持	核保有＆体制維持
制裁	非核化＆体制崩壊	紛争激化

表 8-6 北朝鮮が強硬派であった場合の米朝の利得

米国＼強硬派	核廃棄	核保有
平和条約	(3, 3)	(1, 4)
制裁	(4, 1)	(2, 2)

- 米国の選好順序は非核化＆体制崩壊 > 非核化＆体制維持 > 紛争激化 > 核保有＆体制維持
- 北朝鮮（強硬派）の選好順序は核保有＆体制維持 > 非核化＆体制維持 > 紛争激化 > 非核化＆体制崩壊

表 8-7 北朝鮮が穏健派であった場合の米朝の利得

米国＼穏健派	核廃棄	核保有
平和条約	(4, 4)	(1, 3)
制裁	(3, 1)	(2, 2)

- 米国の選好順序は非核化＆体制維持 > 非核化＆体制崩壊 > 紛争激化 > 核保有＆体制維持
- 北朝鮮（穏健派）の選好順序は非核化＆体制維持 > 核保有＆体制維持 > 紛争激化 > 非核化＆体制崩壊

鹿狩りゲームのナッシュ均衡点を求める

この鹿狩りゲームというモデルには純戦略のナッシュ均衡点が存在せず、米国は北朝鮮が核廃棄を選択するという信頼がある一定以上あれば平和条約を選択でき、それ未満であれば制裁を選択します。北朝鮮からしても米国が平和条約を選択するという信頼がある一定以上あれば核廃棄を選択できますが、それ未満であれば核保有を選択します。この簡略化した利得のゲーム・モデルにおいては、米国は北朝鮮が核廃棄を選択するという信頼（確率）が０・５を越えれば、北朝鮮は米国が平和条約を選択するという信頼（確率）が０・５を越えれば（４、４）すなわち平和条約と核廃棄の組み合わせという両者にとって最善の結果に帰結することができます(1)。

相手のタイプ（もしくは属性）が明らかではないうえに相手の戦略まで予測しなければならない状況は意思決定が非常に困難であり、これが紛争解決の難しさを表しています。さらにいえば、もし北朝鮮が強硬派であれば、穏健派であると米国に思い込ませて平和条約を締結させておいて核保有を続けることが最高の結果になるので、この誤った情報による誤った戦略は事態をより深刻化させます。米国は冷戦時代のスプートニク・ショックで同じ状況に陥っており（芝井、2012）、そのような事実誤認による失敗は避けなければなりません。

モデルを動的にする

利得に並ぶ重要な独立変数として属性があります。それをモデルに導入することで、より複雑な状況の再現と最適な戦略の模索が可能になります。北朝鮮が確実に強硬派であるとわかるならば最

Book review

MARCH 2025

3月の新刊

勁草書房
〒112－0005 東京都文京区水道2－1－1
営業部 03－3814－6861 FAX 03－3814－6854
ホームページでも情報発信中。ぜひご覧ください。
https://www.keisoshobo.co.jp

フランス極右とメディア
公共圏の歴史的変遷

本間圭一

民主主義を維持するためのメディアは健全に機能しているのか。メディアの変質や変化が極右政治家の支持拡大に貢献したのか。

A5判上製 296頁 定価 4950円
ISBN978-4-326-30347-2

海法会誌 第68号

日本海法会編

海商法をめぐる国内外の最新動向、さまざまに展開する実務、学問的問題探究の成果等を紹介し、海商法の将来を見すえる学術専門誌。

A5判並製 168頁 定価 5500円
ISBN978-4-326-44961-3

空法 第65号

日本空法学会編

眠れる主権者
もう一つの民主主義思想史

リチャード・タック 著

勁草書房
https://www.keisoshobo.co.jp

3月の重版

テキストブック 自主創造の基礎
日本大学法学部 編

大学での学びを形作るものとは何か。日本大学の歴史や新成人としての心構えとともに、基礎的なアカデミックスキルを身につける。

A5 判並製 224 頁　定価 1980 円
ISBN978-4-326-00058-6　1 版 3 刷

理由と人格
非人格性の倫理へ
D．パーフィット 著
森村 進 訳

人格の同一性、道徳性、合理性などにまつわる私たちの奥深い信念を揺るがす、現代倫理学からの挑戦。20世紀後半の最も重要な哲学書。

A5 判上製 800 頁　定価 11000 円
ISBN978-4-326-10120-7　1 版 6 刷

入門　中国思想史
井ノ口哲也

夏王朝から中華人民共和国までというこれまでにないスケールで、時代ごとの中国思想の特質を平易に解説。新しい中国思想史の描き方。

A5 判並製 260 頁　定価 3080 円
ISBN978-4-326-10215-0　1 版 9 刷

現代認識論入門
ゲティア問題から徳認識論まで
上枝美典

ゲティア問題以降、知識とは何かをめぐって認識論はどのような道程を辿ってきたのか。最新の動向までを丁寧に解説する待望の入門書！

A5 判並製 256 頁　定価 2860 円
ISBN978-4-10283-9　1 版 4 刷

双書プロブレーマタ③
ことばと対象
W.V.O. クワイン 著
大出 晁・宮館 恵 訳

〈翻訳の不確定性

ニュースの政治社会学
メディアと「政治的なもの」の批判的研究
山腰修三

ニュースは現代民

「台湾有事」は抑止できるか
日本がとるべき戦略とは
松田康博・福田 円・河上康博 編

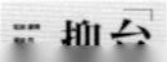

第一級の専門家と

法とジャーナリズム〈第 4 版〉
山田健太

「表現の自由」が
先鋭的に問われる

A5 判並製 96 頁　定価 3630 円
ISBN978-4-326-44987-3

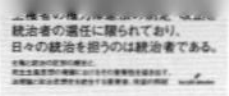

四六判上製 320 頁　定価 4950 円
ISBN978-4-326-45145-6

渡辺利夫精選著作集第 5 巻
アジアのダイナミズム

渡辺利夫

開発経済学・アジア研究において顕著な業績を残した渡辺利夫の著作集。主として開発経済学・現代アジア経済論に焦点を絞って構成。

A5 判上製 548 頁　定価 16500 円
ISBN978-4-326-54617-6

応用経済学研究　第 18 巻

日本応用経済学会編

現代の学問的潮流を踏まえ、経済学の様々な応用分野の研究を促進することを目的とし、現実の経済社会の課題の解決を目指す学術雑誌。

B5 判並製 110 頁　定価 4400 円
ISBN978-4-326-54716-6

移民の教育政策を制度から問いなおす

フランスにみる新規移民からその子孫まで

園山大祐 編著
園山大祐
ソッティーレ・マルコ 監訳

今後日本でも「外国につながる生徒」の増加が見込まれるなか、公正な教育機会を保障するための教育施策をフランスを事例に検討する。

A5 判上製 420 頁　定価 6380 円
ISBN978-4-326-60378-7

介護・福祉の支援人材養成開発論　第 2 版

(公社)日本医療ソーシャルワーカー協会 監修
福山和女・田中千枝子 責任編集

人が根づかない、バーンアウトをおこす、専門性の発揮が困難……実践現場の人材問題を解決する人材養成・開発・指導の体制と方法。

B5 判並製 224 頁　定価 2420 円
ISBN978-4-326-70134-6

適戦略は制裁となりますが、もし穏健派であったとしたら制裁をすぐに選択することはできません。このモデルではこれ以上の分析は難しく、非核化&平和条約に至るための条件を分析するためにはゲーム・モデルをさらに発展させる必要があります。

鹿狩りゲームのモデルに意思決定の順番（先手、後手）を与えることで解決の可能性は大きく広がります。これまで見てきたような、戦略を同時に選択する構造のゲーム・モデルを戦略型と呼び、戦略選択の順番を加えたモデルを展開型と呼びます。囚人のジレンマ状況では順番を加えても結果は変わりません（図8-1）。なぜなら北朝鮮が核保有を選んだことがわかれば米国の最適戦略は制裁であり、もし北朝鮮が核廃棄を選んだとしても最適戦略が制裁だからです。そして北朝鮮もそれがわかっているので核廃棄を選ぶことはないからです。

それに対して、展開型の鹿狩りゲームの場合は先手が選んだ戦略を後手が把握できるならば明確に結果が異なります（図8-2）。北朝鮮が核廃棄を選べば米国は安心して平和条約を選択することができ、核保有を選んだならば制裁で対抗するという状況に合わせた最適戦略を選ぶことが可能となります。展開型モデルにおいては、北朝鮮が穏健派であるならば先手をとって動くことで米国に情報を提供することが可能になり、それによって疑いを払拭して双方にとって最も望ましい結果の（4、4）に至る経路を示すことができます。このような情報提供としての効果を持った戦略を

（1） この戦略概念を混合戦略と呼ぶ。米国が平和条約を選ぶ確率をp、北朝鮮が核廃棄を選ぶ確率をqとすると、米国の期待値の最小値が最大化される戦略は$4q+1(1-q)=3q+2(1-q)$を満たす$q=0.5$となり、北朝鮮の期待値の最小値が最大化される戦略は$4p+1(1-p)=3p+2(1-p)$を満たす$p=0.5$となる。

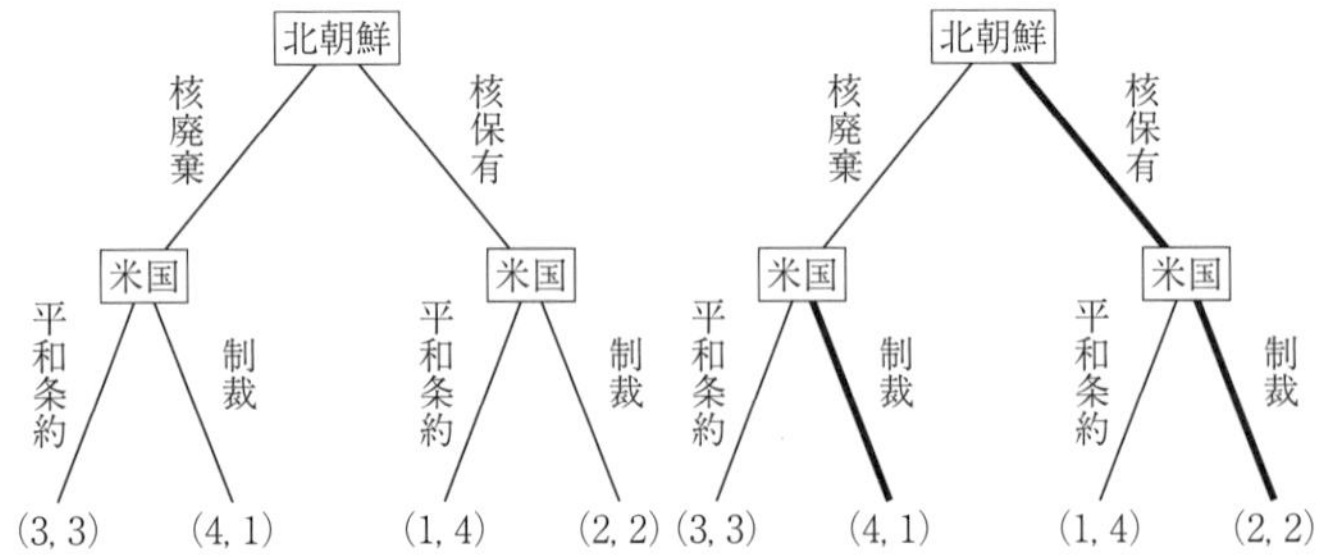

図 8-1　囚人のジレンマの展開型ゲーム・モデル
（括弧内の左側が米国の利得を示す）

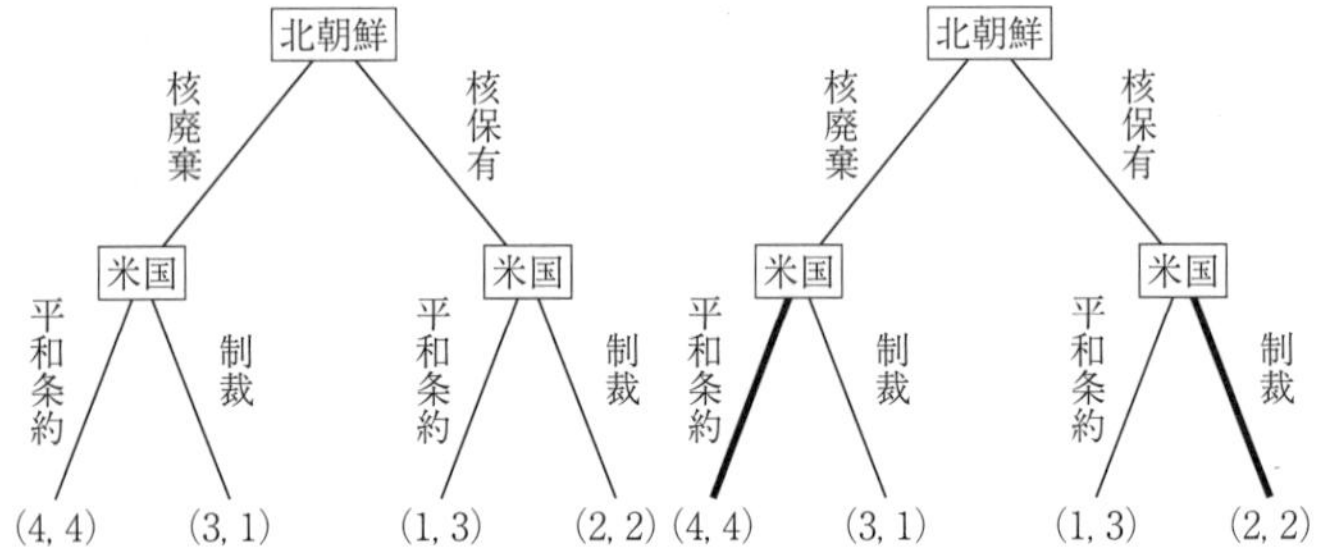

図 8-2　鹿狩りの展開型ゲーム・モデル
（括弧内の左側が米国の利得を示す）

シグナリングと呼びます。

現実の北朝鮮は核廃棄の前に安全の確保を要求しているために的確なシグナリングをできていません。もちろんそれは北朝鮮側が米国こそが強硬派であるという疑いを持っているからですが、北朝鮮が本当に穏健派であることを訴えたければ制裁される危険というコストを受け入れてでも先手をとってシグナリングをする必要があることも示しています。

ここまで示してきたタイプと順番を加えたゲーム理論の完成形として、ベイズの定理をゲーム理論に本格的に組み込んだハサーニ（John C. Harsanyi）が構築したベイジアン均衡点と、チェーンストア・パラドックスで有名なゼルテン（Reinhard Selten）が構築した完全ベイジアン均衡点があります。非常に複雑なモデルなので詳細は割愛しますが、紛争における問題の本質を捉えてモデルに的確に投入することが重要なゲーム理論において最も洗練されたモデリングの例といえるでしょう（Harsanyi, 1967, 1968a, 1968b; Selten, 1978）。

データ分析による理論の検証

これまで見てきたように、仮定された利得、選好順序および属性に基づくモデルを構築することで、ゲーム理論は難解な紛争における解決方法を導き出すことができます。さらなる条件を加えれば様々な状況の紛争を分析することが可能となります。

しかしながら、社会問題を扱うモデル分析の問題点を一つ挙げると、前述したようにゲームの解

表8-8　フラッド＝ドレッシャー実験（Poundstone, 1992: p. 106）

AA ＼ JW	協力	裏切
協力	(1/2¢, 1¢)	(－1¢, 2¢)
裏切	(1¢, －1¢)	(0, 1/2¢)

表8-9　フラッド＝ドレッシャー実験の結果

	AA	JW
協力	68	78
裏切	32	22
合計	100	100

(協力, 協力)	60
(協力, 裏切)	8
(裏切, 協力)	18
(裏切, 裏切)	14
合計	100

は非常に抽象的であるために社会問題の解決方法としての解釈の仕方が難しいということにあります。そしてもう一つが、論理的帰結として得られたゲームの解であっても、現実の人間が必ず同じ選択肢を選ぶとは限らないという理論と現実の乖離の問題です。ゲーム・モデルであれば当事者すなわちプレイヤーは必ず最適戦略を選びますが、現実の人間の全てが必ず同じ選択をするとはいえません。この理論と現実の乖離は避けようのないことですが、妥当性の強い分析とするためにはそれが可能な限り小さくなるような精度の高いモデル構築をおこなう必要があります。モデルの論理的帰結と現実の人間の行動のずれがどれほどのものかをデータをとって検証することでモデル分析の精度と現実へのインプリケーションをより詳細に考察することを可能とします。その好例といえるのが前述した囚人のジレンマです。

囚人のジレンマの実証実験

前述したようにタッカーが定式化した囚人のジレンマですが、その原型となったフラッド＝ドレッシャー実験（Flood-Dresher

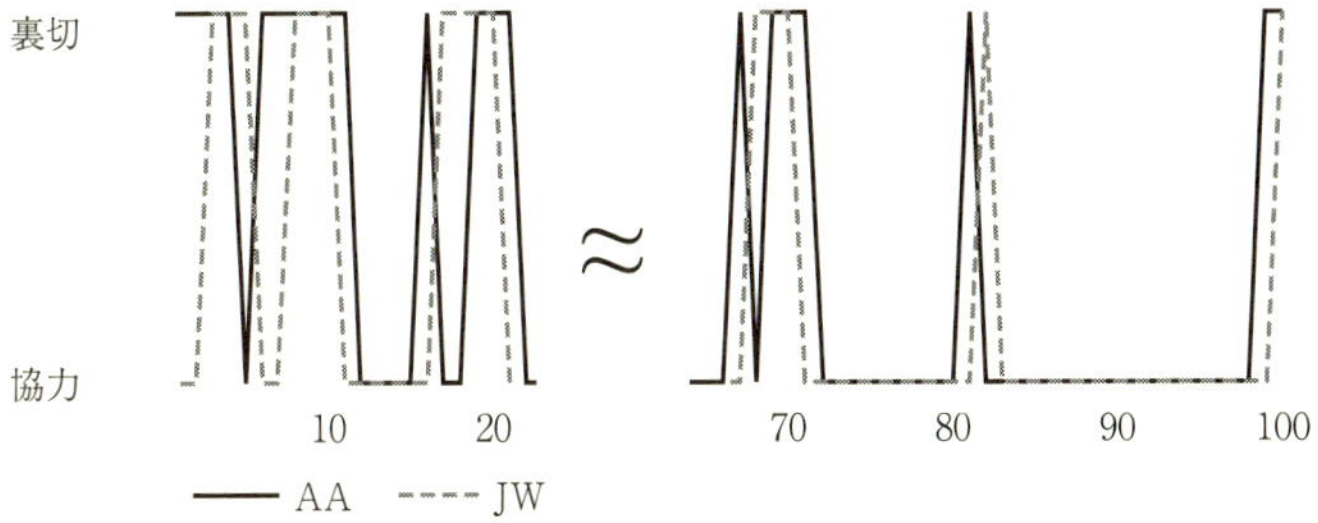

図8-3　AAとJWが選択した戦略の時系列データ（中略）

Experiment）は相互の裏切りが最適戦略となるゲームの解、つまりナッシュ均衡点に対する疑問「本当に人がそのような望まない結果に至る戦略を選択しあうのか」を実験で検証したものです。

ナッシュ均衡点が裏切、裏切の（0、1／2セント）となる表8－8のゲームを実際にAA（Armen Alchian）とJW（John D. Williams）の2人で100回おこなった結果が表8－9であり、ナッシュ均衡点と結果が一致したゲームは14回しかありません。100回の結果を時系列で見ると、ゲームの回数が増えるごとに協力が繰り返し選ばれる傾向が強まっていることがわかります（図8－3）。

この実験では1回のゲームごとの2人のプレイヤーのコメントも残されていて、そこには、ゲームが進むごとにプレイヤーがいわゆるしっぺ返し（Tit-for-Tat）を実施してシグナリングを試みたりするなど、ゲームの繰り返しを通じた学習効果が効力を発揮していることがうかがえます。この実験結果から見る限り、ゲームの解として帰結するはずのナッシュ均衡点は現実の人間の選択とは必ずしも一致しない論理的帰結であることが示されています[2]。

とはいえ、ナッシュ均衡点と基本形の囚人のジレンマ・ゲームはあくまでも1回限りのゲームであって、学習効果などを変数に組み込んでいないモデルなので一概に間違っているとはいえません。ゲームが進むほど協力が選択されているにもかかわらず、最後の100回目（次回のゲームにおけるシグナリングと学習効果を考える必要のない状況）では（裏切、裏切）というナッシュ均衡点と一致する結果となっています。過去の情報を基にして戦略を考えるならば、ベイジアン・ゲームなどの情報のアップデートという変数を組み込んだモデルを使用することでさらなる詳細な検証が可能になります。ゲーム理論の発展はまさにこのインプリケーションと一致したかたちで進んでおり、現代では機械学習モデルがその最先端といえるでしょう。

タッカーはこの100回に及ぶ実験結果から社会における相互協力の難しさの本質的原因を明確にするために、単純化した1回限りのゲーム・モデルとして囚人のジレンマを形成したといえます。その単純化されたインプリケーションは非常に示唆に富んでおり、社会におけるさまざまな紛争や相互信頼の難しさの本質を捉えるための重要な模範例として非常に役立っています。

さらなる実証実験

囚人のジレンマの実証実験は近年にもおこなわれ、被験者の違いがゲームの結果に違いをもたらすことも示唆されています。Khadjavi & Lange（2013）の実験では、戦略型の囚人のジレンマ・ゲームを女子大学生46人と本物の女性囚人36人に、展開型の囚人のジレンマ・ゲームを女子大学生46人と女性囚人54人に実施させました（表8－10）。その結果、戦略型において協力を選んだ割合は、学生では36・97％で囚人では55・56％、展開型においては学生が63・04％で囚人が46・30％となり、

表8-10　Khadjavi & Lange（2013）の囚人のジレンマ・ゲーム

プレイヤー1＼プレイヤー2	協力	裏切
協力	(7, 7)	(1, 9)
裏切	(9, 1)	(3, 3)

プレイヤーの社会的地位と順番の有無によってかなりの乖離があることが示されました。（協力、協力）の結果となった割合は、戦略型では学生が13・14％で囚人が30・16％、展開型では学生が39・08％で囚人が27・32％であり、相互協力が達成できた割合が最も低いのは戦略型を実施した学生である一方で、最も割合が高いのは展開型を実施した学生でした。展開型の場合は、先手の学生であっても後手の学生が2人にとってより好ましい結果を選んでくれるという向社会的信頼が存在するので協力が増えましたが、囚人にはそのような向社会的信頼が存在せず利己的な相手に対抗して利己的に選択するためにどちらのゲームでもほとんど変化がなかった可能性が言及されています。

おわりにかえて

モデル分析ではプレイヤーの選好順序が一致すればゲームの結果は常に同じになりますが、これらの実験結果は、現実においては社会的規範を持つ人であれば協力を選ぶシグナリングさえ伝達できれば囚人のジレンマを比較的容易に克服で

（2）繰り返し囚人のジレンマ・ゲームはその後に研究され、無限繰り返し囚人のジレンマ・ゲームのナッシュ均衡点が相互協力になることを証明したFriedman（1971）やシミュレーションでTit for Tatが最も利得を挙げられることを検証したAxelrod（1984[2006]）などがよく知られています。

きることをうかがわせます。しかしながら、現実の社会で相互協力を常に実現するための具体的な条件が明確になったわけではありません。そのためには、新たな変数を加えた新たなモデルを構築し、論理的帰結として必ず相互協力に至る条件を明らかにすることから改めておこなう必要があります。そして新たに実験をおこなってデータを検証し、修正すべき課題を浮かび上がらせることも必要です。

この繰り返しによって理論を精緻化させることができれば、古典的なモデルである囚人のジレンマでさえも新たな示唆を得ることができたように、モデル分析を現実の紛争解決に有効活用することが可能になるでしょう。

第9章　統計的モデリング

統計的モデリングは、社会現象や自然現象に対して私たちが理解していることを、データに照らし合わせて統計的に実証あるいは反証するために、定式化を行うプロセスです。現象の理解はしばしば文章の形で表現され、時として数式で表現されます。調査や実験で得られたデータは現象の一側面を切り取ったものですが、そこには調査や実験、測定に伴う不確実性が含まれます。確率分布という部品を道具箱から選び取り、一見複雑なデータを説明するモデルを組み立てていきます。部品の種類は正規分布、二項分布、ポアソン分布など、限られていますが、部品の選択と組み立ての骨格構造で現象に対する理解や仮説を表現します。本章では、ゲノムデータを利用して動物の生活史の進化を復元する試み（Wu et al., 2017）を通して、統計的モデリングの面白さをお伝えします。

哺乳類の生活史と進化

生物が生まれてから死ぬまでのことを生活史といいます。生活史を構成する要素には、社会性（群れを作るか単独行動か）や摂餌（肉食・草食・食虫など）、繁殖（通年繁殖か季節性があるか）、夜行性・昼行性などがありますが、これらには種内ではほとんど違いがなく、種間比較をすることによりはじめて多様性が見えてくるものが多くあります。図9－1は哺乳類89種について数量化Ⅲ類を施し、種と生活史を対応付けて鳥瞰したものです。繁殖については季節性か通年か、摂餌については肉食、草食、雑食、社会行動については群れを作るかあるいは単独行動か、活動時間帯については昼行性かあるいは夜行性か、交配様式については一夫一婦制か否か、樹上生活か否かについて見ています。文字が重なっていて見づらいですが、1軸はウマやロバ、バッファローなど、群れを作り、昼行性で草食の動物が正の値をとり、ネコやトラ、モグラなど、夜行性で単独行動の動物が負の値をとります。また2軸は、肉食で繁殖に季節性がある動物が正の値をとり、マウスやラットなど、雑食で通年繁殖を行う動物が負の値をとっています。ヒトやチンパンジーは通年繁殖ということで特徴づけられます。

私たちヒトを含む生物の多様性は、長大な進化の過程で形作られてきました。もしも生活史の進化の歴史を正しく復元することができれば、私たちの祖先が、置かれた環境に応じてどのように適応してきたか、推し量ることができるかもしれません。そして適応進化する私たちの祖先の生きざ

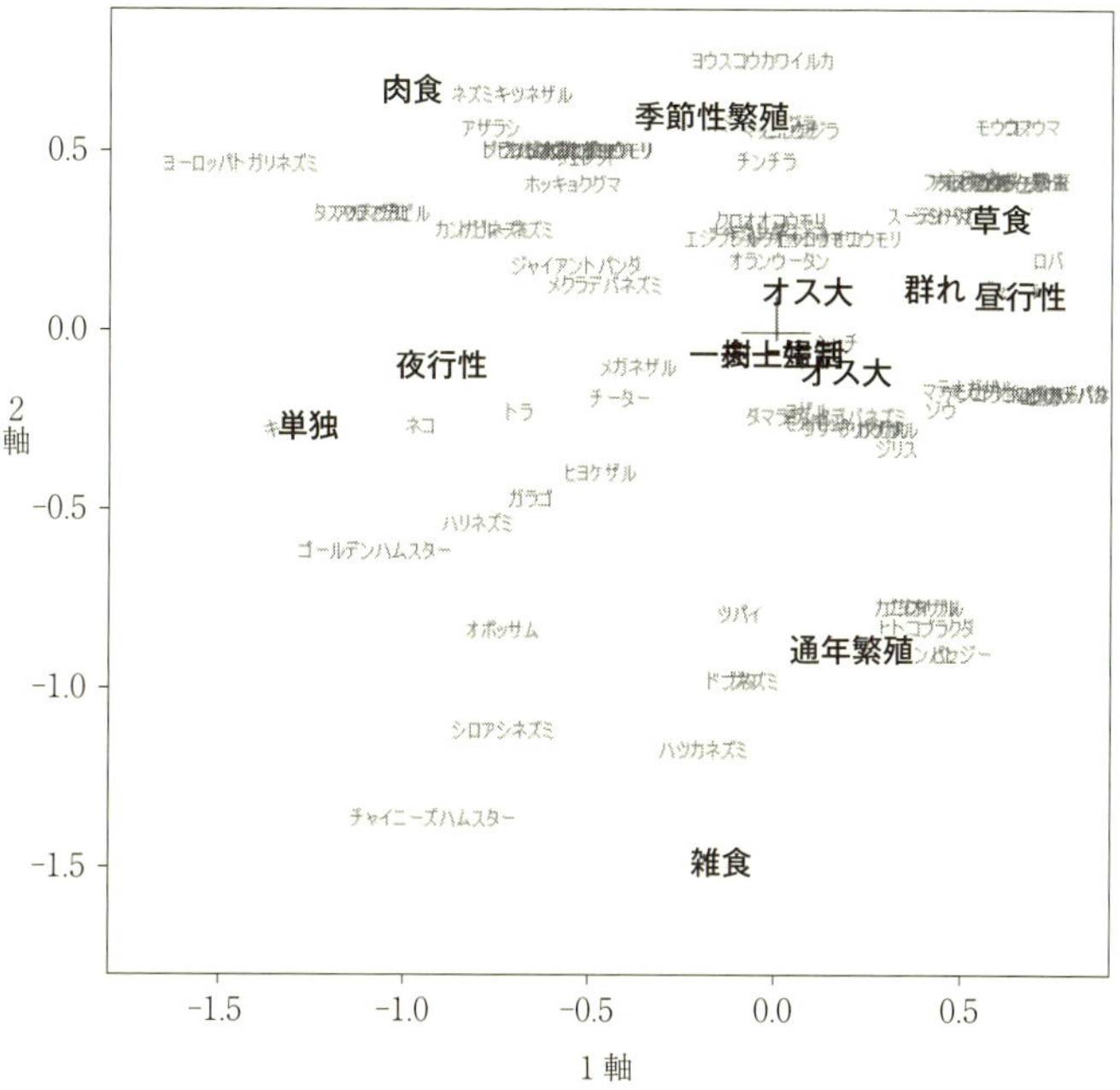

図 9-1　哺乳類の生活史：数量化Ⅲ類による対応分析

まの中に、私たちの生きる術に関して、なにがしかのヒントを得ることができるかもしれないと、ふと思うでしょう。

　図9-2は哺乳類の系統樹とベイズ推定された食虫性の進化を示しています。内部節における丸（●や・）の大きさは食虫性の事後確率を表現しています。種分化の順番や年代は別の情報で推定されており、既知であるとします。末端の節における状態は観察値です。黒い点（・）は雑食です。ここでは雑食を無視して、食虫性かそうでないかの2値からなる状態空間を持つマルコフ過程を考えます。種分化後の2種で繁殖することはなく、それぞれの系統は独立

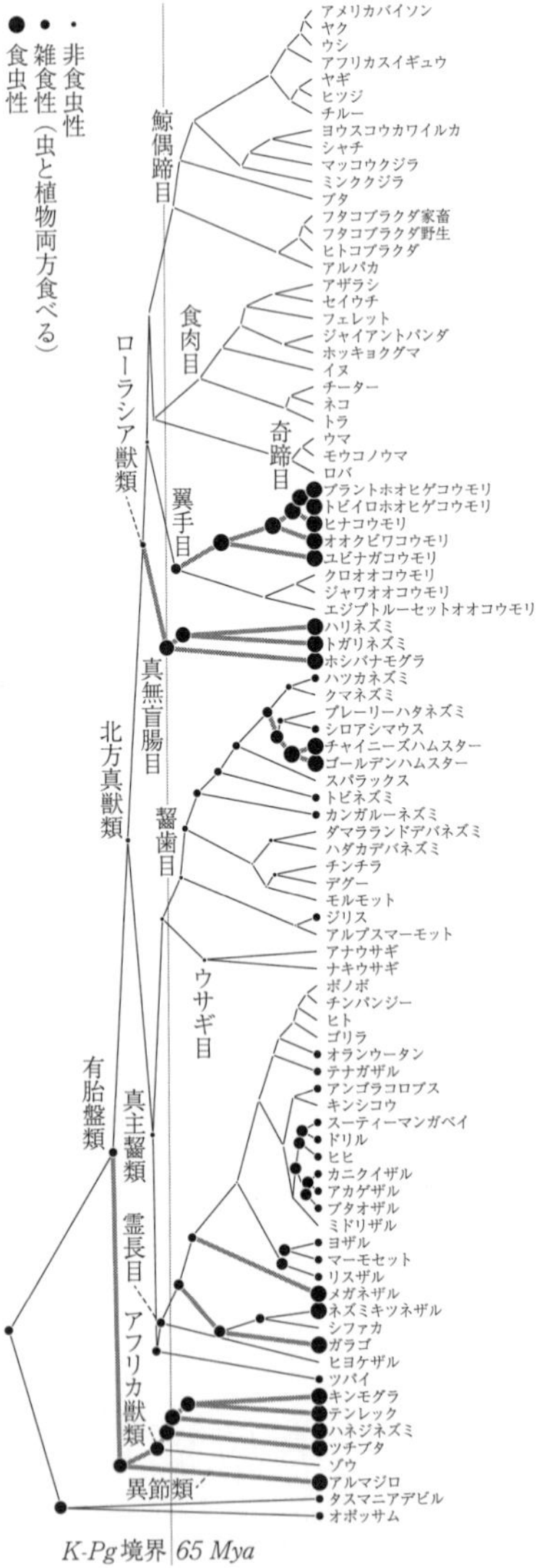

図 9–2　哺乳類の系統分類と祖先における食虫性の事後確率

に進化します。系統樹の根においてどのような状態であったか、あらかじめ仮定することはできません。そこで、この時点では平衡状態にあり、その後それぞれの系統でマルコフ過程に従い状態が変化していったとモデル表現します。したがって、平衡確率と系統樹の枝における推移確率を乗ずることにより、内部節と末端の状態の尤度を計算することができます。

哺乳類の系統分類を上から辿ると、まずは有袋類と有胎盤類に分かれます。有胎盤類はさらに、異節類、アフリカ獣類、北方獣類に分かれます。北方獣類は真主齧上目とローラシア上目に分かれます。真主齧上目には霊長類、ウサギ目、齧歯類があり、ローラシア上目にはモグラ目、コウモリ目、奇蹄類、食肉目、鯨偶蹄目があります。現在食虫性を持つものは、異節類とアフリカ獣類の多く、霊長類の一部、齧歯類の一部、モグラ目、コウモリ目の多くです。

食虫性の事後確率のパターンを概観すると、総体としてできるだけ変化が少なくなるよう祖先形質が復元されており、最小進化の規準に基づく推測であることがうかがわれます。すなわち、アフリカ獣類と異節類の大部分が食虫性であることから、その共通祖先も食虫性であったと推測されます。コウモリやモグラの祖先も同様に、食虫性であったと推測されます。他方、奇蹄類や食肉目、鯨偶蹄目に属する動物はすべて食虫性でないことから、それらの祖先も食虫性ではなかったであろうと推測されます。食虫性の系統と食虫性でない系統の共通祖先では、他の系統も見渡して、変化数が少なくなるように状態が推測されています。

問題の所在

こうした最小進化の規準による推論は、極めて自然で、理にかなっているように思われるでしょう。ところが、化石から得られる情報とは食い違うのです。図中の縦線は、中生代と新生代を分けるK－Pg境界（Cretaceous-Paleogene boundary）を示しています。およそ6500万年前で、それ以降、恐竜の化石がぷっつり途絶えます。哺乳類の祖先は、それ以前は小型のものばかりでしたが、これ以降種々の大型哺乳類が出現しました。恐らく恐竜の全盛期においては、捕食圧を避けるために小型化し、現在のネズミやモグラのような生活をしていたと思われます。恐竜の大量絶滅に伴い、種々の生物が適応放散し、空いたニッチを埋めていったと考えられています。6500万年前に何が起きたか、非常に関心がもたれていますが、いまだ完全なコンセンサスは得られていません。最も有力な説は、巨大な隕石の落下です。衝突に伴って巻き起こった多量の粉塵が全球を覆い、長年にわたり太陽光を遮蔽したことが、陸上生物の大量絶滅を引き起こしたと想定されます。

K－Pg境界以前、哺乳類は小型でしたが、さらに歯の化石は、私たちの祖先は食虫であったことを示しています。ところが、図9－2によると、K-Pg境界以前も食虫でない系統が多くを占めています。これは、最小進化の規準で祖先の状態を復元することの限界を示唆しているようです。哺乳類であるクジラは、水中で生活することから、その体形は魚類と同じように流線形をしています。生活史を形作る行動様式などの諸形質も、系統的に離れていても似たような棲息環境下にある種は似たような行動様式へと収斂進化する可能性は十分にあり得ます。ところが、最小進化の規準の妥当性の背景には、種分化後に各系統が独立に進化し、時を経るにつれ両系統の違いが大きくなる、という前提があるのです。

もしも行動様式を規定する環境に関する情報を手にすることができる場合は、環境の変化に伴う形質の変化と環境の変化とは関連しない形質の変化を別建てにした方法も、あるいは考えられるかも知れません。しかし、昔に遡るほど、それぞれの系統の棲息環境に関する情報は急激に希薄になってしまいます。

種内変異と種間の多様性

さまざまな種において、ゲノムのデータが質・量ともに急速に充実してきています。このゲノムの情報を利用して、生活史の進化をより頑健に推定することができないか、思いを巡らせます。ゲノムは生物の遺伝情報を書き込んだ設計図で、チミン（T）、シトシン（C）、アデニン（A）、グアニン（G）の4種類の塩基が並んだものです。その設計図は長大で、たとえばヒトでは30億塩基に及びます。この設計図に基づき、エネルギーの代謝、成長、環境への応答、繁殖などの生命活動を担うタンパク質が、適切な量だけ生産されます。

長い進化の過程で、生体内における調和のとれた生命活動を維持しつつ、ゲノムも変化してきま

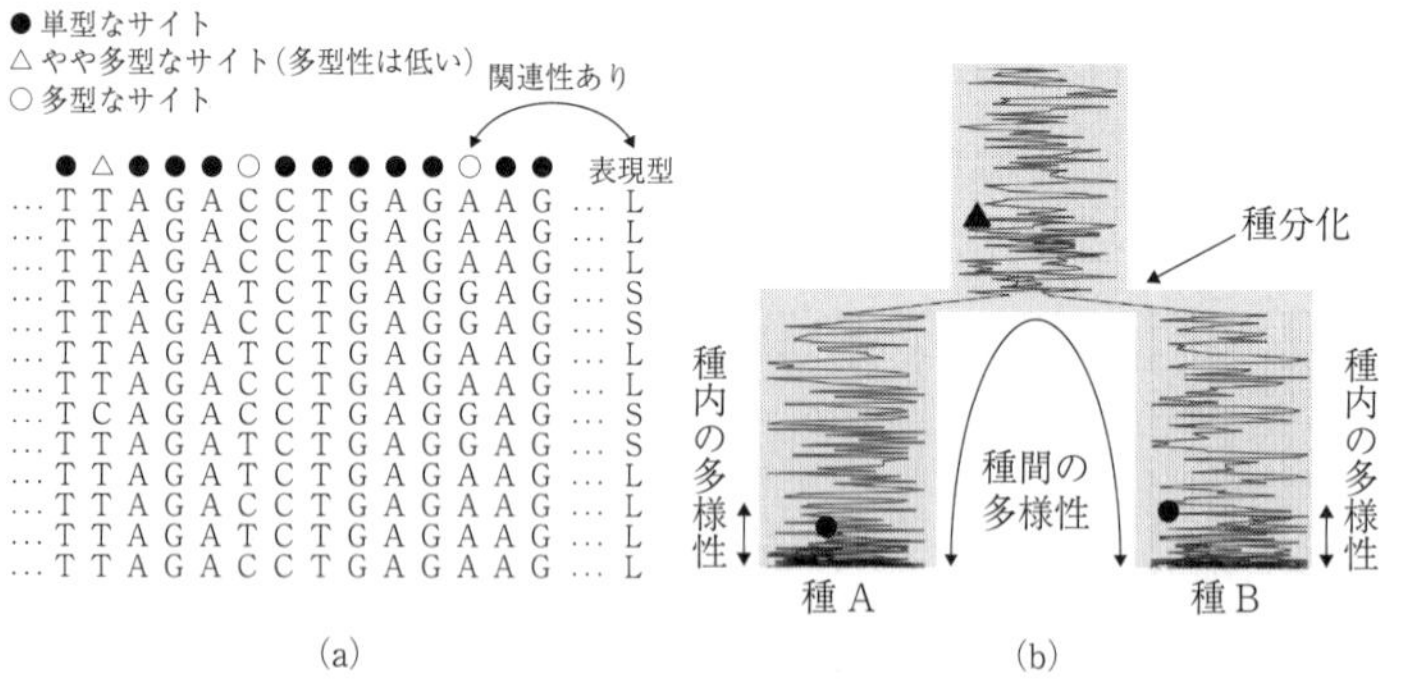

図9-3　種内の多型と種間の多型。(a) 種内の遺伝的多様性と表現型との関連、(b) 種内の遺伝的多様性、種間の遺伝的多様性は共通祖先（●印と▲印）以降の突然変異で形作られる。

した。この設計図は絶妙にメンテナンスされ、何十億年もの長きにわたり世代をまたいで受け継がれてきました。このゲノムのメンテナンスと複製の機構は神業とも言えるものですが、それでも稀にエラーが混入します。このエラーが遺伝的多様性を形作ります。複雑な遺伝的多様性の中から、生活史などの表現型の進化を推定する上で説明変数となり得る特徴量を抽出する必要があります。

図9-3(a)はゲノムを並べて比べる様子を模式的に示したものですが、各列が変量で、サイトと呼びます。変異のない単型なサイトを●、大部分は共通した塩基でほんの少し別の塩基が含まれるサイトを△、二種類の塩基が同程度にあるサイトを○で表しています。単型なサイトに埋もれて多型なサイトが散りばめられていることがわかります。表現型と有意に相関するサイトは、何らかの関連性が示唆されるでしょう。ただ、このようにして有望なサイトを選び取るゲノムワイド関連解析の方法は、種間の比較には適しません。図9-3(b)は種分化後、遺伝的に隔離されて現在に至った2つの集団から

過去の集団（祖先）を推測する合祖過程を示しています。図からもうかがわれるように、それぞれの種において単一の共通祖先までに遡る世代数は、種分化後の世代数よりもはるかに少ないのです。実際、ヒトとその最近縁種であるチンパンジーが分岐したのは４００万年から１３００万年前ですが、全世界のヒト集団は、10－20万年で共通祖先へ行きつきます。したがって、ゲノム中の各サイトにおける遺伝的多型は、高々1回の突然変異に由来します。一方、ゲノムの種間比較においては、集団中の変異よりもはるかに多い突然変異の蓄積を相手にするため、ゲノムワイド関連解析をそのまま行っても、ノイズに埋もれたシグナルを掘り起こすことは期待できないのです。

こうした状況を踏まえた上で、遺伝子の分子進化速度に注目します。生活史が変容すると、生物の生体内部における生理状態が変化します。生理状態の歴史は直接観測することはもちろんできませんが、生理状態により必要となるタンパク質も異なってくることを念頭におきます。必要性の高いタンパク質は生命活動に大きな影響力を持つため、機能的な制約が強く、多くの突然変異は有害に働くでしょう。一方、必要性の低下したタンパク質は、それをコードする遺伝子に多くの突然変異を許容するでしょう。ところで、このたんぱく質の変化に対する自由度が分子進化速度に反映されます。したがって、分子進化速度が生活史のパターンと相関する遺伝子は、生活史の変化と何らかの形で関連しているでしょう。そこで、こうした遺伝子の分子進化速度の変動を、生活史の歴史を復元する上での説明変数として採用します。まずは、こうした着想を促した理論的背景を簡単に概観し、その理論をゲノムの進化に拡張します。そしてこれを統計モデルで表現し、データに基づく実証分析に結びつけます。

集団遺伝と分子進化の中立説

分子進化は、遺伝的多様性の背後にあるゲノムの変化の歴史と捉えることができます。ただし、過去に集団中に起きた突然変異が元になりますが、その多くは集団に定着することなくほどなく絶えます。これらはゲノムの種間の違いに反映されることはありません。分子進化の対象とする突然変異は、集団に固定したものに限られます。

20世紀初頭にメンデルのソラマメの実験の成果が再発見されると、世代をまたいで遺伝する表現型の背後に遺伝子の継承があることが広く認識されました。すると、突然変異の運命に関する理論を研究する集団遺伝学が勃興しました。そうした中で、フィッシャー（R. A. Fisher）、ライト（S. Wright）とともに創始者として中核を担ったホールデン（J. B. S. Haldane）は、適応的突然変異の遺伝的荷重を評価しました。適応的な変異が集団を塗り替えるということは、裏を返せば、集団は少なからずの犠牲を経験することになります。この犠牲の総和が遺伝的荷重です。理論展開の後、彼は、集団としての体裁を保ち続けるためには、周りを制圧するような適応的変異は頻繁には起こらず、起きても300世代に1回であろうと結んでいます（Haldane, 1957）。

1950年代、すでに理論は成熟期にありましたが、まだ理論による予測を分子レベルで実証する術がなく、もどかしい時が流れていました。1960年代になって、タンパク質を構成するアミノ酸の配列を読めるようになります。早速ツッカーカンドル（E. Zuckerkandl）とポーリング（L.

Pauling）が様々な種のヘモグロビンを比較して、アミノ酸の違いの大きさを化石記録に基づく種分化の年代と照らし合わせたところ、分子レベルの変化はほぼ一定の速度で起きていることを見出しました（Zuckerkandl & Pauling, 1962）。

木村資生博士はこれをさらに深め、分子進化速度を測りました。すると、およそ2年に1回ほど、ゲノムのどこかで集団を塗り替えるような変異が蓄積されていることを見出したのです。適応的な変異は300世代に1回程度しか起きないわけですから、分子進化においては適応的な突然変異の割合は無視できるほどに小さいことになります。有害な突然変異は集団に残らないので、集団に定着する突然変異は適応度において周りと差がない、中立な変異で占められるのです（Kimura, 1968）。

それまで大多数が生物の進化はすべて環境への適応の産物であると信じていたため、分子進化の中立説は容易には受け入れられず、さまざまな角度からの反証が試みられました。が、結果は逆に中立説を支持するものとなりました。表現型はしばしば収斂進化するのに対して、遺伝子配列の変化はほとんどが適応とは無関係のものであることが保証されたため、生物の系統は遺伝子配列に基づく分子系統樹により次々と塗り替えられていきました。

分子進化速度

中立説の下では、突然変異率をv、変異が有害ではなく中立である確率をp、集団の大きさ（遺伝子数）をNとすると、中立な突然変異がたまたま集団に定着する確率は$1/N$なので、分子進化

速度 r は

$$r=(N\times v)\times p\times\frac{1}{N}=vp$$

と、突然変異率と中立な変異の割合の積として表現できることになります（Kimura, 1977）。分子進化速度がほぼ一定という現象は、突然変異率と中立な変異の割合が系統間で大きく変わらない、と解釈することができます。実際には、有害な突然変異の中にも適応度の違いはそれほど大きくなく、しばらくは集団に存在し続けるような弱有害な突然変異も少なからずあるでしょう。こうした突然変異は、集団が大きいと程なく消えていきますが、集団が細って小さくなると、偶然に定着する可能性が出てきます（Ohta, 1973）。したがって、こうした突然変異がかなりの割合を占める場合は、分子進化速度はその時の集団の大きさと負に相関することが期待されます。これを支持する証拠も出ていますが、ここではざっくりと、分子進化速度の一次近似で話を進めていきます。将来弱有害の効果に関する情報も豊かになると、より精緻な近似が可能になるかも知れません。

中立な変異の割合 p は、遺伝子に起きた突然変異が集団から排除されることなく定着する割合です。機能的な制約が強いと、許容される変化の範囲は狭まり、p は小さくなります。逆に共生によりさまざまな共生相手とさまざまな機能を役割分担したり、遺伝子が重複してコピーができたりすると、しばしば機能的な制約が弱まり、p が大きくなります。遺伝子配列を比較することにより分子進化速度に関する情報が得られますが、これを突然変異率と中立な変異の割合という言葉に翻訳して、生物学的な解釈を行うことができるのです。

分子系統樹では、それぞれの系統で分子進化のイベント（塩基置換やアミノ酸置換など）がサイト当たり何回起きたかを見積もり、枝の長さで表現します。図9－4は哺乳類のミトコンドリアゲノムの系統樹です。哺乳類の共通祖先は1億数千万年前までに遡るため、配列の得られた年代のばらつきは無視できるほど小さく、ルートから現在までの時間はどの系統も同じです。したがって、分子進化速度が一定であれば、ルートから末端までの長さはほぼ揃うことになります。

図を見ると、結構分子進化速度は変動していることがうかがわれます。枝の長さは配列データから推定しているので、この変動には推定の不確実性からくる変動も含まれますが、その寄与は相対的に小さいことがわかっています。サルなどの霊長類とネズミなどの齧歯類において分子進化速度が速いことが見て取れます。ミトコンドリアは生命活動に必要なエネルギーの生産に関わっています。エネルギーの少なくない割合を、脳が消費しています。霊長類で進化速度が速いのは脳機能の変化と関連している可能性があります。他方、齧歯類で進化速度が速いのは世代の長さが短いことと関係していると思われます。

ハエには記載されたものだけでも75000程の種が存在しますが、図9－5は代表的な種を抜き取って、細胞が核を持つ真核生物全体が共有する28S rRNA配列を分析して得られた分子系統樹です。系統ごとに分子進化速度が大きく振れていますが、一番上のキイロショウジョウバエ（*Drosophila melanogaster*）の系統に向けて、次第に長くなっています。恐らくこれは、世代の長さが短くなった結果、単位時間当たりの突然変異率が上昇したものと思われます。実際、ショウジョウバエは遺伝学で用いられる実験動物ですが、およそ10日で世代交代があるため、比較的短い年月

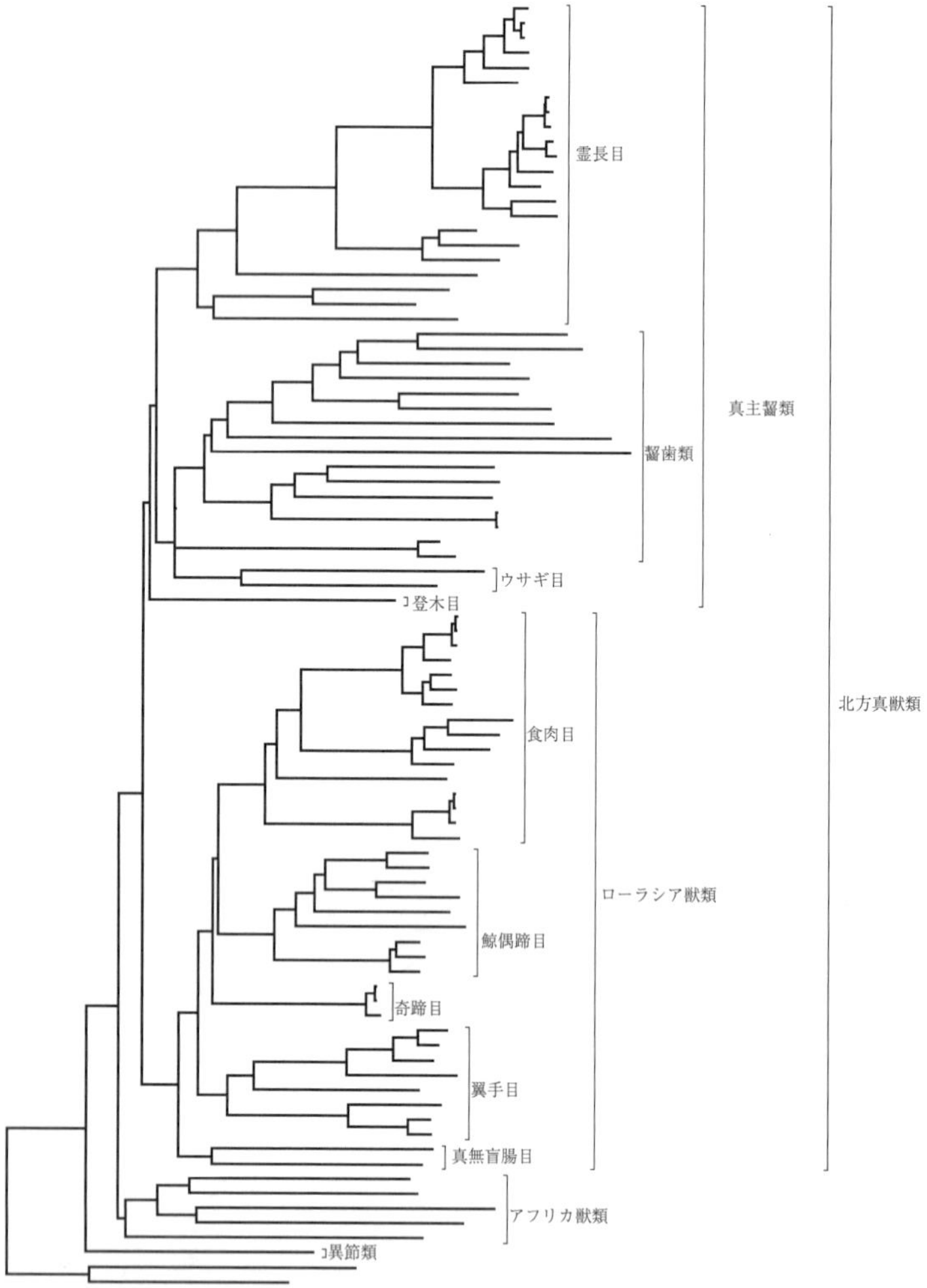

図 9-4　哺乳類のミトコンドリアゲノムの系統樹と分子進化速度

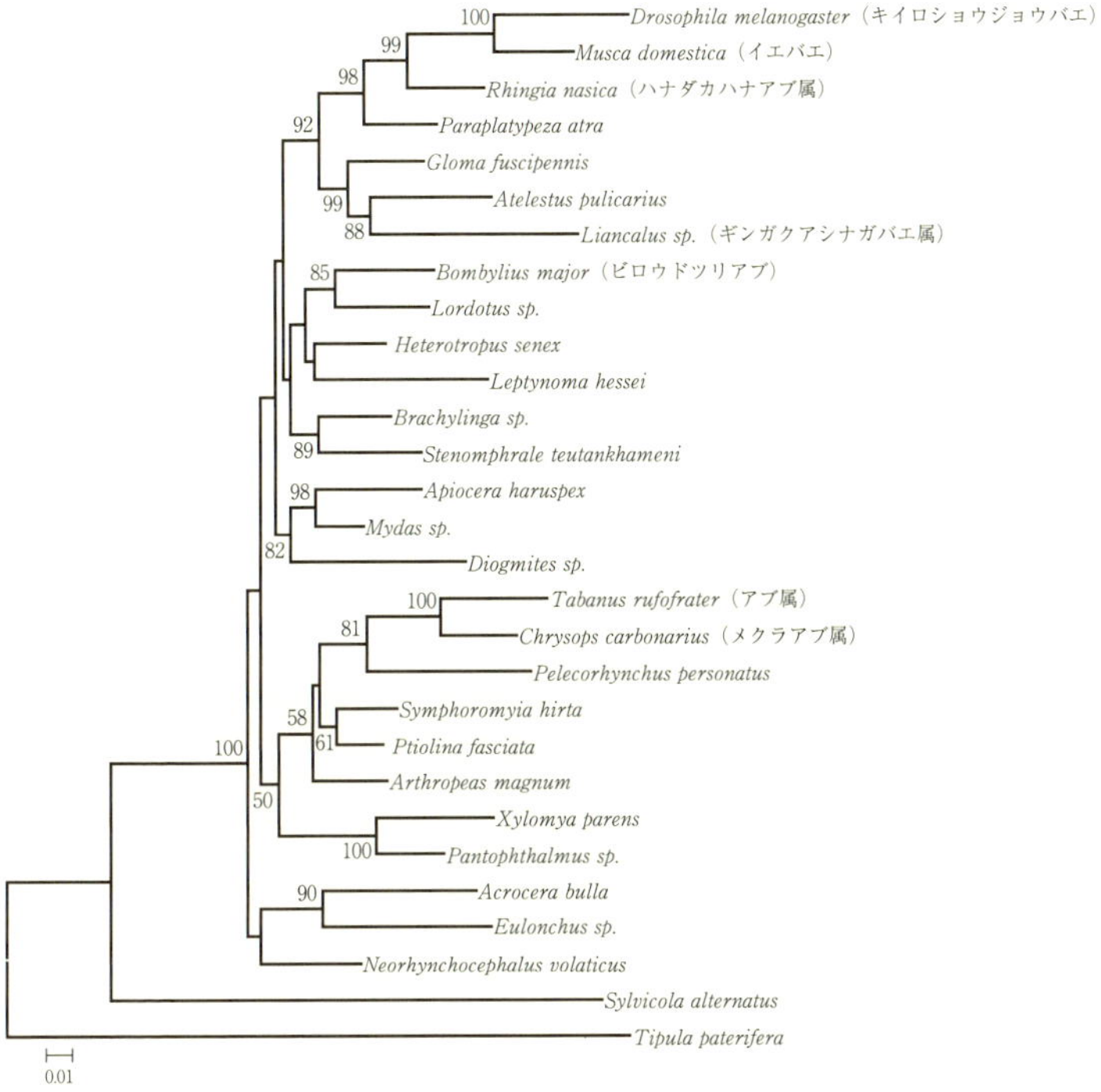

図 9-5　ハエの 28S rRNA 分子系統樹と分子進化速度

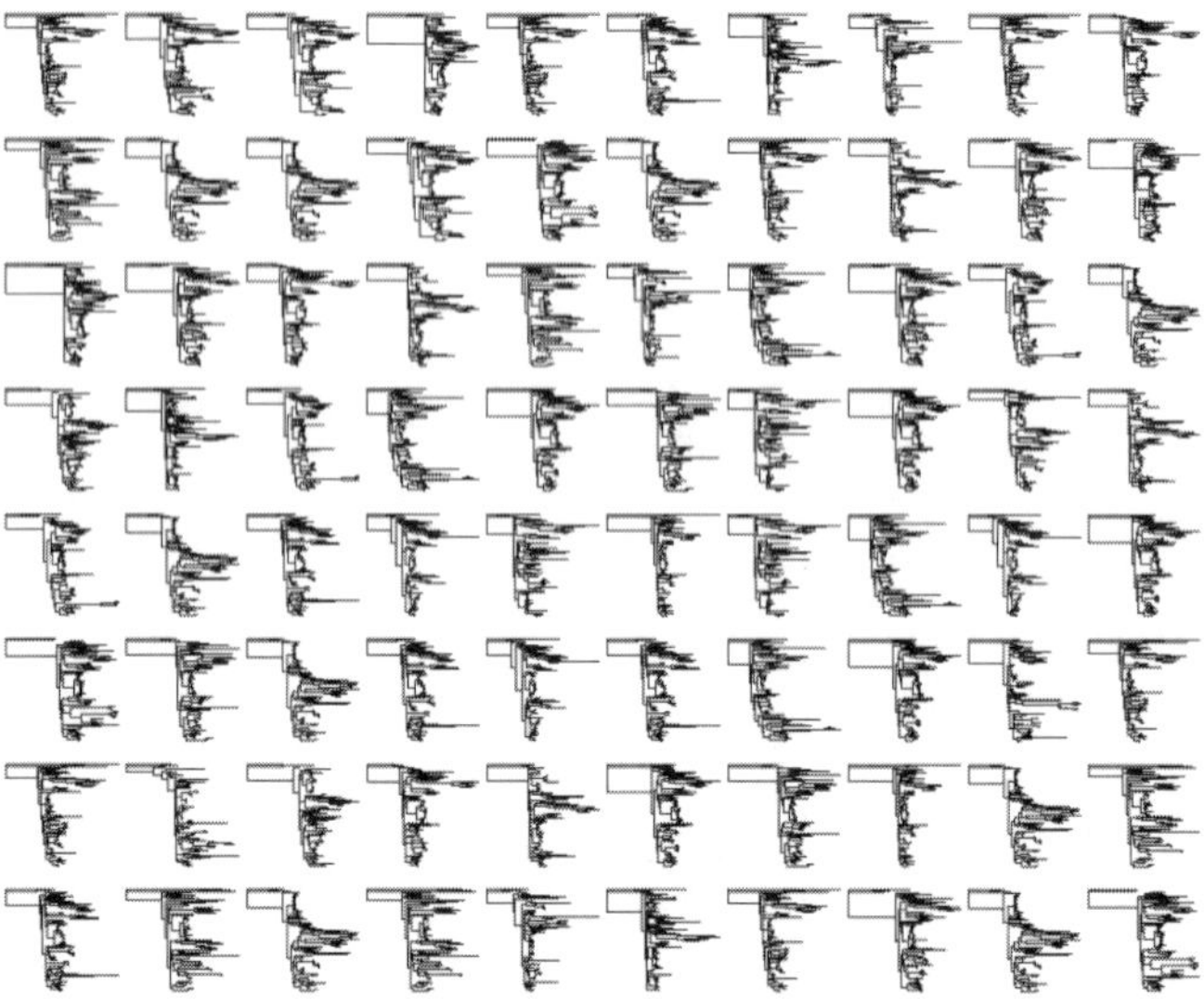
図9-6　数々の遺伝子の分子系統樹

で集団を何世代にもわたり追跡できるのです。

ゲノム進化への理論の拡張とポアソン回帰モデル

前節では分子進化速度の揺れを突然変異率と中立な変異の割合に分解し、生物学的な解釈を試みました。ただ遺伝子一つを分析している限り、これら二つの因子のいずれが分子進化速度を変動させているか、データ自身に語らせることができないというもどかしさが残ります。ところが、いまや多くの生物種でゲノムデータが次々に公開され、多くの遺伝子について分子系統樹（図9－6）が得られると、このもどかしさが一気に解消される可能性が出てきました。

突然変異率に影響を与える因子は、世代

の長さや変異源への暴露率などで、これらの変化が影響を及ぼす範囲はゲノム全体にわたります。これに対して、機能的な制約はタンパク質に働き、それに関連する遺伝子個別に働きます。このことに注意すると、複数の遺伝子系統樹の個別性を排除した共通項として突然変異の変動を抽出することができるでしょう。残りは遺伝子にかかる機能的な制約の揺れとみなすことができます。

分子系統樹の枝の長さは分子進化速度 r とその枝の経過時間 t の積で表現されます。分子進化速度は突然変異率と中立な変異の割合の積でしたから、結局枝の長さ b は

$$b = r \times t = (v \times t) \times p$$

となります。突然変異率も時間も、一般には枝ごとに異なりますが、遺伝子間では共通とみなすことができます。他方、中立な変異の割合と関係する機能的な制約の強さは、枝ごとに異なるとともに遺伝子間でも異なります。多遺伝子系統樹の枝の長さを枝効果（$v \times t$）、遺伝子効果（p の枝間の平均）に分解すると、それでは説明できない遺伝子×枝交互作用は、遺伝子特有の機能的な制約の強さの揺れを基準化して表現していることになります。推論の形式は二元配置の分散分析と捉えることができるでしょう。ただし各要因は、和ではなく、積の形で効いてきます。

もともと枝の長さは進化的イベントの起きた回数の推定値であることを思い起こせば、自然な統計モデルとしてポアソン回帰モデルが浮かび上がります。しかもそれは従属変数の期待値を対数変換したものを説明変数で表現するので、枝と遺伝子のダミー変数を用いて積型二元配置分散分析を実現できるのです。枝の長さは進化イベントの回数をサイト当たりの率で表現するため、遺伝子配

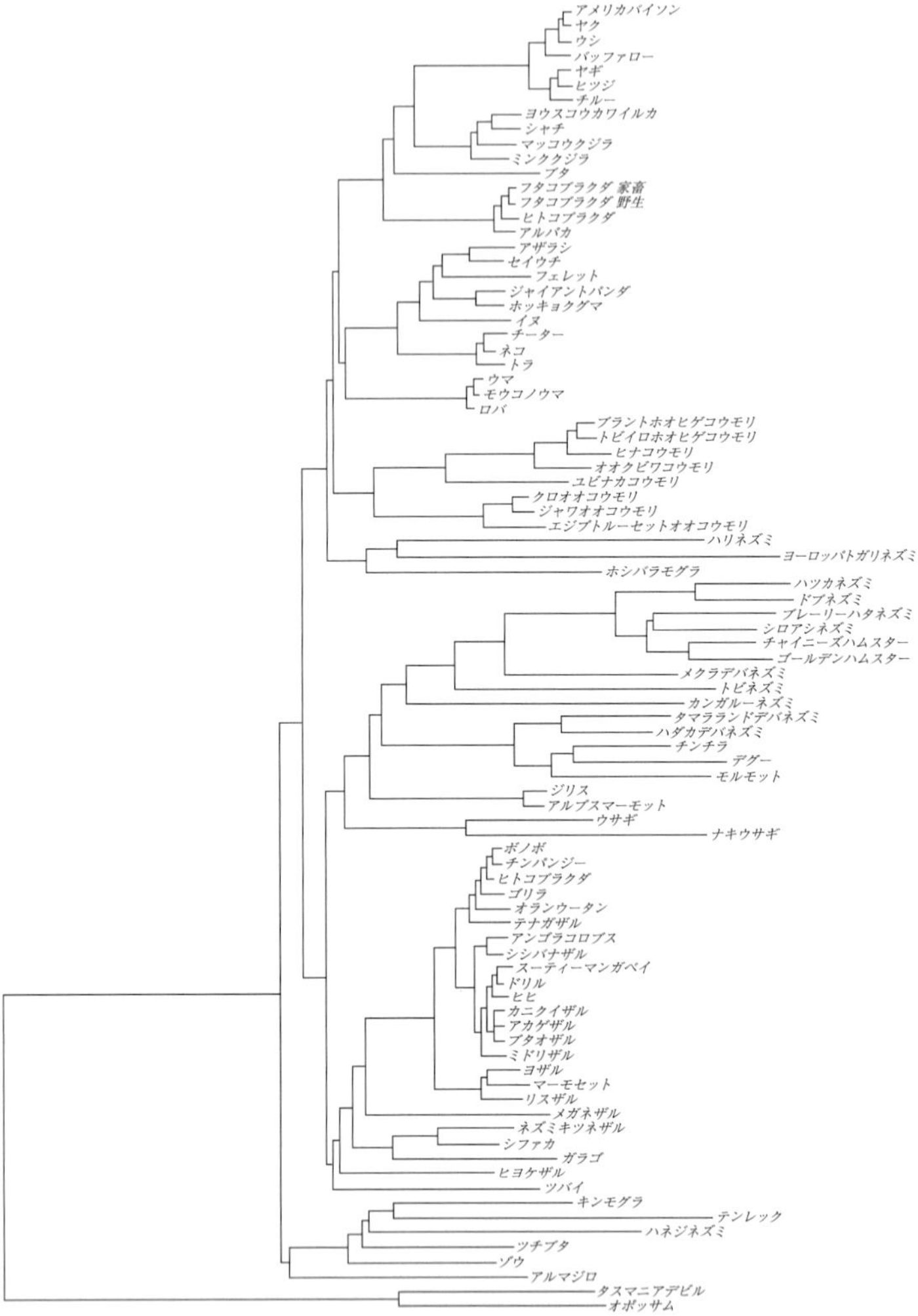

図 9-7　1185 の遺伝子系統樹の枝効果を表現する系統樹

列の長さを乗じて回数そのものを従属変数として採用します。実際には回数の推定値なので、13.745などという半端な数ですが、ポアソン回帰モデルによる最尤推定の要となる尤度関数は、自然な形でそのまま非負の実数値に対して定義されます。

ここで取り上げている哺乳類89種は、ゲノムデータが公開されています。それぞれ2万を超える遺伝子を持っていますが、そのうち89種すべてが共有し、かつ哺乳類がそれぞれの系統に分かれてから遺伝子重複を起こしていない、1185個の遺伝子を分析の対象としました。遺伝子重複があると、分子系統樹の扱いが極めて難しくなるため、今回は分析から除外しました。全体からすると、20分の1程度の遺伝子しか調べていないことになりますが、機能的な制約は遺伝子単体に働くというよりも、その機能に関連する遺伝子全体に働いているでしょう。その意味では、そうした遺伝子の集合からサンプリングして分析の対象とするものを抽出した、と見ることができるのです。

図9-7は、枝効果を枝の長さに持つ系統樹です。齧歯類の系統で枝が長くなっています。枝効果は突然変異率と時間の積を表現していますが、時間は他の系統と共通しているので、突然変異率がこの系統で上昇していることになります。一方、ミトコンドリアの系統樹では霊長類の系統でも分子進化速度が上がっていました。枝効果の系統樹からはこうした傾向は伺われません。機能的な制約の変化の影響を除外することにより、突然変異率の変化を明瞭にくくり出しているのです。

遺伝子×枝交互作用への lasso ロジスティック回帰で生活史の進化を推測

多遺伝子系統樹の分散分析から得られた遺伝子と枝の交互作用は、突然変異に対する許容性の枝間の変動のうち、遺伝子固有のものを抽出したものと解釈されました。したがっていま、ある遺伝子について、種の持つ生活史の様式と対応する枝における交互作用の値の間に相関関係が認められれば、生活史の様式が変わると、その遺伝子にかかる機能的な制約の強さが連動して変わっていることが示唆されます。因果関係の向きは不明ですが、この遺伝子が生活史の様式を決める因子と関わっていると思われます。

そこで、生活史の様式を従属変数、遺伝子と枝との交互作用を説明変数として、回帰分析をします。ただし、寿命のような形質は量的に扱い、重回帰分析を行えます、生活史を形作る諸要素の多くは、たとえば社会性については群れを作るか否か、と2値で表現されます。そうした場合は、ロジスティック回帰を行います。ただし、標本サイズが89種であるのに対して、候補となる説明変数の数は1185遺伝子もあり、最尤推定を行っても推定値が一通りに定まらない、という非識別性の問題に阻まれます。そこで、回帰係数の大きさに対してペナルティをつけたlassoロジスティック回帰を行います。このペナルティにより、有意性の低い説明変数はそぎ落とされ、確かな関連が示唆されるもののみが選択されます。

図9－8は lasso ロジスティック回帰があぶり出した遺伝子と、その回帰係数を示しています。

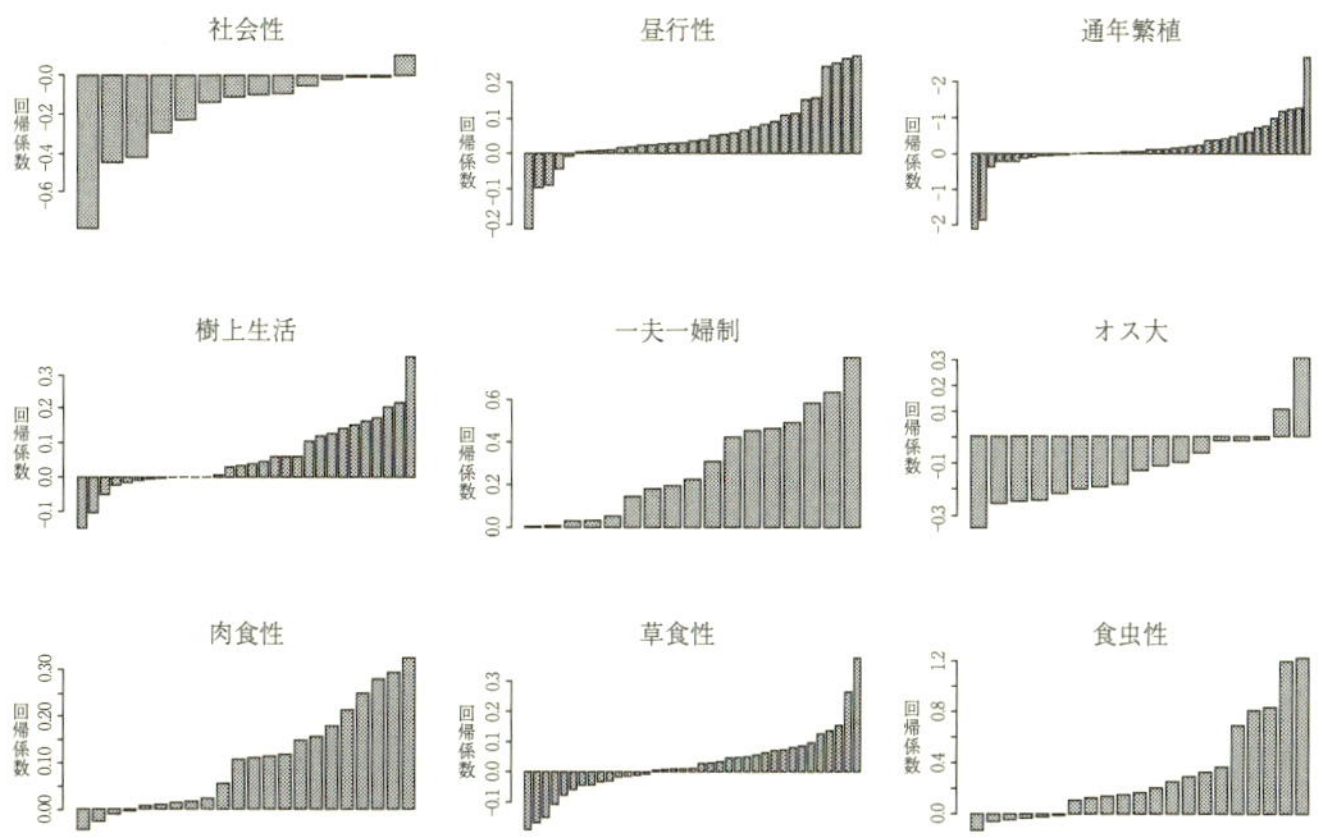

図 9-8　生活史を形作る諸要素の遺伝子×枝交互作用への Lasso ロジスティック回帰。選択された遺伝子と回帰係数

見やすくするために、回帰係数が小さいものから順番に、選択された遺伝子を並べています。

群れをつくる行動（社会性）は関連する遺伝子の回帰係数が押しなべて負の値となっています。これは機能的な制約を強めていることを意味します。逆に一夫一婦制は関連する遺伝子の機能的な制約を弱めています。確かに一夫一婦制は、カップルを作るまでは競争しますが、その後は生涯安定した生活を送ります。通年繁殖については機能的な制約が弱まる遺伝子と強まる遺伝子が相半ばします。さらに、たとえば社会性に関連するものにはＰＲＩＣＫＬＥ１、ＰＨＦ６、ＣＰＥＢ４、ＲＮＦ19Ａなど、脳および神経系に関与する遺伝子が、繁殖行動における季節性に関連するものには、ＡＣＴＲ８やＩＮＯ80Ｄなど減数分裂、ＥＡＨ１など胚性幹細胞の可塑性およびＳＴＡＲなど性ホルモン合成に関与する遺伝子が、昼行性・夜行性には聴覚（ＤＦＮＢ59）、嗅覚（ＣＮＧＡ４）、触覚（ＧＬＲＢ）に関与する遺伝子が含まれています。

得られた回帰式を用いて、遺伝子と枝の交互作用の情報を下に、過去における生活史の様式を推定することができます。ある種の生活史の情報を抜いてこれを当てるクロスバリデーションにより、生活史の二通りのやり方の復元能力を比較することができます。ほぼすべての様式について、最小進化の規準に頼らず分子進化速度の情報のみで復元する方法は、逆に最小進化の規準のみを頼りにする方法と比べ、復元能力が同等か勝っていることが示されました。夜行性・昼行性についてはいずれの方法も高い復元能力を持ちますが、社会性、繁殖の季節性、交配様式、食虫性については、分子進化速度の情報の利用が祖先の状態の復元に本質的に貢献していることが確認されました。

図９‐９は、食虫性について祖先形質を復元したものです。丸の大きさは食虫性であることの事後確率を表しています。Ｋ‐Pg境界以前はほとんどが食虫性であったものが、この境界を境に、大部分の系統で食虫性から解き放たれ、肉食、草食、雑食へと食性を転換したことが推察されます。Ｋ‐Pg境界以前にも非食虫性が多くを占めていたと推定した図９‐２とは異なり、化石から得られる情報とも合致し、生物学的な解釈も妥当なものが得られています。

生活史の諸様式の復元結果を総合すると、胎盤哺乳動物の共通祖先は群れを作らず、繁殖に季節性があり、昆虫を捕食し、夜行性であったことが示唆されました。群れを作るよう進化した系統では、脳および神経系に関与する遺伝子への機能的な制約が強まりました（図９‐８）。通年繁殖するよう進化した系統では、減数分裂に関係する遺伝子への機能的な制約が強まり、性ホルモンの生合成に関係する遺伝子への機能的な制約が弱まりました。また、夜行性から昼行性に変わると、聴

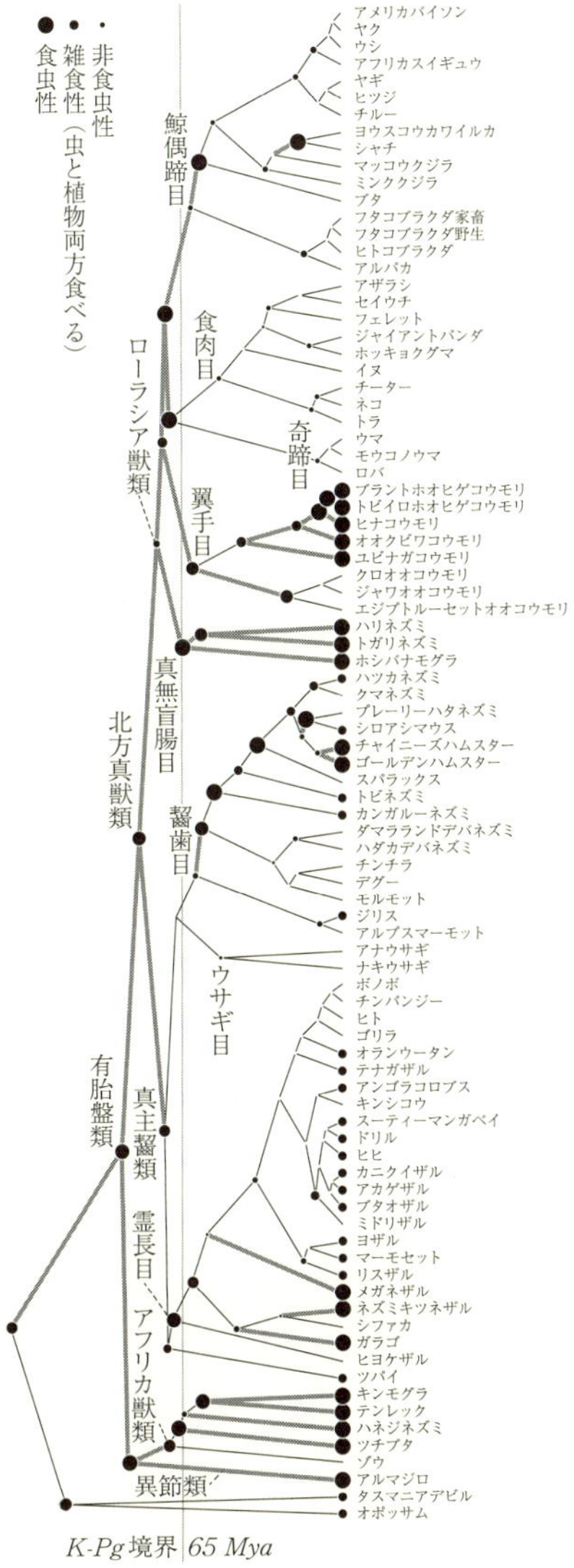

図 9-9　遺伝子×枝交互作用を利用して得られた祖先における食虫性の事後確率

覚や嗅覚、触覚に関わる遺伝子への機能的な制約が弱まりました。

現在は霊長目、奇蹄目、食肉目、鯨偶蹄目の多くが昼行性ですが、それらの祖先を辿ると、K－Pg境界以降も夜行性を長く保っていたことが示唆されました。6500万年前のK－Pg境界以降次第に地球も温まり、哺乳類が適応放散しましたが、ここでの結果はそのとき昼行性のものが出現したことは否定しません。ただし、絶えることなく現在まで生き延びた系統は、最近まで夜行性であったことを示唆しています。およそ4000万年前に1000万年にわたり寒冷期が続いた時期があり、ひょっとすると、その時すでに昼行性であったものは極寒に耐えられなかったのかもしれません。

統計的モデリング：解釈のプロセス

ここまで、ゲノムが変化していく様を捉える分子系統樹を通して、生活史などの表現型の種間での違いを遺伝子の種間での違いに結びつける試みを紹介してきました。その流れを振り返ってみると、生活史の多様性を祖先から進化してきた歴史まで掘り下げて理解することが目標でした。ところが、表現型はしばしば環境に適応して収斂進化するため、最小進化の規準により進化の歴史を推論することには限界がある、という認識が底流に流れていました。そこで、質・量ともに急速にデータが充実してきている遺伝子配列を表現型に関連付け、これを生活史の歴史の復元に利用するという構想が生まれました。ただし、種間の遺伝的違いの大きさは種内の遺伝的多型に比べ数桁も大きく、遺伝子配列そのままの形では表現型と関連付けることは期待が持てないという認識がありました。

分子進化の中立説は、分子系統樹が内包する分子進化速度の情報が、突然変異率と中立な変異の割合の積で表現されることを説いていました。そして当初より、複数の遺伝子系統樹を比較分析すれば、分子進化速度の揺れの要因を識別できるという認識が著者らにはありました。恐らく多くの分子進化学者が、あえて意識するかしないかは別にして、こうした感覚を持っていたでしょう。けれども、これをデータ解析に結びつけてモデル化する強いモチベーションを持つには、哺乳類の多くの種でゲノムのデータが公開されるまで待つ必要があったのです。たまたま時機を得て、それまで漠然と思い描いていたものを統計モデルの形で具体化したのですが、データが充実するにつれ、これからさらにモデルも分析の方法も磨きがかかってくるでしょう。

統計的モデリングは、私たちが当面する問題に対してその時点で理解していることを、データに照らし合わせる形で定式化するプロセスと見ることができます。問題に対する理解が深まると、統計的モデリングも深みを増していきます。と同時に、その歩みはこの問題に答える情報を内包するデータの質と量に少なからず規定され、その成長がモデリングの進化を促します。ただし、データが急速に巨大化し、複雑化している現在では、モデルはあくまでもデータを一次近似で説明するものであるということを、充分に念頭に置く必要があります。推定量の確率的な不確実性は微小になるため、不完全な推論を確実なものとして受け入れてしまう危険性があるのです。こうしたことから、しばしば、データをさまざまな側面から一次加工して要約し、これらの特徴量に基づき第2段の分析を行います。今の例では、遺伝子配列から分子系統樹を作成し、その枝の長さのセットを特徴量として、統計的にモデリングしました。情報の原石をそのまま鵜呑みにするのではなく、統計モデルという言葉を通してこれを理解し、私たちの教養を高め、智の歓喜に結び付けることが求められてくるのかもしれません。

第10章　学力調査における項目反応理論の利用

みなさんは、「学力」と聞いて、何を思い浮かべますか。学校の勉強で身につけるもの、学んだことを利用して何かができること、勉強ができることといった「学力そのもの」を想像した方もいらっしゃるでしょう。また、学校で受けた期末試験、高校や大学に入るために受けた入学試験など「学力を測る」ことに思いをはせた方もいるのではないでしょうか。楽しい気持ちになるか、嫌なものと感じるかは人それぞれですが、ここでは、学力そのものではなく、学力を測ること、とりわけ筆者である私たちが関わってきた学力調査を通して、能力を測る方法を説明していきたいと思います。ここで学力を能力に言い換えたのは、章のタイトルにもなっている「項目反応理論（Item Response Theory）」が、何らかの能力（学力もその一つと考えることができるかもしれません）を測るときに使われる統計手法だからです。学力調査は、国や地域の児童・生徒全体の学力を測るために行われるものですが、項目反応理論自体は、試験や検査といった個人の能力を測るときにも、学力調査で集団の特性を測るときにも使われています。項目反応理論という言葉を聞いたことがない方、聞いたことはあるが、それが一体何を意味し、何の役に立っているのかわからない方は、ぜひ本章を読んでみてください。学力と聞いて嫌気がさした方も安心してください。怖いことなど何一つ書かれていませんから。

この章では、初めに二つの学力調査を比較します。両者の違いを通して、項目反応理論で何ができるのか、イメージを持っていただけるはずです。次に、項目反応理論とは何を意味し、調査を受ける生徒の能力と調査で使われている問題とをどのように捉えているのかを説明します。本章では、項目反応理論の中でも最も単純な「ラッシュモデル」を紹介します。これはわかりやすいというだけでなく、後ほど紹介しますが、実際の学力調査でも使われているものです。そして、項目反応理論で生徒の能力を表す得点をどのように求めているのか、能力の得点化の前提となっている調査問題の難易度をどのように求めているのかを解説します。実際に使われている方法を正確に理解するには複雑な数式が必要ですが、ここではその計算方法の仕組みだけを取り上げます。また、複数の調査間で得点の比較を可能にする「等化」のやり方についても簡単に述べます。最後に、学力調査で項目反応理論を用いる際の利点や制約を整理します。

二種類の学力調査

日本も参加している国際的な学力調査、たとえばＯＥＣＤ（経済協力開発機構）が行っている生徒の学習到達度調査（Programme for International Student Assessment, 略してＰＩＳＡ調査と呼ばれ

表10-1　全国学力・学習状況調査（中学3年生、数学B）の結果（国立教育政策研究所、2009, 2012）.

	2009年調査	2012年調査
平均正答数／設問数	8.6問／15問	7.7問／15問
平均正答率	57.6%	51.1%

ています）では、生徒の能力を項目反応理論で得点化し、その値を用いて様々な分析がなされています。また一方で、日本で独自に行われている学力調査、たとえば文部科学省が行っている「全国学力・学習状況調査」（小学6年生と中学3年生が対象）では、児童・生徒の能力を正答率（正答した問題数を出題した問題数で割った値）や正答数で表しており、項目反応理論は用いられていません。

このように、学力調査には、項目反応理論を用いているものと、用いていないものの二種類があります。まず項目反応理論を用いていない調査で、生徒の能力がどのように表されているのかを紹介します。例として、全国学力・学習状況調査の中から、中学3年生を対象にした数学B（数学Aは「知識」、数学Bは「活用」に関する問題からなります）の2009年調査と2012年調査の結果を表10－1に示します。なお、次に示すPISA調査と同じ調査年度を選んでいます。

全国学力・学習状況調査の報告書では、どの調査分野（科目）についても調査結果として平均正答数と平均正答率が示されています。今回取り上げた二つの調査年は、たまたま同じ設問数であったため、平均正答数が比較できるように見えるかもしれません。また設問数が異なっていても、その影響を受けない平均正答率で比較できると思う人もいるかもしれません。平均正答率に注目すると、2009年が「57・6％」であるのに対して、2012年は「51・1％」になっています。この結果から、日本の中学3年生について、数学Bの能力が2009

年から2012年にかけて下がっていると思うかもしれません。

ところが、全国学力・学習状況調査の平均正答数と平均正答率は、2009年調査と2012年調査で比較することはできません。何故ならば、全国学力・学習状況調査の問題は、調査後すべて公開されるため、2009年調査と2012年調査で使われた問題がまったく異なっているからです。「数学Bの能力が下がった」のかもしれませんし、たまたま「2012年調査に使われた問題が難しかった」のかもしれません。実のところ、平均正答数や平均正答率を使って生徒の能力の経年変化、つまり数学Bの能力が下がったのかどうかを見るには、2009年調査と2012年調査で全く同じ問題を出題しなければならないのです。同様に、問題の難易度（2012年調査に使われた問題が難しかったのか）を知りたいのであれば、別々の問題を同じ生徒に解いてもらわなければならないのです。当たり前のことですが、平均正答数や平均正答率は、調査を受けた生徒の能力にも左右されますし、出題された問題の難易度にも左右されます。先ほど、全く同じ問題を出題する必要があると言いましたが、問題が公開されるとあらかじめ対策することができるため、結果は良くなると予想されます。そのため、平均正答数や平均正答率で調査結果を比較するには、すべての問題を非公開にする必要があります。出題される問題の一部を変えたり、極端な話、一問でも問題が流出して対策が取られたりしたら、平均正答数と平均正答率による比較はできなくなってしまいます。

みなさんが受けてきた多くの試験も、正答数や正答率で能力を見る場合と同じように、二つの試験の結果を単純に比較することはできません。ある生徒が中学1年の時に受けた数学の期末試験と

表10-2 PISA調査（日本の高校1年生、数学的リテラシー）の結果（国立教育政策研究所、2013）

	2009年調査	2012年調査
平均得点	529	536

中学2年の同じ時期に受けた数学の期末試験の点数を比較して、後者の得点が低いからと言って、その生徒の能力、つまり学力が下がったといえるでしょうか。クラスでの順位は下がるかもしれませんが、その生徒個人については、中学1年の時よりも、中学2年の時の方が、知識も、できることも増えているのではないでしょうか。悩ましいのは、同じ生徒に同じ問題を出題すると、問題に慣れてしまうことは避けられません。集団の場合よりも、個人の学力を測る方が経年変化を見るのが難しいと言えます。

それでは、項目反応理論を用いている調査では、生徒の能力をどのように表しているのでしょうか。例として、OECDが行っているPISA調査の中から、数学的リテラシー（PISA調査の主要三分野の一つ、これ以外に読解力、科学的リテラシーがあります）の2009年調査と2012年調査における日本の結果を表10－2に示します。なお、PISA調査の調査対象は、日本では高校1年生で、二つの調査とも日本全国から無作為に選ばれた約7000人の生徒が参加しています。

PISA調査は3年に一度行われる学力の国際比較調査ですが、数学的リテラシーの場合、その得点はPISA2003年調査のOECD加盟国の平均得点が「500」、標準偏差が「100」になるように調整されており、国や地域間での比較ができるだけでなく、調査年度間の比較も可能になっています。2009年調査、2012年調査ともに日本の高校一年生の成績はOECD加盟国の平均（それぞれ

「496」と「494」）を上回っており、さらに2009年調査に対して2012年調査の得点が7点高くなっています（国立教育政策研究所、2013）。

PISA調査の2012年調査では、数学的リテラシーに関する問題が85問使われましたが、2009年調査と共通しているのは36問です（国立教育政策研究所、2013）。一部の問題が共通しているとはいえ、2009年と2012年で全く同じ問題が出題されたわけではないのです。さらに言うと、全国学力・学習状況調査では、調査問題冊子は全生徒に一種類しか使われていませんが、PISA調査では、2012年調査で13種類の調査問題冊子が使われ（一部、共通の問題が含まれます）、生徒はその中の一つに解答しています（国立教育政策研究所、2013）。つまり、同じ問題が出題されていない生徒の間で比較可能な得点が計算されているのです。

項目反応理論を用いた学力調査では、別の問題を解いた生徒同士でも比較可能な得点を付けることができます。ある特定の時点の生徒の能力を基準として定めれば（PISA調査の数学的リテラシーではPISA2003年調査のOECD加盟国）、その後は、調査を受けた生徒にも、出題した問題にも左右されない得点が計算可能になるのです。

項目反応理論を用いていない学力調査やみなさんがこれまで受けてきた試験と比べて、まるで夢のような話に思えたり、そんな都合のいいことがあるものかと疑ったりされる方もいるかもしれません。では、どのようにして項目反応理論は生徒の能力を得点化しているのでしょうか。

◎ラッシュモデル

$$\text{問題に正答する確率}=\frac{e^{(\text{生徒の能力}-\text{問題の難易度})}}{1+e^{(\text{生徒の能力}-\text{問題の難易度})}}$$

・ラッシュモデルで問題の難易度が「0」の場合

$$\text{問題に正答する確率}=\frac{e^{(\text{生徒の能力}-0)}}{1+e^{(\text{生徒の能力}-0)}}=\frac{e^{(\text{生徒の能力})}}{1+e^{(\text{生徒の能力})}}$$

・問題の難易度と生徒の能力の両方が「0」の場合

$$\text{問題に正答する確率}=\frac{e^{0}}{1+e^{0}}=\frac{1}{1+1}=0.5$$

図 10-1　項目反応理論の式（ラッシュモデル）

項目反応理論とは何か

学力調査の文脈に沿って述べると、項目反応理論は、ある問題（これを項目と呼びます）に正答するのか、誤答するのか（これを反応と呼んでいます）、その確率を「生徒の能力」の関数として表すことと定義できます。本章では極力、数式を使わない説明を行いますが、図10－1の項目反応理論の式、「ラッシュモデル」だけは説明させてください（OECD, 2009）。ラッシュモデルは問題の特徴を問題の難易度だけで捉える項目反応理論であり、ＰＩＳＡ調査が始まってからＰＩＳＡ２０１２年調査まで使われていたものです。ＰＩＳＡ２０１５年調査からは、このラッシュモデルと、もう少し複雑なモデルとのハイブリッドモデルが使われています（OECD, 2017）。問題の特徴を難易度だけでなく、他の要素も加えて捉えたり、反応が正答、誤答の二つだけでなかったりするよう複雑な項目反応理論については、村木（2011）などで紹介されておりますので、そちらをご覧ください。

図10－1の一番上の式が最も単純な項目反応理論であるラッシ

ユモデルの式です。生徒がある問題に正答する確率を求めるのに、生徒の能力とその問題の難易度が使われています。能力が高いほど、難易度が低いほど値（正答する確率）は大きくなり、能力が低いほど、難易度が高いほど値（正答する確率）は小さくなります。その範囲は、マイナス無限大からプラス無限大まで取ることができます。式の中に見慣れない文字「e」がありますが、これは「自然対数の底」と呼ばれる「2.71828...」という値であり、計算の都合上あるだけなので、特に気にしないでください。生徒の能力を示す値から問題の難易度を示す値を引き、その値の回数だけeを掛け合わせ（eのべき乗）、それを使って問題に正答する確率が計算されています。

図10－1の二番目の式では、難しくもなく、やさしくもないという意味で難易度が0の問題を例としてあげています。さらに、能力が高くもなく、低くもない、平均的な生徒の能力を0とした時、この生徒が難易度0の問題に正答する確率は、eの0乗が1であることから、図10－1の一番下の式にあるように0・5（50％の確率で正答）となります。

それでは、難易度が0の問題について、生徒の能力が様々であるとき、正答確率はどのようになっていくのでしょうか。図10－2は-4から4までの能力に対する正答確率の変化をグラフに表しています。生徒の能力が高くなるとともに、この問題に正答する確率は0％付近から高くなっていき、問題の難易度である0のところ、正答確率50％のところで最も急になり、その後、緩やかに正答確率100％付近に近づいていきます。項目反応理論では、「ある能力に達する者が正答する」とは考えず、「能力が高いほど正答する確率が高くなる」と考えます。正答確率50％に点線を引きましたが、難易度が0の問題に能力が0の生徒が正答する確率が50％であり、図10－1の式と結果が一致

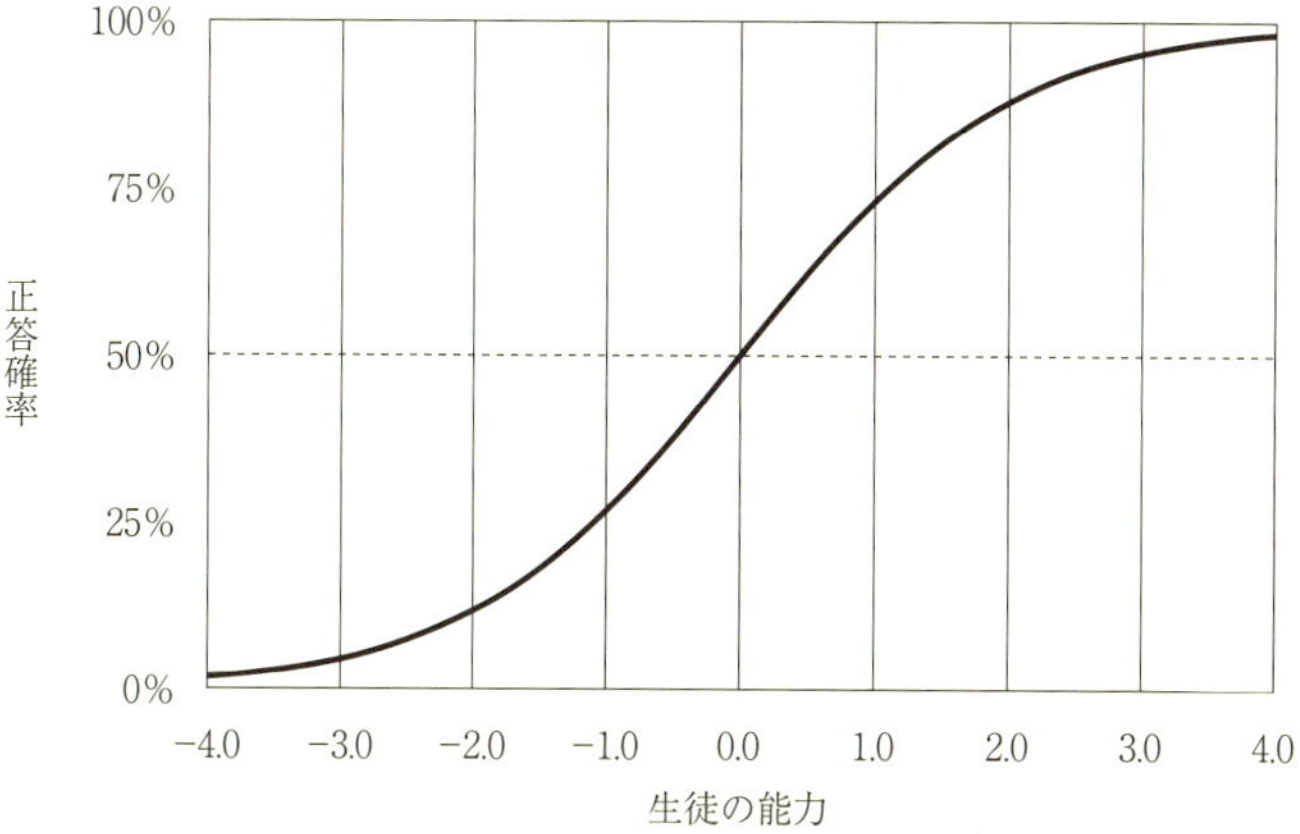

図 10-2　生徒の能力と正答確率（難易度「0」の問題）

しています。

ここで、生徒が難易度の異なる三つの問題に解答する場合を考えてみましょう。図10－3では、先ほどの難易度0の問題とともに、難易度が-1、1の問題も併せて、生徒の能力と正答確率の関係を表すグラフを示しています。

正答確率50%のところに注目すると、どの問題も生徒の能力が問題の難易度と一致するところで50%になっています。どのような問題でも、生徒の能力が問題の難易度と同じ時にeの0乗となり、正答する確率が50%になります。ここで、ある生徒が図10－3の三つの問題を解き、難易度が-1と0の問題に正答し、難易度1の問題に誤答したとします。この生徒の能力は、一体どのくらいになると推測できるでしょうか。難易度が-1と0の問題に正答したのですから、これらの問題の正答確率は50%を越えていると思われますし、難易度1の問題には誤答したのですから、この問題の正答確率は50%に満たないと考えるのが妥当でしょう。

つまり、図10－3の網掛け部分で示した能力の範囲（0から1）の間に、この生徒の能力を表す値が存在すると考えられます。

さらに問題を増やして、難易度がそれぞれ異なる五つの問題（それぞれの難易度が「−1、−0.5、0、0.5、1」）があり、ある生徒がこれらの問題に「正答、正答、正答、誤答、誤答」であったときはどうでしょうか。この五つの問題における生徒の能力と正答確率との関係を図10－4に示します。先ほどと同様、難易度が「−1、−0.5、0」の問題に正答したのですから、これらの問題の正答確率は50％を上回り、難易度「0.5、1」の問題には誤答したのですから、これらの問題の正答確率は50％を下回ると考えられます。つまり、図10－4の網掛け部分で示した能力の範囲（0から0.5）の中にこの生徒の能力を表す値が存在しそうです。問題を増やすことで、生徒の能力が存在しそうな範囲が狭まり、より正確に推定できるようになっています。

では、逆に問題を減らした場合はどうでしょうか。難易度が「0、0.5」の二つの問題があり、ある生徒がそれらに「正答、誤答」した場合を考えてみます。この二つの問題のグラフを図10－5に示します。

難易度が0の問題に正答したのですから、この問題の正答確率は50％を上回ると考えられますし、難易度が0.5の問題に誤答したのですから、この問題の正答確率は50％を下回ると思われます。つまり、図10－5の網掛け部分（0から0.5）にこの生徒の能力が存在しそうです。驚くべきことですが、この生徒の能力の推定結果は図10－4と同じです。その生徒の能力に適した、つまり生徒の能力に近い難易度の問題を出題すれば、問題数が少なくても、比較的正確に生徒の能力を推定できるので

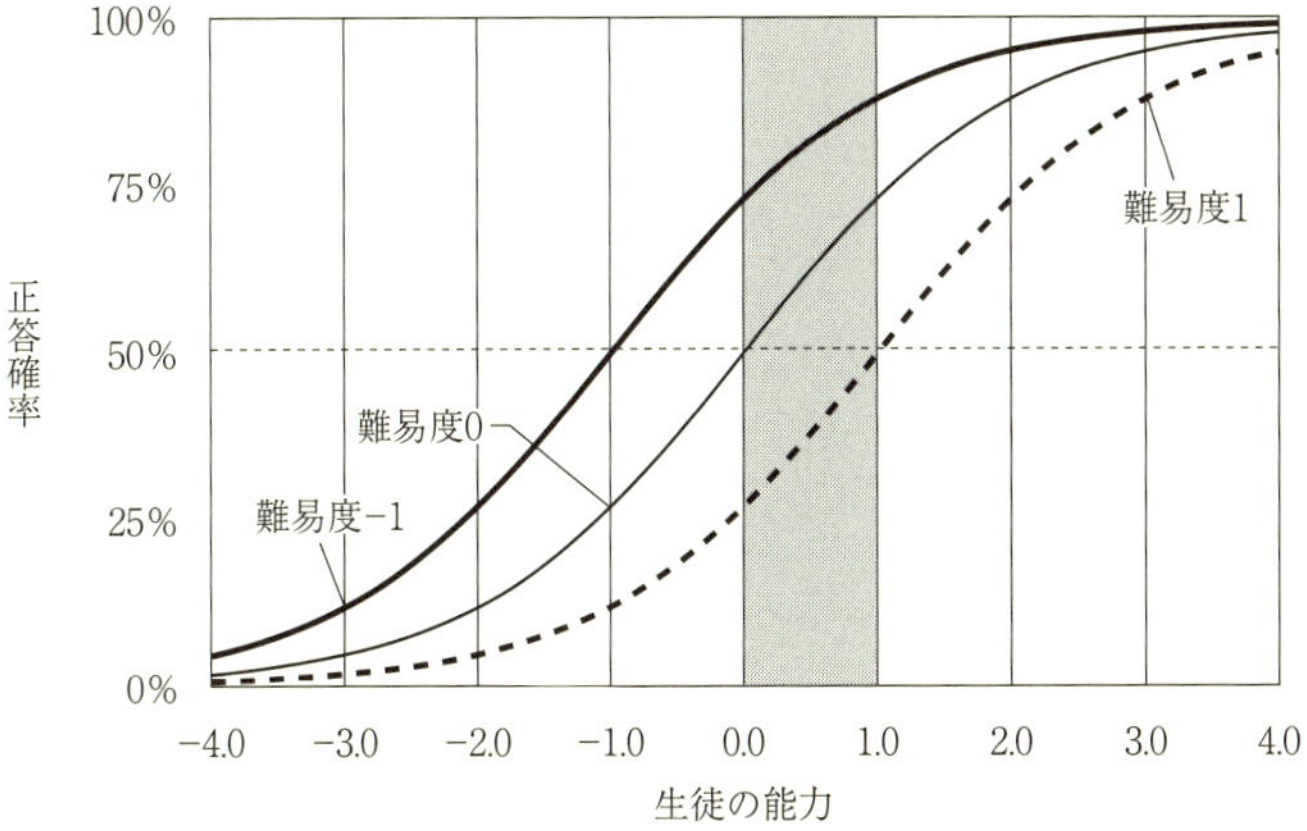

図 10-3　生徒の能力と正答確率（難易度「-1、0、1」の問題）

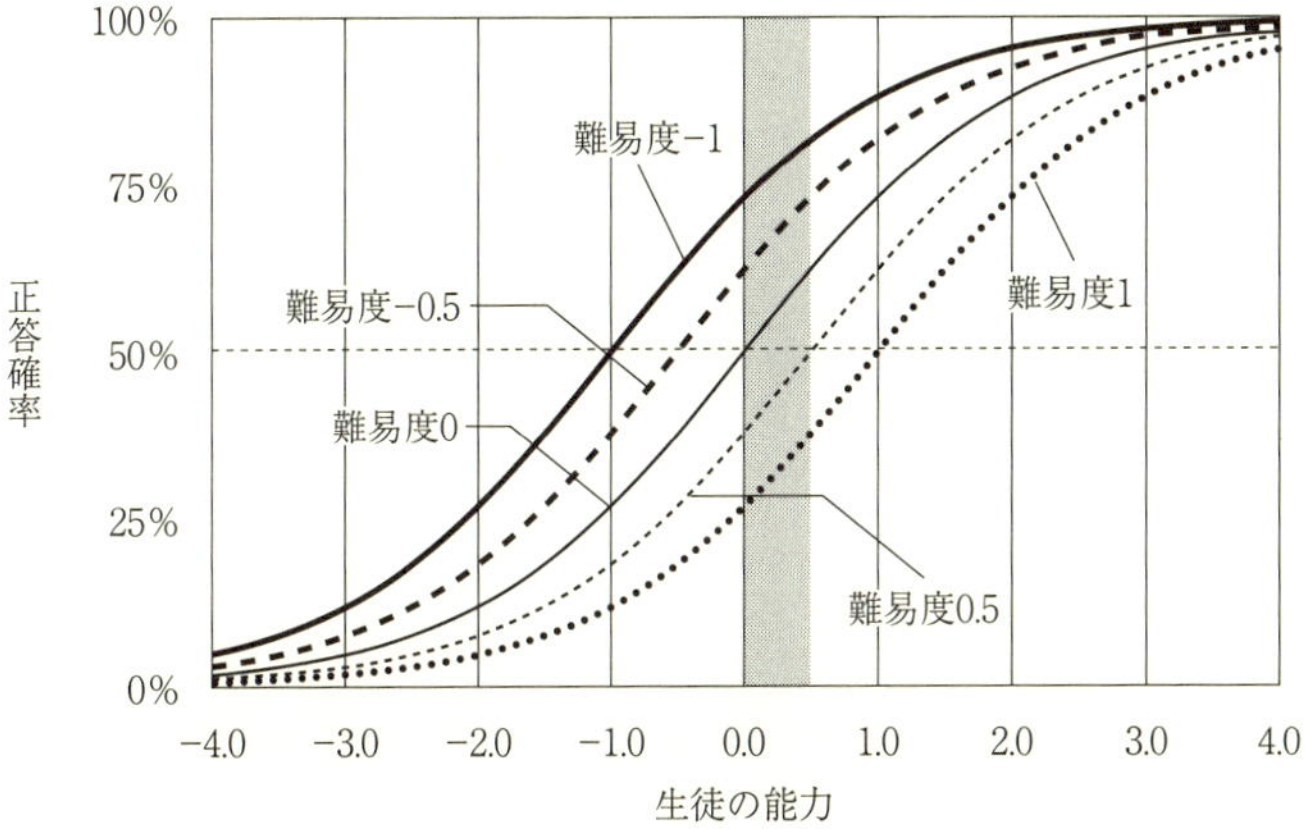

図 10-4　生徒の能力と正答確率（難易度「-1、-0.5、0、0.5、1」）

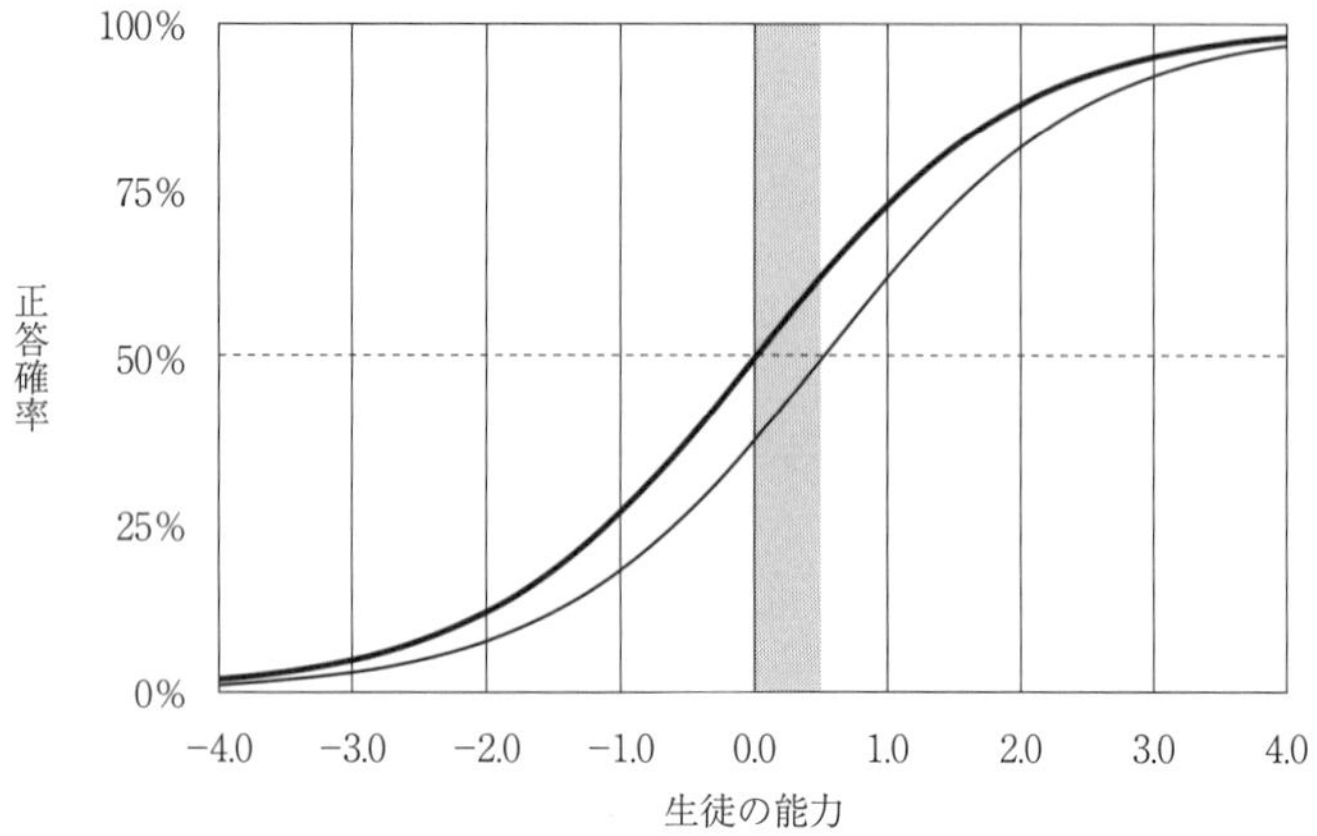

図 10-5　生徒の能力と正答確率（難易度「0、0.5」）

す。

学力調査では、様々な能力の生徒が調査に参加しますので、図10－5よりも図10－4の場合の方が、多くの生徒に対応できます。問題数は多い方が、難易度はバラバラな方が望ましいといえます。ですが個人の能力を測るとき、その生徒に問題を「合わせる」ことができれば、少ない問題数でより正確に能力を推定することができます。特にコンピュータ使用型のテストであれば、生徒の解答を自動採点しながら、出題する問題を生徒に合わせて変えることが可能です。このようなテストは「適応型テスト」と呼ばれています。

生徒の能力を求める

様々な問題数の場合を見てきましたが、項目反応理論を用いると、調査問題の難易度がわかっていれば、問題数が異なっても生徒の能力を推定できそうです。ただし、図10－3から図10－5で示したのは生徒の能

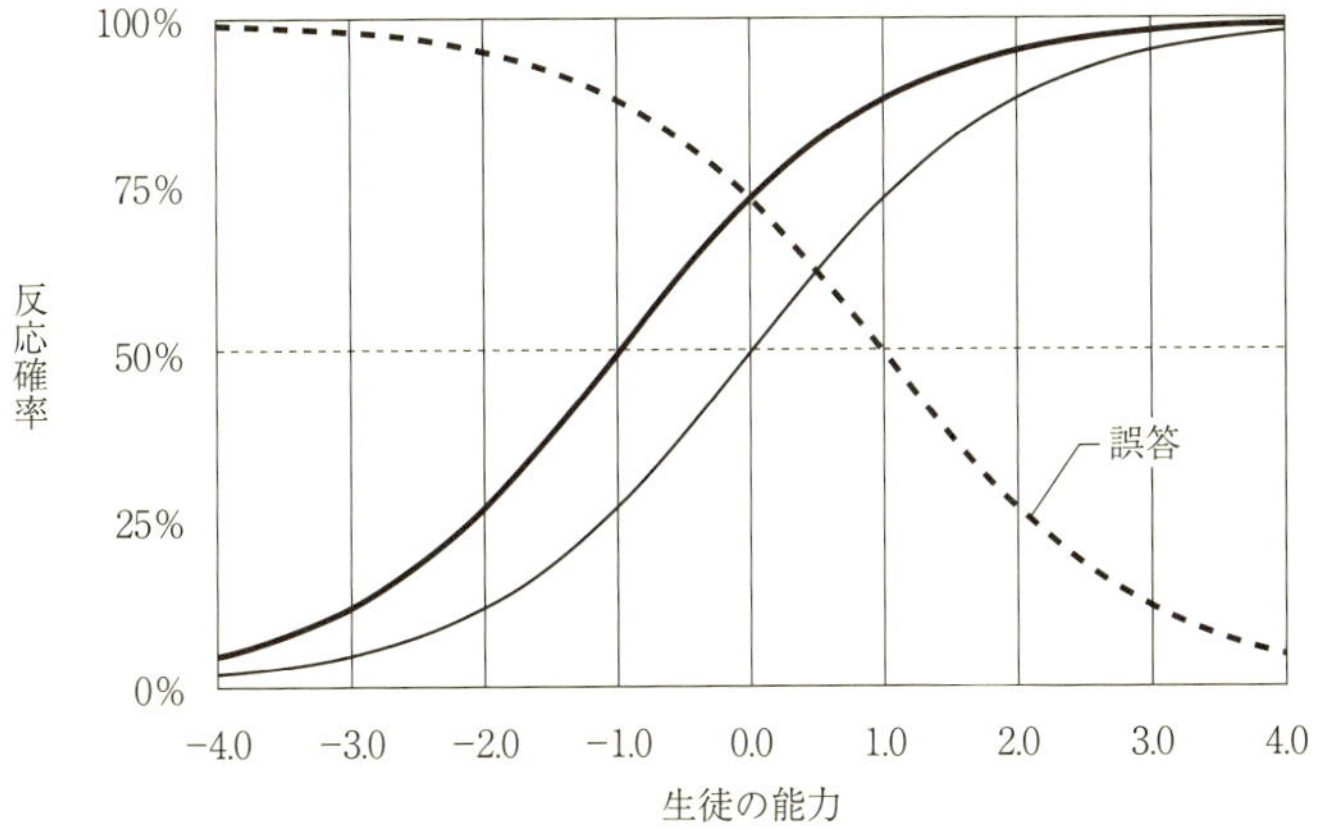

図 10-6　生徒の能力と反応確率（難易度「-1、0、1」に「正答、正答、誤答」）

力がそこにあると推定される範囲でした。この節では、ＰＩＳＡ調査のように生徒の能力を特定の値に決める方法を説明します。

図10－３では、難易度が-1と０の問題に正答し、１の問題に誤答した生徒の能力が０から１の範囲に存在すると述べました。では項目反応理論は、この生徒の能力を何点と表すのでしょうか。これまでは正答確率のみに注目してきましたが、今度は正答、誤答という反応が現れる確率を考えてみたいと思います。図10－６は、難易度が「-1、０、１」の三つの問題にそれぞれ「正答、正答、誤答」という反応が現れる確率（反応確率）を表しています。誤答確率は、１から正答確率を引いた値であり、反応確率50％の点線に対して上下が入れ替わっています。

生徒の能力が０の場合に注目すると、難易度-1の問題に正答である反応確率は０・７３１１であり、難易度０の問題に正答である反応確率は０・５、難易度１の問題に誤答である反応確率は０・７３１１です。そ

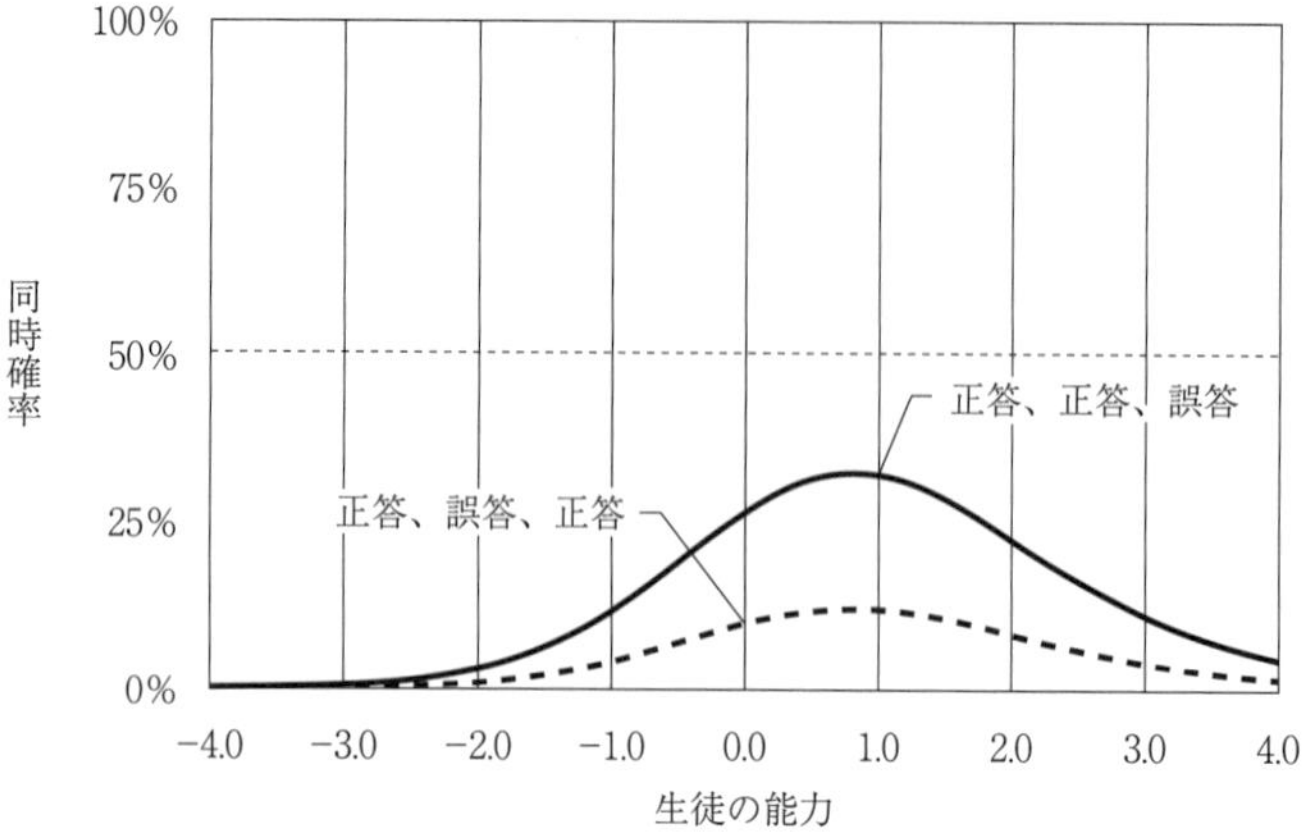

図10-7　同時確率（「正答、正答、誤答」と「正答、誤答、正答」）

して、これらの反応（正答、正答、誤答）が能力0の生徒で同時に起こる確率は、三つの反応確率を掛け合わせれば求めることができ、その値は0・2672（27%）です。生徒の能力が1の場合は、これらの反応が同時に起こる確率は0・3220（32%）で、生徒の能力が0の場合よりも、これらの反応が起こる可能性が高いことがわかります。

難易度が「-1、0、1」の三つの問題にそれぞれ「正答、正答、誤答」という反応が同時に起こる確率（同時確率）は、図10-7の実線（━）のように示すことができます。ここでは、同じ問題群に対して「正答、誤答、正答」の反応を示した場合も併せて点線（┇）で示します。

同時確率の値は、生徒の能力ごとに反応（図10-7では「正答、正答、誤答」や「正答、誤答、正答」）が現れる可能性を表しており、生徒の能力それぞれの「尤《もっと》もらしさの度合い」を示す指標でもあるため、尤《ゆう》度《ど》と呼ばれています。項目反応理論では、同時確率が最も高い時の「生徒の能力」を最尤値《さいゆうち》（最も尤もらしくなる値）とし、それを生徒の能力の推定値と考えます。この方法は「最尤推定法」と呼ばれています。図10－7の場合、同時確率（尤度）が最も高くなる時（33％の時）の生徒の能力の値は0・8029であり、これが最尤推定法における生徒の能力の推定値となります。

図10－3から図10－6までの説明では、難易度の低い問題に正答し、難易度の高い問題に誤答する場合のみを扱ってきました。しかし、もうお気づきの方もいらっしゃるかもしれませんが、項目反応理論では能力が高いほど正答する確率が高くなると考えますので、可能性は低いとはいえ、難易度の低い問題に誤答し、難易度の高い問題に正答する場合もあり得えます。今まで説明を簡単にするためにあえて黙っていました。図10－7の点線で示したように、難易度が「-1、0、1」の三つの問題にそれぞれ「正答、誤答、正答」という反応を示した生徒の同時確率（尤度）も求めることができ、この場合も、同時確率（尤度）が最も高くなる「生徒の能力」の値が生徒の能力を示す得点とされます。実は、この値も先ほどの場合と同様、0・8029となっています。ここで使用している項目反応理論（ラッシュモデル）では、同じ問題群に対して正答数が同じであれば、能力の推定値が等しくなります。ただし、このことは全ての項目反応理論に共通する特徴ではありません。ラッシュモデル以外の項目反応理論では、同じ問題群に対して正答数が同じであっても、図10－7のように解答のパターンが異なれば、生徒の能力の推定値も異なってきます。

この他、今まで扱ってこなかった事例として、難易度が「-1、0、1」の三つの問題にすべて正答したり、すべて誤答したりする場合があります。これらの反応における同時確率（尤度）を図

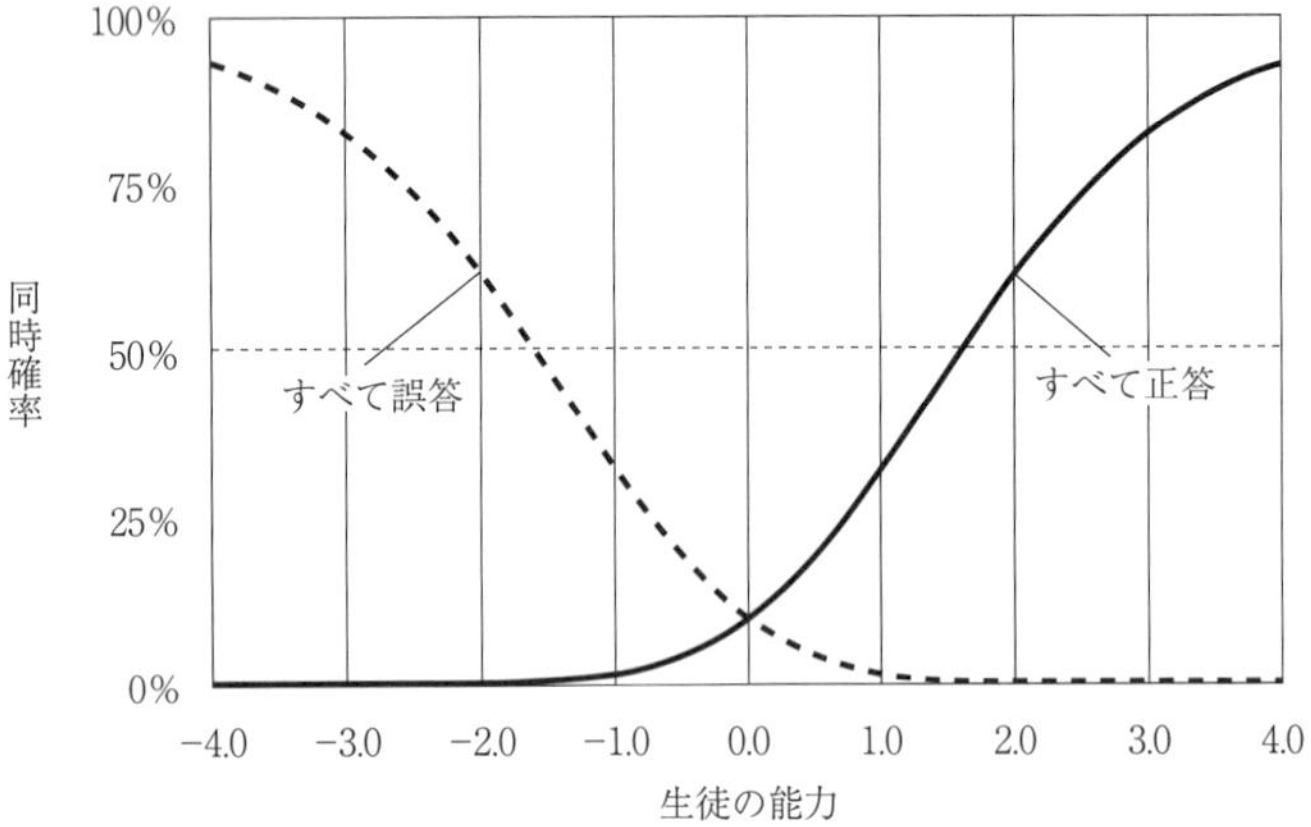

図10-8　同時確率（「すべて正答」と「すべて誤答」）

10－8に示します。すべての問題に正答した場合、生徒の能力が高くなるほど同時確率（尤度）も高くなるため、それが最も高くなる能力を特定することができません。同様に、すべての問題に誤答した場合、生徒の能力が低くなるほど同時確率（尤度）が高くなるため、こちらもそれが最も高くなる能力を特定することができません。学校の試験であれば満点は望ましいことですし、資格試験や入学試験であれば満点の方は合格、0点の方は不合格にすればよいのですが、能力を測ることができないため、学力調査では望ましいことではありません。すでに述べましたが、学力調査では、様々な能力の生徒が調査に参加しますので、非常に難しい問題から誰でも解けそうな簡単な問題まで、様々な問題を含める必要があります。

本章では詳しく述べませんが、項目反応理論においても、生徒の能力を求める方法は、最尤推定法以外にも存在します。ＰＩＳＡ調査のような国際的な学力調査では、調査を受けた生徒一人に一つの得点を推定するのではなく、図10－7や図10－8で示した生徒の能力と同時確率（尤度）のグラフの形を反映させられるように、生徒一人に対して複数の得点を与える方法が取られています。これについては、OECD（2014）や袰岩・篠原・篠原（2019）に詳細な説明があります。

問題の難易度を求める

これまでは、問題の難易度がわかっていることを前提に、生徒の能力の測り方を説明してきました。では、そもそも問題の難易度自体はどのように決まってくるのでしょうか。ここでは三つの方法を紹介します。ただし実際に使われているのは、最後の方法です。

一つ目は、「生徒の能力と同時に問題の難易度を求める」方法です。学力調査を実施した後でわかっているのは、参加した生徒全員が解答した問題の反応（正答か誤答か）のみです。この時点では、生徒の能力も問題の難易度もわかっていません。そこで、この解答データを用いて、全生徒の全問題への反応が現れる同時確率（尤度）を最も高くする全「生徒の能力」と全「問題の難易度」を同時に推定するという方法がかつて使われました。この方法は「同時最尤推定法」と呼ばれています。急に難しい話をしてしまいますが、この方法では、同時確率（尤度）を求める関数を個々の生徒の能力、個々の問題の難易度で微分し、能力または難易度の平均を0とし（これがないと解が決まりません）、連立方程式を解くことで、同時確率が最大になる全「生徒の能力」と全「問題の難易度」を求めます。要するに、解かなければならない連立方程式の式と解が生徒数と問題数に比例して増大し、計算が膨大になるのです。通常の調査では生徒数が大きくなるほど推定する値の精度が高くなるのですが、この方法ではそれが計算の妨げになってしまうという欠点があったのです。そのため、現在の学力調査では使われていません。

二つ目の方法は、「生徒の能力をわかっていることにする」というものです。生徒の能力の分布をたとえば正規分布（能力の平均が0、標準偏差が1）であると仮定し、この仮定と生徒全員の全問題の反応（解答データ）を用いて、同時確率（尤度）が最も高くなる全「問題の難易度」を求めるという方法です。この方法は「周辺最尤推定法」と呼ばれています。これを用いると個々の生徒の能力を同時に推定する必要がなく、生徒が増えても計算量が増えないため、難易度の推定が楽になります。通常の調査のように生徒数を大きくすることで、問題の難易度の推定精度を高めることができるのです。ただし、一つ目の方法と同様、問題数が増えるほど計算が増大するため、こちらも使われていません。

そして三つ目は、生徒の能力をわかっていることにするだけでなく、「問題の難易度もわかっていることにする」という方法です。この方法は、二つの段階に分けて推定を行います。最初の段階では、適当な値（暫定値）を問題の難易度にします。たとえば、すべての問題の難易度を0とし、二つ目の周辺最尤推定法で用いた生徒の分布に基づいて、生徒の能力（実際は、各問題の正答数と誤答数の推定値を使うのですが、ここでは生徒の能力としておきます）の暫定的な推定値を求めます。この段階はEステップと呼ばれています。次の段階では、この生徒の能力の暫定値を使って、周辺最尤推定法で問題の難易度の暫定値を推定します。これはMステップと呼ばれています。そして、この問題の難易度の暫定値を使ってふたたび生徒の能力の暫定値を求め、この生徒の能力の暫定値を使って、新たに問題の難易度の暫定値を求めるといったことを繰り返していきます。ＥステップとＭステップを繰り返し、問題の難易度の暫定値に変化がほとんど見られなくなったとき、その暫定値を問題の難易度の推定値とします。このようなＥステップとＭステップを繰り返して推定を行う計算方法は、「ＥＭアルゴリズム」と呼ばれています。生徒数が増えても、問題数が増えても計算が容易なため、ＰＩＳＡ調査をはじめとする国際的な学力調査では、この三つ目の方法が使われています。

問題の難易度が決まれば、それと生徒の解答データを用いて、生徒の能力を推定できます。実際の計算過程や求め方については、袰岩・篠原・篠原（2019）や加藤・山田・川端（2014）をご覧ください。

得点の等化

ＰＩＳＡ調査の得点は、調査年度間の比較が可能であることをすでに紹介しました。ですが、もしＰＩＳＡ２００９年調査の解答データから問題の難易度と生徒の能力を求め、それとは無関係にＰＩＳＡ２０１２年調査の解答データで問題の難易度と生徒の能力を求めたとしたら、それぞれの生徒の得点が平均０になる（もしくは問題の難易度が平均０になる）という前提で計算されるため、経年変化を捉えることができません。項目反応理論を用いたとしても、二つの調査を行うだけでは、別々の基準に基づく、比較できない得点が計算されてしまうのです。二つの調査の得点を比較可能にすることを「等化」と呼びますが、ここではＰＩＳＡ２０１２調査まで使われていた方法を紹介します。

等化を行うには、まず何を使って二つの調査を等化するのか、調査を始める前に決めておく必要があります。二つの調査で同じ生徒が含まれる場合や、同じ調査問題が含まれる場合、それらが両調査で同じ能力なり難易度を持っていると仮定して等化を行います。ＰＩＳＡ調査の場合、調査年ごとに違う生徒が参加しますので、等化は必然的に共通する調査問題を使うことになります。

二つの調査に共通した調査問題は、それぞれの調査ごとに異なる難易度を持ちますが、本来は同じ問題ですので「真の難易度」は同じだと考えます。そして、一方の調査で測られたある問題の難易度の値をもう一方の調査で測られた難易度の値に変換するのです。たとえば、最初の調査で難易度が1の問題があり、最新の調査で難易度が1.1になっていたとします。この問題の「真の難易度」が変わるとは考えられないため、最新の調査の難易度から「0.1」を引くことで、最初の調査の難易度と同じにすることができます。項目反応理論では、問題の難易度と生徒の能力は同じ尺度（図10－2以降で示した横軸の「生徒の能力」）上にあるため、最新の調査で出題された他の問題の難易度も、最新の調査に参加した生徒の得点も、そこから0.1を引くことで、最初の調査と同じ尺度に変換することができます。これが等化の基本的な考え方であり、この例で使った0.1は、「等化係数」と呼ばれます。

共通問題が一つの場合を示しましたが、一つでは誤差が大きくなるため、実際には二つの調査に共通する問題をすべて使い、最新の調査（等化で変換する方）で求めた難易度の平均から最初の調査（等化で基準になる方）で求めた難易度の平均を引くことで、等化係数を求めます。このたった一つの等化係数を使う非常に簡単な等化方法が利用できるのは、ラッシュモデルの場合だけです。もっと複雑な項目反応理論を使う場合は、このような方法を用いることはできません。ＰＩＳＡ２０１５年調査以降では、等化係数を使わない方法が用いられています。詳細については、袰岩・篠原・篠原（2019）をご覧ください。

項目反応理論の利点と制約

最後に、項目反応理論を使うことの利点とそれを使う上での制約について整理します。

項目反応理論を利用する上での最も大きな利点は、得点が生徒（生徒集団）や問題（問題群）に左右されないということです。出題された問題が全く同じでなくても、問題の一部が共通していれば、比較可能な得点を推定でき、生徒や集団の能力の変化を測ることができます。また、本章では取り上げませんでしたが、問題やテスト全体がどの程度能力を測れているのか、測定誤差がどれぐらいあるのかを見ることができます。図10－7で、「正答、正答、誤答」と「正答、誤答、正答」という反応の同時確率（尤度）を示しましたが、この分布の広がり具合が三つの問題で測られる生徒の能力の測定誤差となります。項目反応理論では誤差の情報などを利用することで、個々の調査問題やテスト全体が生徒に対して適切であったかどうかを評価することができます。このメリットは、学力調査だけでなく、入学試験や資格試験の分野でも利用できます。そして、調査を積み重ねていき、難易度が比較可能な尺度で測られた調査問題を蓄積することで、テスト自体の難易度を調整することが可能になります。図10−3、図10−4、図10−5を比較するとわかりますが、生徒の能力に合わせた調査問題を出題できれば、問題が少なくても、精度の高い測定が行えます。特にこの利点は、適応型テストの前提となっています。コンピュータを使って調査やテストを行う場合、生徒の項目反応（正答、誤答）に合わせて出題する問題を変えていくことが可能であり、このようなコンピュータ適応型テストを行えば、生徒の負担を減らしつつ、測定の精度を高めることができます。以上の利点は、適切に項目反応理論を使用した場合にのみもたらされます。そのため、項目反応理論を使う上での制約ないし前提条件を知っている必要があります。

項目反応理論を使う上での制約としてまずあげられるのは、「項目反応理論に関する知識が必要である」という点です。項目反応理論は本章で紹介したラッシュモデルだけでなく、様々な種類のものがあり、しかも新しい理論や方法が今も研究され続けています。ＰＩＳＡ調査がＰＩＳＡ２０１５年調査でラッシュモデルからハイブリッドモデルに変わったことを述べましたが、項目反応理論ではこれを使えば大丈夫という定番の方法が決まっていません。また、知れば知るほど、使う項目反応理論によって結果が若干異なってくるため、そこに恣意性を感じる方もいらっしゃるでしょう。図10−8で取り上げた全問正答や全問誤答の場合も、処理方法によって得点が変わってきますし、それに近い極端な反応の場合は推定値の誤差が大きくなります。このことを知って不安に思う方もいらっしゃるかもしれませんが、正答数や正答率を使う方法では、ただ誤差に目をつぶっているに過ぎないことも指摘しておきます。

さらに重要な制約として、「項目反応理論に合わせた問題作成が必要である」ということがあげられます。図10‐6に示した個々の調査問題の反応確率を掛け合わせて図10‐7の同時確率（尤度）を求めましたが、これが可能なのは個々の調査問題が影響し合わない場合だけです。学校などで受ける試験問題では、前の問題に正答することが後の問題に答える前提条件となっていることがよくあります。これでは、前の問題の反応によって、後の問題の反応確率が変わってしまい、同時確率を求めることが難しくなります。項目反応理論を使うのであれば、前の問題が後ろの問題を解く条件になっていたり、後の問題が前の問題のヒントになったりすること、つまり能力とは関係なく問題同士が影響し合うことがないようにしなければなりません。この制約を意識して問題を作成する必要があるため、調査や試験の問題を作る前に、あらかじめ項目反応理論を用いるかどうかを決めておく必要があります。

そして、項目反応理論だけに関わることではないのですが、調査問題が測りたい能力を測れるものになっていることも重要です。当たり前のことに思えるかもしれませんが、測りたい能力によって正答になるのか、誤答になるのかが決まる調査問題を作らなければなりません。たとえば、国語力を測りたいのに、問題の文章が社会科や理科に近いものであれば、それらの教科の知識で答えが導き出せるかもしれません。数学の能力を測りたいのに、問題文が難しく、国語力がないと数学の能力を働かせるところまで行きつかないこともあります。測りたい能力以外のものに生徒の反応が左右されることは多分に起こり得るのです。ＰＩＳＡ調査などでは、実際の調査にいきなり新しい問題を出題することはせず、事前に予備調査を行って問題が適切であるのかを調べています。項目反応理論を用いると、調査問題の適切さを調べることが容易になりますので、この点は制約であるとともに、利点でもあると言えます。

本章では、学力調査で使われている項目反応理論を説明してきました。児童・生徒の学力を測りたい場合、つまり「問題に正答できるのは学力があるからだ」という前提を認める場合、項目反応理論は正答数や正答率を用いる方法よりも有用であり、合理的な方法だと言えます。逆に、学力というものがあるのではなく、個々の問題を解く固有の知識やスキルのみが存在するという立場、教科には様々な能力や多様な能力が必要であり、ある一つの能力のみが正答を導き出しているわけではないという立場に立つならば、項目反応理論を使うべきではないかもしれませんが、その場合は正答数や正答率も使うべきではないでしょう。何事もそうですが、項目反応理論も万能ではありません。ただ限界を知っていれば、それを道具として適切に利用できるのではないでしょうか。

能力を測ることを説明してきましたが、最後は「学力そのもの」を考える必要が出てきてしまいました。学力や能力というものは、直接見ることができないため、捉えどころのないもののように思えるかもしれません。項目反応理論を知ることを、学力や能力をどのように捉えるべきなのか、考えるきっかけにしていただけると幸いです。

第11章　新しいマーケティングのデータ科学

現代マーケティングの意思決定

サービス化する経済とビックデータの役割

米国の流通大手の「シアーズ」（正式名 Sears, Roebuck）はいち早くビッグデータの持つ価値を見出しました。マーケティングにおけるビッグデータを迅速にかつ低コストで解析する技術と手法を導入し、きめ細かな販促活動のタイムリーな実施により施策の正確性と質を向上させました。またインターネット書店アマゾンによる、似た嗜好を持つ顧客の購買履歴から書籍を推薦するリコメンデーション・システムはネットビジネスでのビッグデータ活用の先駆けといえます。またグーグルは、ネット上の人々の検索行動のビッグデータを分析し、インフルエンザの流行をリアルタイムで予測したことでも知られており、情報の量的側面のビッグデータ対応技術開発と応用による成功や価値創出の例です。

現代の社会では、機械や製品の中に高性能のコンピュータや情報発信装置が組み込まれ、モノ自体がネットワークにつながりＩｏＴ（Internet of Thing）社会を形成しています。今後はさらに身の回りのあらゆるモノ（機器）が情報ネットワークでつながり、それがビッグデータとして記録されていきます。その活用は、ビジネスの分野ばかりでなく、わたしたちの健康や安全、農業や食、わが国の課題である高齢社会のあり方をも変え、いわゆるSociety 5.0における超スマート社会の実現が期待されています。デジタルな電子的情報の量は、5年で10倍のペースで拡大が続いており、２０３０年までにはヨッタバイト（10^{24}バイト）スケールに達する見込みといわれています。その膨大な情報としてのビッグデータを有効活用して新たな知識の発見や新たなサービスの創造が求められています。

わが国は、これまで自動車をはじめとする「モノづくり」で世界をリードしてきました。日本を含む先進諸国の経済の産業構造は、モノづくりの第二次産業から「サービス」の第三次産業へシフトしています。実際、わが国では労働者の7割近くが第三次産業に就業し、その生産高もＧＤＰの7割近くを占め、「経済のサービス化」が進んでいます。サービスはモノ以外の「財」であり、たとえば、小売・流通業、観光業、美容院など民間によるサービスに加えて、病院や役所などの業務サービスも含まれます。

これらに共通するのはビッグデータと呼ばれるデータの活用です。企業での業務のほとんどは電子化されて高速に伝達して蓄積され、これがビッグデータを生み出しています。たとえば、消費者

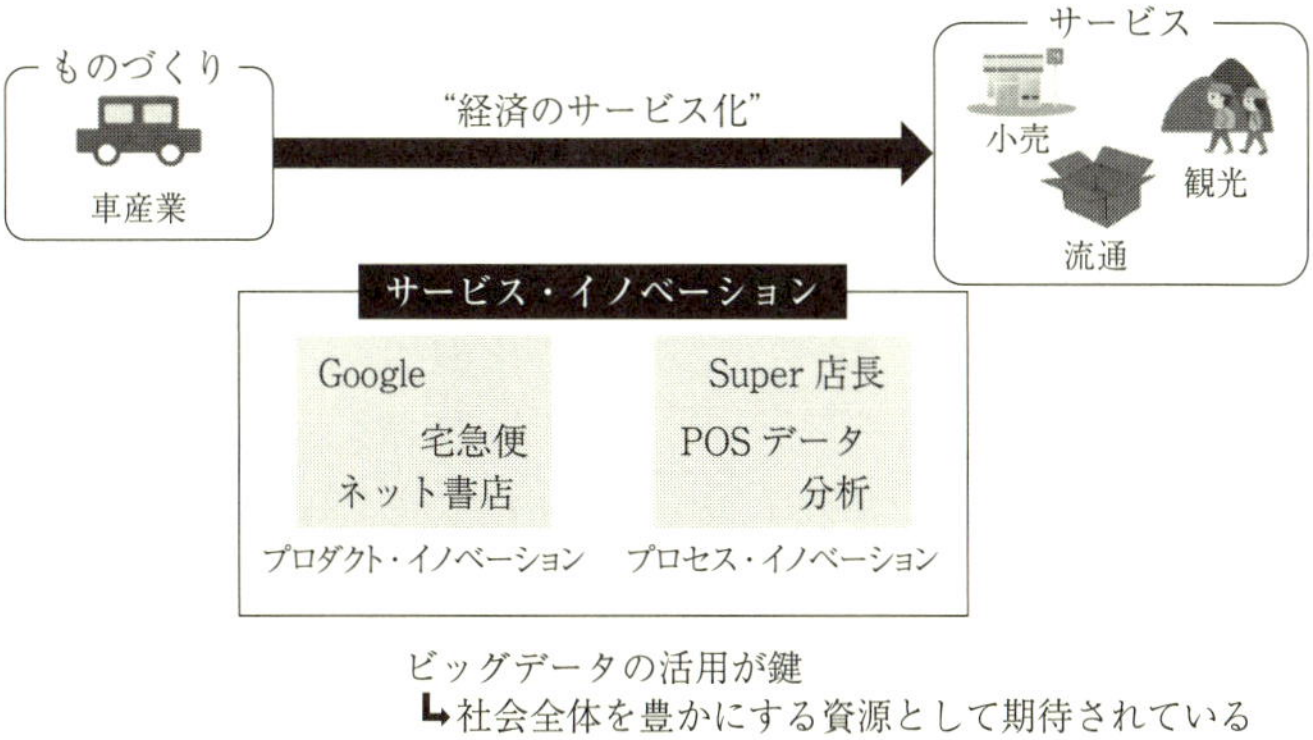

図 11-1　経済のサービス化とイノベーション

がスーパーで買い物をする際、商品に付いているバーコードをスキャンしてレジ清算が行われます。これは元来、清算を精確かつスピーディーに行うために考えられたシステムですが、「いつ」「誰が」「何を」「いくらで」「いくつ」購入したかが同時に記録されます。この情報は毎日蓄積され、企業にとってビッグデータになっていきます。経験とかんによるビジネスからIT・ビッグデータ活用によるイノベーションの実現への移行が期待されています。

様々なマーケティング情報

気温や天候によって売上が大きく変わるような商品、たとえば弁当やアイスクリームなどは、気象データと過去の売上データを組み合わせて分析することで売上の予測ができ、売れ残りによる廃棄ロスや品不足による機会損失を最小限にすることができます。これは購入者を特定せず、商品の売り上げを、たとえば1日単位で集計したデータを活用するイメージです。現代の企業は、このビッグデータを分析して様々な戦略に活用することで競争を展開しています。

これからは個人の購買履歴などの個別データを分析することで、顧客にとって適切なレベルのサービスを個別に提供することができるようになり、それによって顧客満足が生まれ、その結果、企業へのロイヤリティの醸成を通じて優良顧客へと成長することが期待されます。顧客に個別の対応をすることはパーソナライゼーション（個別化）と呼ばれ、マーケティングのおもな目標となっています。これを実現する資源がビッグデータです。たとえば、メンバーズカードを発行する流通企業では、会員登録時に年齢や性別、住所など、場合によっては職業、年収、家族構成など属性情報を収集します。このメンバーズカードを用いた買い物で、いつ、何を、どれだけ購入したかの購買情報が自動的に記録され、消費者の嗜好を細かく知る手がかりとして活用することも期待されます。この本を買った人はあの本も買っていると別の本を提示するアマゾンの推薦システムは、ネット広告の個別化の代表例です。また顧客データベースを利用して、店舗にある商品のそれぞれについて顧客の好みや価格・販促への態度を個人ごとに推測して、顧客が興味を示す商品提示や販促内容のレベルを顧客ごとに調整した個別化クーポン発行による販促の効率化を実現する仕組みの開発も進められています。

具体的にマーケティングデータ活用の変遷をふり返れば、まず１９８０年代以降の急速なＰＯＳ（Point of Sales）システムの導入によって大量取引データが自動的に集められるようになりました。顧客が店頭でレジ精算する際、購入した商品のバーコードをスキャナーで読みとって売上計算をすると同時に、価格と数量の情報を商品ごとに電子的に蓄えます。さらには販売時点の天候、気温、湿度などの外的販売条件や小売、メーカーのプロモーション実施に関する情報も同時にひも付けられます。先述したようにこのＰＯＳシステムは、レジでの精算時間短縮や誤入力防止などレジ精算の効率化を目的としていましたが、情報化の進展とともに、販売時点の諸情報をただちに蓄積して管理部門へ伝達できることから、受発注作業の効率化や在庫削減、廃棄ロスの減少や売れ筋商品の管理に直接的に有用な情報となってきました。さらに店頭プロモーションや価格設定など、企業が日々行うマーケティング戦略の効果を測定するための重要な情報源として利用されています。これらは店舗やチェーン、エリアなどいろいろなレベルで集計される構造化データ（数値データ）です。

さらに店舗のメンバーシップ顧客による個別顧客のトラッキングデータがあります。これはＩＤ付ＰＯＳデータとも呼ばれます。ＩＤ－ＰＯＳは、もともと顧客の維持や管理を目的として導入されたもので、店舗で会員登録をしてカードを発行し、利用金額に応じて各種特典が与えられるものです。このシステムでは、入会時に消費者一人ひとりの情報が属性とともに企業側へ与えられ、さらに入会後の行動データは各種購買機会ごとに瞬時に自動的に企業側に与えられます。このように市場を構成する顧客と商品の情報が時々刻々とスキャナーを取り込み口として集められ蓄積されています。

これら自動的に集められる情報に加えて、消費者のブランドに対する認知度や評価、態度や満足度など定性的な情報をアンケート調査で評価する必要もあります。さらに企業のＷｅｂサイトやソーシャルメディア上での消費者どうしのコミュニケーションが消費者の行動に大きく影響を与えています。これら仮想空間での情報にはテキスト、画像、音声、動画など非構造化データが大きな部分を占めていますが、それらのマーケティング活用についてはここでは扱いません。

細分化へ変化する時代

現代の市場取引では、ヒトとモノのマイクロな大量データが自動的に瞬時に収集される環境にあります。マーケティングの現代的課題は、この情報からマネジメントに有用な知識を抽出して、消費者ごとに個別のアプローチをすること、つまり平均的消費者やおおざっぱなセグメンテーションをさらに突き詰めて、顧客ごとに好みや購買行動を理解することです。またモノについても、ＰＯＳ情報などから得られる商品ごとの販売情報から、同じ商品であっても容量やパッケージなどが異なるより細かい在庫管理単位（SKU: Stock Keeping Unit）レベルでの需要予測や商品管理が求められます。

これからのマーケティングは市場を観察して消費者を細分化し、各セグメントの理解を通してさまざまな戦略を考えます。細分化は時代の変遷とともに次の三段階に大きく分けられます。

マス・マーケティング　すべての消費者に一様にアプローチする

セグメンテーション　年齢や性別、地域などのデモグラフィック情報を用いて消費者を複数のセグメントに分類して、別々にアプローチする

個別対応マーケティング　一人ひとりの消費者個別にアプローチする

また現在の日本や欧米など成熟した市場経済では、新規顧客の獲得に掛かるコストが大きいことや、パレート法則として知られる「自社が抱える顧客の２（１）割が利益の８（９）割をもたらす」という経験則から、既存顧客との関係性を重視したＣＲＭ（Customer Relationship Management）というマーケティングの考え方が広まってきています。これは顧客関係性マネジメントとも呼ばれます。具体的な実践方法では、顧客が長期的にもたらす価値を顧客生涯価値（customer lifetime value: LTV）として購買履歴データからわり出し、これにもとづいて顧客一人ひとりに対して現在支出すべき最適なマーケティングコストを算出し、個人の顧客ごとに最適化して長期にわたる戦略の合理性を確保しようとしています。さらに別の視点では、インターネットによるｅコマースの進展がありますｅコマースのマーケティング活動は、売上の成果とともに瞬時かつ正確に企業に伝達され蓄積されます。

それに伴い、これまで難しいと言われてきた広告や販売促進などのマーケティング戦略の効果測定が評価可能となりました。これを背景として、通常のビジネスにおいても効果を説明する必要性が増し、これまで不透明なものとして非難されてきたマーケティング支出に対するアカウンタビリティが企業側に求められ、客観的にマーケティングの効果を「可視化」して測定してみせる必要性が生まれています。これらの目的を達成させる前提となるのが大量データであり、この分析を通じてビジネスへ活用することがますます求められています。

マーケティングの意思決定

（1）事前情報が重要

ビジネスの分野では、経営者のビジネスセンスや経営手腕、現場の営業マンの感覚などが競合企業に対する優位性を実現する大きな源泉であり、意思決定に際して収集したデータに比して、そのウエイトは小さくはありません。これら経験、勘、センスなどは、現在でいう「暗黙知」です。これを組織として共有できる形式知へ転換する試みが、意思決定者の事前分布の特定化という形で70年代にすでに議論されていたと解釈すれば、かなり進歩的であったと評価できるでしょう。

ここでご存じの方もおられるでしょうが、ベイズ統計を取り上げてみます。マーケティングとベイズ統計の関係は古くからあり、シュレイファー（Schlaifer）の１９６９年の著書『意思決定の理論』では、意思決定者の事前情報をどのような形で表現して分析や経営努力の意思決定に使えるかという議論がすでにありました。当時の理論統計学は、主観確率を前提とするベイズ統計に対して事前分布の恣意性への批判やあらかじめ情報を与えないような客観的な事前分布の追及などを行い、ベイズ統計学対標本理論統計学の図式で哲学的論争が巻き起こりました。このような時代に、ビジネスという極めて現実的な応用分野においてごく自然な形で主観的な事前分布を受け入れていた事実は、ある意味で興味深い出来事です。

しかし全般的には、事前分布をさし当り目的に見合うように設計できたとしても、収集したデータとそれを融合させて得られる事後分布は、90年代以前は解析的（数学的）に評価できるモデルのクラスに限られていました。90年代以降のマルコフ連鎖モンテカルロ（ＭＣＭＣ）などの計算上のブレイクスルー（大躍進）により、マーケティングの問題への適用の例が早いピッチで増加してきています。

(2) データの表し方（潜在変数）

たとえば、ある製品を購買（Y＝1）したとき、その製品の効用がプラス（Z＞0）であり、非購買（Y＝0）の場合は効用がマイナスZ（Z＜0）であったとします。Zにたとえば正規分布を仮定して、図11－2のようにプラスの領域で切断された正規分布からZの乱数をサンプリングしてZのデータを拡大生成し、Zを目的変数とする回帰分析をするのはどうでしょうか。ベイズ統計では、このように観測されない量も推測のターゲットであり、これまでの統計分布のパラメータと潜在変数を区別しないのも特徴です。

そこでマーケティングで扱うデータの特色として下記が挙げられます。

(1) 個体のデータが少ない　多くの意思決定主体に関する情報（パネル、サーベイ）であり、データ量が全体としては多いが、**各個体のデータは少ない**こと。

(2) 0－1型データ　反応変数の多くは**離散データ**であること。たとえば、消費者の購買行動の記録では、〝バイナリー〟「1（購買）、0（非購買）」や「1（プロモーション実施）、0（プロモーション非実施）」であり、またサーベイ・データでは5点尺度、7点尺度など離散的変数です。

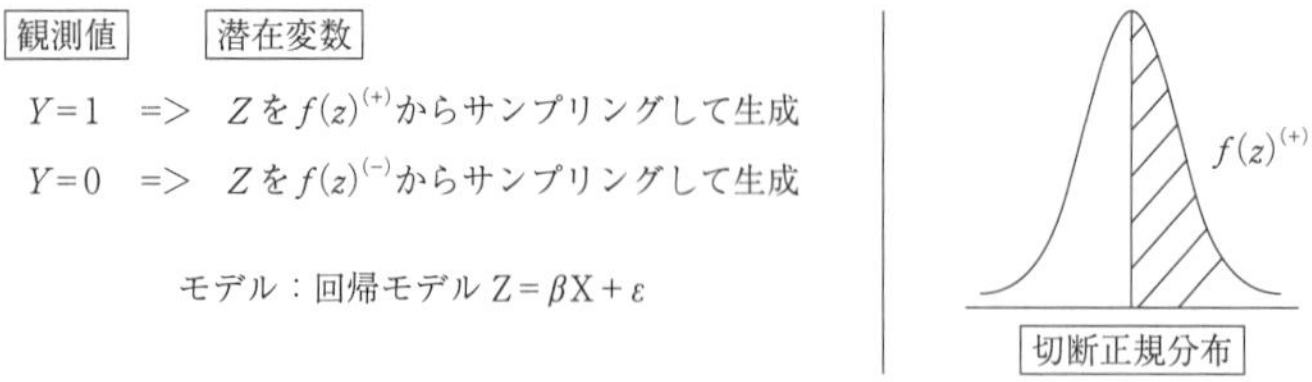

図11-2　データ拡大（Z）と切断正規分布。1, 0は購読、非購読

（1）に対して、消費者個別の市場反応が少ないデータでも安定的な推測ができる階層ベイズモデルがうまく機能し、これについては次節で説明します。

（2）については、ベイズモデリングでは**潜在変数Z**（先の例では「潜在的効用」）を新たに考えます。ここで、Zは直接観測されない想像上の連続変数であり、離散で観測されるデータyとうまく合うように理論または仮定にもとづいてデータ拡大（Data Augmentation）により作り出します。そしてこのZを目的変数とする回帰モデルを考えていきます。

顧客の個性をデータからつかむ

ベイズ統計が役に立つ

階層ベイズモデリングでは、各消費者の反応パラメータは消費者ごとに別々の現象で変動しているものとし（ここが統計学のふつうの「サンプル」と異なります）、したがって消費者間の違いを表わす連続な確率分布で仮定します。さらにこの確率分布の変動に消費者行動の理論やマーケティングの知見を入れることで動きがあまり不規則にならないようにして制約を掛けて、少ないデータでも安定的な推測ができるようにします。別の言い方では、個体の同質性と異質性の両者をほどよくモデルとして取り入れて、異質性部分で不足する情報を全体にまとめた共通性部分から取り入れる仕組みを持っているといえます。

現代の市場取引において自動的に収集されるヒトとモノのマイクロな大量データを背景として、マーケティングの現代的課題は顧客の好みや購買行動を個別に理解して個別にアプローチするパーソナライゼーション（personalization, 個人化、個別化）です。データに基づいてこれを実行するには、データを利用した「個」を表す異質性の推定です。つまり、顧客データベースに見られるように、今までは市場全体として大規模大量の情報はあっても、個別の消費者の姿を安定的に浮かび上がらせるほどには多くの情報を期待できません。各消費者の違いとしての「異質性」をどのように処理して推測を行うかが統計モデリング上の課題です。その際、階層ベイズ手法が有効に機能します。これは Rossi, McCulloch & Allenby（1996）を先駆者とし、その後、さまざまなマーケティングでの適用例とともに著書として Rossi, Allenby & McCulloch（2004）、照井（2008）でまとめられています。

個性もモデル化できる階層ベイズ

いま顧客の収入と財の購入量のデータを、横軸が収入（X）、縦軸が購入量（Y）のグラフ上に○で示した例として、10人の顧客のデータが図11－3（a）であらわされています。このとき収入が多いほど購入量も多いという傾向が見られます。

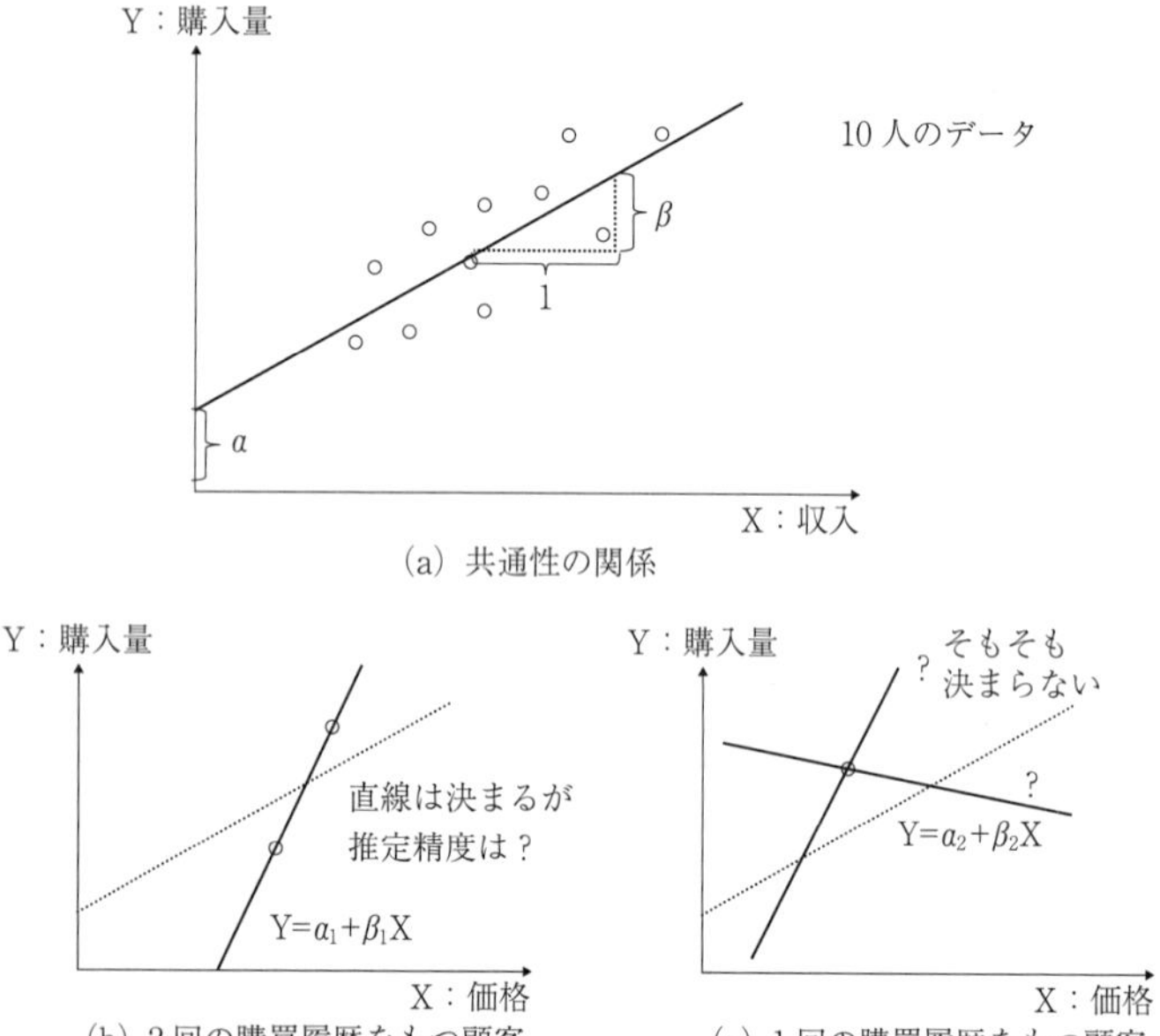

(a) 共通性の関係

(b) 2回の購買履歴をもつ顧客　(c) 1回の購買履歴をもつ顧客

図11-3　回帰分析：共通性（集計）と異質性（非集計）

(1) 顧客はみなちがう

通常の回帰分析では10人が同質としたときの関係 $Y=\alpha+\beta X$ を仮定し、10人分のデータを集計して直線の傾き β（収入が1万円増えたとき購入が β 個増える）および切片 α（収入がゼロの時の購入量）のパラメータを推定します。これは10人の顧客に共通性を仮定した推定です。図11-3(b)では顧客ナンバー1に2回の購入記録があることを示し、この顧客の収入と購入量の会計を知りたいとします。その場合、2つのデータを通る直線を決めればこの顧客の α、β の値を決めることができます。ただし、その精度（信頼性）は評価できません。さらに図11-3(c)では、顧客ナンバー2がひとつ

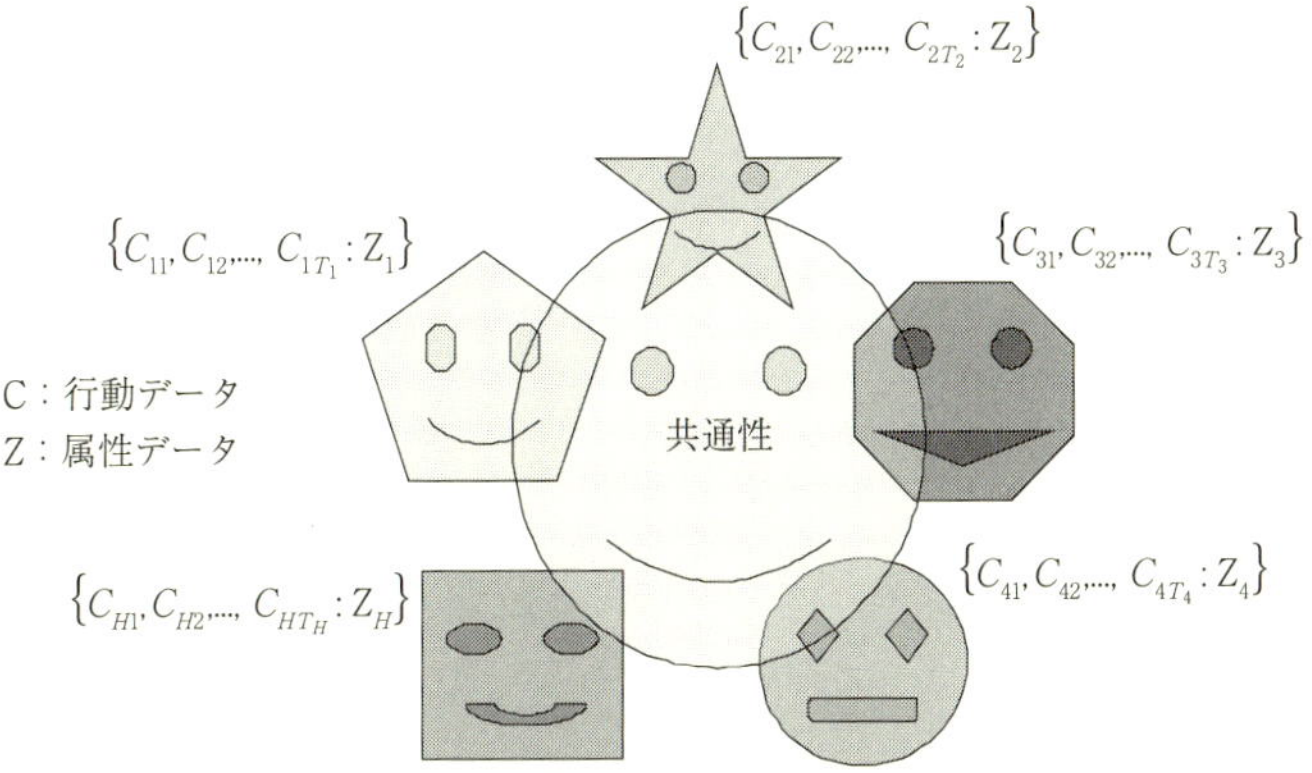

図 11-4　異質性と共通性

のデータしかなく、そもそも関係性を推測することができません。このとき、顧客全体に共通の性質を仮定して、個別の顧客の異質性を推定する方法が階層ベイズモデルとして機能することが知られています。

(2) 消費者には共通する部分も

このように個人の情報が入手可能になってきたとはいえ、個人別の情報は安定的な統計的推測を保証するほどに多くはないのが一般的です。そこで、「各消費者は異質であるけれども共通する部分もある」という仮定をおきます。これによりデータの持つ情報を異質性と共通性に分配し、異質性を推定するのに不足した情報を共通性として消費者全体をプールしたもので補うことが考えられます。この形の統計的推測を行う上で相性の良いモデルとして階層ベイズモデルが使われています。

異質性と共通性の関係を図にしたものが図11-4です。様々な形の小さい顔が一人ひとりの消費者を表し、各人が市場でどのような行動をしたかが行動データCとして

データの分布（回帰モデル）$Y_{ht} = a_h + \beta_h X_{ht} + e_{ht}$
事前分布（異質パラメータの分布）$\beta_h = \Theta' \boldsymbol{z}_h + \varepsilon_h$

図11-5　階層ベイズモデル

記録され、これらがそれぞれの属性データZと合わせて顔の特定化に利用されます。しかし、それだけのデータでこのひとりの顔を描けるほど個々人に関する情報は豊富でないのが通例です。そこで、多数存在する個人の消費者像に共通するような「顔」が前提できるという仮定を置きます。そこでは、まず各個人間の情報をプールするモデルを設定し、h番目の消費者個人の市場反応を表すβ_hが、ある共通性β（代表的消費者の市場反応）を中心にして安定的に分布してばらばらに動かないという制約をかけます。これを階層ベイズモデルでは、θが共通性を表し、Zを各個人の固有の属性と結び付けて回帰モデルの形で表現します。そこでは、個人の消費者の行動データによって各人の尤度関数を決め（主体内行動）、個々人間の関係を階層モデルで表現し（主体間行動）、意思決定モデルを作る、というのが典型的な構造です。

（3）階層ベイズの説明

具体的な階層ベイズモデルでは、10人が異質としたときの回帰式として$Y_{ht} = a_h + \beta_h X_{ht} + e_{ht}$, 個別顧客の係数には$\beta_h = \Theta' \boldsymbol{z}_h + \varepsilon_h$という関係を仮定します。ここで$z$は顧客の属性データで係数の違いを説明する回帰式であることから階層回帰モデルと呼ばれます。これはベイズ統計では事前情報を表し、β_hが平均$\Theta' \boldsymbol{z}_h$の周りで散らばっていることを仮定したものです。

この階層ベイズモデルがマーケティングの問題に適切である理由は、マーケティングの特性の面と統計モデリングの二つの視点から説明できます。まず、マーケティングの特性面からの第1の説明として、異質性と共通性という言葉に関してパネルデータを同じように扱う計量経済学では、パネル内の少数データに内在するバイアスを除去して経済全体を反映する共通性を推定対象にしてきました。異質性というのはそこでは「バイアス」と呼ばれ、推定の対象外であるので積分して除去する量です。しかし、マーケティングでは、このバイアスこそが貴重な情報であるという逆転の発想があり、ここに大きな特徴があります。また第2の視点の違いは、主観的判断に対する態度です。経済学では意思決定者や分析者の主観的判断を極力排除しようとするのに対して、マーケティングでは経験やビジネスセンス、経営手腕としての主観的な判断を意思決定に積極的に取り入れる土壌が自然にあります。そして、階層ベイズモデルは、異質性と共通性の間に情報量の振り分けを自動的に行うというメリットがあります。

もう一つの視点は統計モデリングの視点であり、必然的に個を推定することから複雑なモデリングが求められます。そこで使われるデータは非集計データとなり、中心極限定理に依存できないような状況、つまりデータとして線形性や、正規性からの乖離を意識したモデリングを行う必要性が頻繁に出てきます。その場合でも、非線形モデルの場合は条件付で線形であれば効率的にベイズ推測が行えます。また、複雑なモデルを扱うことから生じる非正則な状況下の統計的推測がベイズアプローチをとることで一貫性を持って処理できるメリットをもつことも、ベイズモデリングが求められる理由です。

以下では、個別化マーケティングの研究事例を紹介します。

値ごろ感と個別価格

参照価格（RP: Reference Price）は、消費者が購買に先立って商品に対して持っている「値ごろ感」であり、消費者行動の分析が数多く行われてきました。そのほとんどは、消費者はどのように参照価格を形成するかについて、その具体的形成方法や類型化の手法を代表的消費者に関して研究するものでした。参照価格は消費者ごとに異なり、これを購買履歴データから特定化するベイズモデリングを行い、これにより新しい価格戦略を探ります。本節の内容は、Terui & Dahana（2006a, b）にもとづいています。

（1）損失と利得ではちがう

図11－6は、縦軸が消費者が商品をある価格で買うときに生じる効用、そして横軸が価格を表しています。原点は利得に関して損とも得とも思わない中立な参照価格と呼ばれます。原点より右側は店頭価格が参照価格より高い領域で、消費者は割高感を感じることから「損失」領域、そして逆に原点の左側は割安感を生み出す「利得」領域を表します。図中の二つの直線は、損と感じるか得と感じるかによって効用がどのように変化するかを表しています。またこれらの直線の傾きが同じでないことは、消費者が損と感じたときの効用の変化分と得と感じたときの効用の変化分が、損失領域でより急で大きい損失回避行動を示すとするKahneman and Tversky（1979）のプロスペクト理論を背景にしています。

また参照価格は一点ではなく幅を持つという理論によって価格受容域が定義され、その上限と下

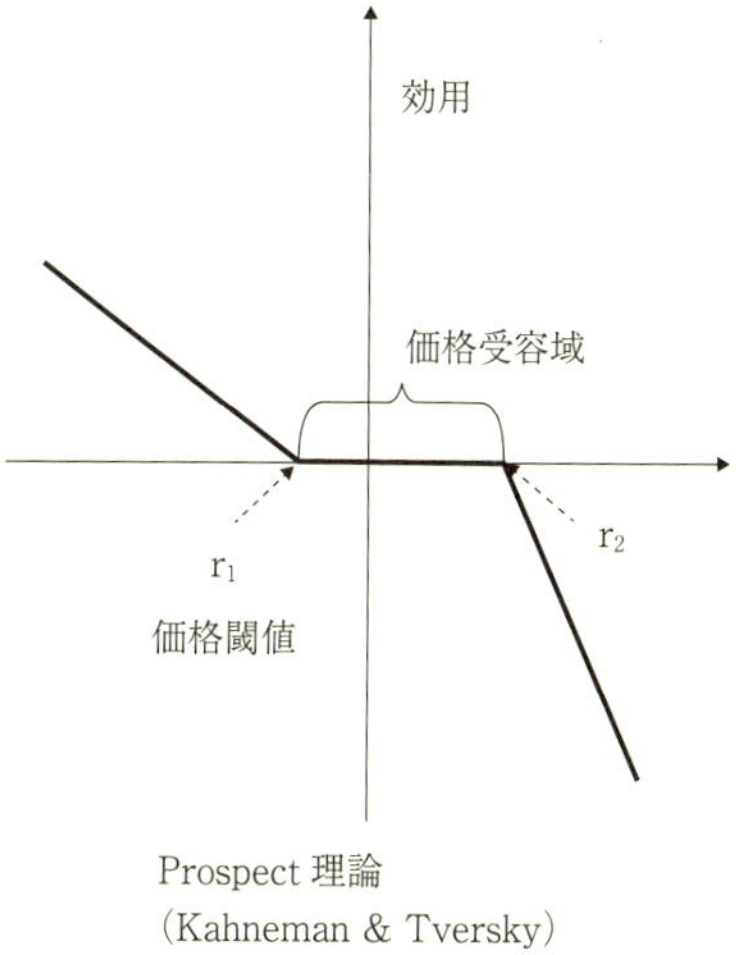

図 11-6　価格閾値、価格受容域、プロスペクト理論

限の価格閾値を消費者ごとに個別に推定します。これにより効果的な値下げおよび値上げのレベルがわかります。

⑵「パネル」にしておく

図11－７はインスタントコーヒーカテゴリーに関するスキャン・パネル・データを分析に利用した結果を示しています。データは１９７パネルに対する２８４０レコードを含んでいます。観測期間を通じて、５つのナショナルブランドが存在すると仮定して分析します。実際、データセットには11のブランドが記録されていますが、75・6%の市場シェアをしめる主要5ブランドA、B、C、D、Eに的を絞って分析します。下限及び上限の価値閾値のパネルごとの推定値はいずれも歪んだ分布をしており、下限閾値 r_{lh} は平均マイナス０・１１３であり、値下げ戦略の場合には11・３%以上のディスカウントを行う必要があります。

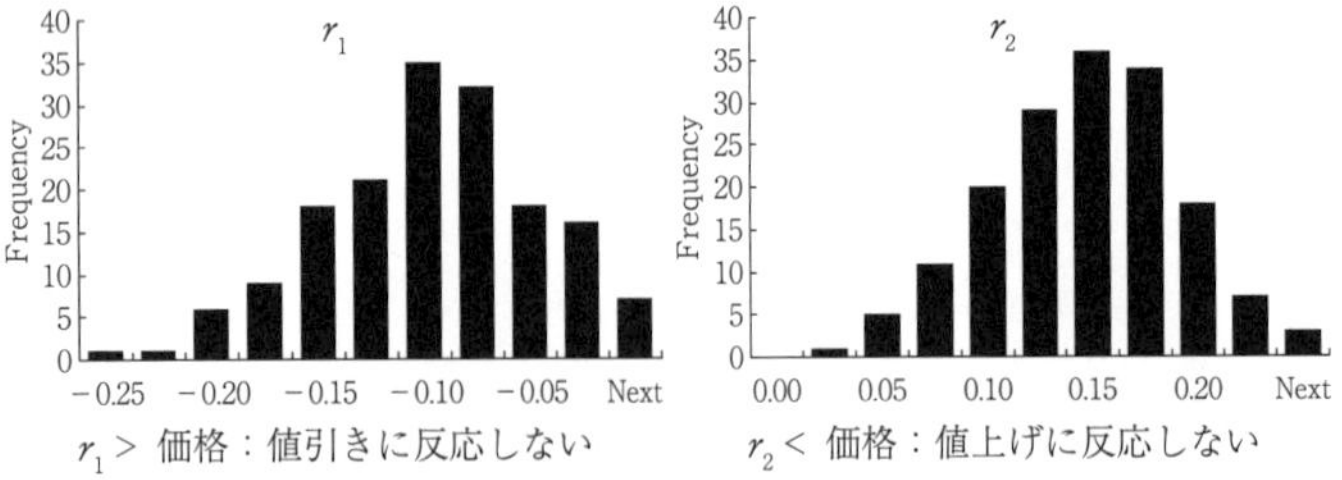

図 11-7　価格閾値の分布

また上限閾値の平均は０・１３８であり、値上げの場合は、13・8％以内の値上げであれば許容される可能性を示しています。もちろん、異質性の分布から数パーセントでも反応する顧客や25％でも反応しない顧客がいることがわかります。値上げの場合も同様であり、ここに階層ベイズモデルを用いた個別化アプローチの実装可能性があります。

階層ベイズモデルの結果として、$(r_2 - r_1)$で定義される価格受容域の幅は、顧客属性としての購入頻度が増えるとともに減少し、販売促進時購買傾向が増えるとともに減少し、特定ブランド購入傾向の強いほど広くなる傾向があることが示されました。

価格閾値の定義から、下限の価格閾値を越えないディスカウントは消費者に値下げを感じさせないため、売上げに影響は与えません。値下げ分が単純に損失として計上されることになります。他方、値上げの場合でも、上限の価格閾値を越えない限り消費者は値上げを感じないことから、同様に売上げに影響を与えることはなく純粋な利益増となります。

このように価格閾値の情報は、下限の閾値を越えないディスカウントから生じる損失を最小化し、上限の価格閾値を越えない値上げから生じる利得を最大化することに貢献します。そして、消費者ごとに異なる価格を提供する価格の個別化戦略は、効率的な価格付けを与えることが期待できることが示されました。

広告の個人に対する効果を測る

広告の役割は、即時効果、長期効果あるいはブランド育成、想起維持など多様であり、目的としては、知名、購買、ブランド比較やブランド育成などとされています。いずれも定量的な判断なしには評価・管理ができないことは明らかです。本節ではテレビ広告視聴のパネル別記録とそれに対応する購買履歴と結びつけるシングルソースデータを用いて、広告の効果の測定と広告の役割に関する筆者らの研究を紹介します。

電通「2020年日本の広告費」によれば、日本の広告費は6兆1594億円であり、GDPの1%弱を占めます。広告媒体別には、マスコミ4媒体合計で2兆2536億円であり、そのうちテレビ広告は1兆6559億円を占めます。広告費は企業経営においても多額の投資となるため、広告効果の測定と管理は企業にとって極めて重要な問題であるばかりでなく、広告市場規模は非常に大きく経済への影響も大きいです。

まず広告の視聴履歴データとして、消費者パネルhが時刻wにブランドjの広告を見た回数a_{jhw}が記されます。それが頭の中に広告ストックS_{jhw}として記憶され、忘却効果を考慮して$S_{jhw}=\rho_h S_{jh,w-1}+a_{jhw}$で構成します。ここで$\rho_h$は1より小さい非負の係数で残存効果を表すパラメータです。

図11-8は、パネルhの時刻wのブランド選択行動データを用いて、広告ストックが顧客のブラ

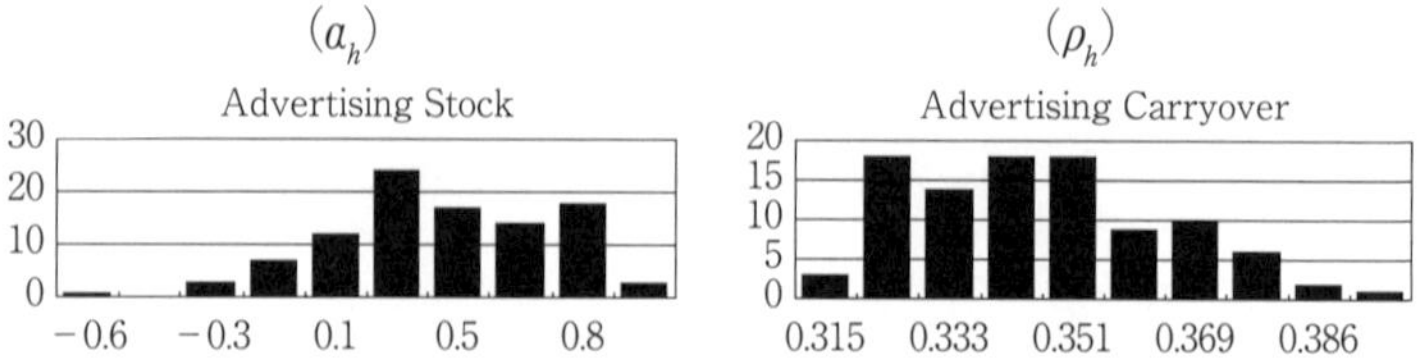

図11-8　パネル間推定値の分布：広告係数（左）と残存効果（右）

ンド選択にa_hの大きさで影響を与えるとする離散選択モデルに顧客の異質性を表現した階層モデルを組み合わせてパラメータを推定し、広告の効果を表すa_hと残存効果ρ_hのパネル別推定値の分布を示しています（伴・照井、2008）。いずれも安定した形をしておらず、左右対称でもありません。広告係数はゼロに近い値をもつパネルが多く、また負の値をもつパネルもいて、実務解釈上、合理的な結果とはなりません。これがシングルソースデータを用いた広告効果測定の難しさの根源（Tellis, 2004）であり、これに対して筆者らはこれまで2つのモデルを提案しました。1つは実務で言われる有効広告ストックと呼ばれる広告が効くための最低限の閾値があることをモデル化した広告閾値モデルです。これはまず広告が効く局面を抽出し、その局面での効用に対する効果を測定します。もう1つは、広告の役割を軽減させて、ブランドの効用に直接作用するのではなく、考慮集合に乗せるためのスクリーニングの役割をする間接効果を表すモデルです。

(1) 越すか越さないかの「閾値」モデル

Terui & Ban（2008）は、広告閾値の現象を洗濯用洗剤およびインスタントコーヒー市場のシングルソースデータを用いて、家計ごとの広告閾値（有効広告ストック量）および繰越効果は図11-9に示されるように高度に異質

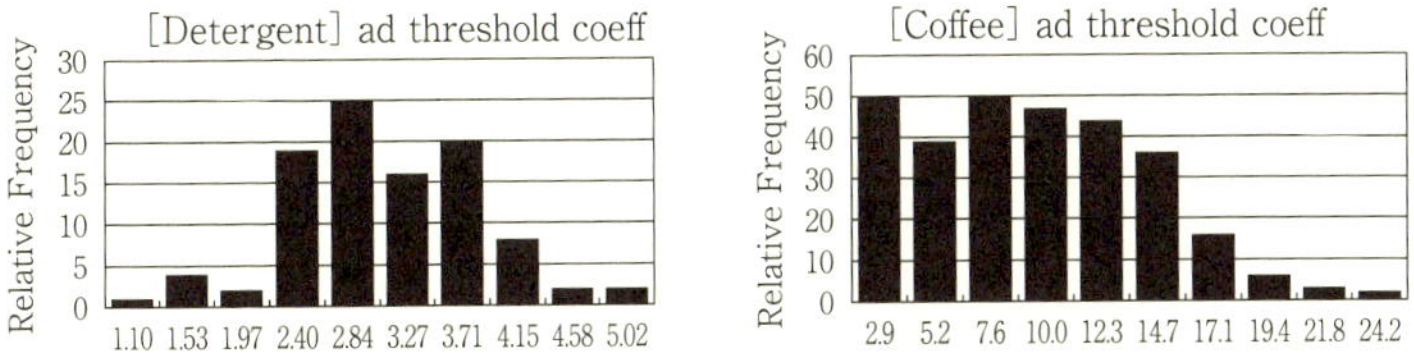

図11-9　広告閾値のパネル間推定値の分布：洗剤（左）とコーヒー（右）

性を有し、また異質性の原因は家計の属性で説明可能であることを示しました。

そこでは、広告実務者が経験的にいう「広告の効果は一定量消費者にストックされないと効果が出ない」とする経験則を反映した広告閾値モデルを提案しました。広告ストックがある水準 r よりも小さいときには効用関数にAという広告変数は入らず、r を超えたときに入る閾値モデルです。つまり

$S>r$ → 広告の効果あり

$S<r$ → 広告の効果なし

ここで r は有効広告ストック水準と呼び、これもパネルごとに異なる値を持つモデルを考えています。この定式化は、広告の非線形反応を区分的に2つの線形関係で近似したモデルと解釈できます。

(2)　TV出稿量（回数）を利用するモデル

図11-10の上図は、出稿回数を変化させたときのブランド1の期待シェア変化を表しています。図の横軸での1が現状の広告出稿水準を表し、これより左側の領域では現状よりも2分の1、4分の1と出稿回数を減少させ、右側では1・25倍、1・5倍などと出稿量を増加させたときの期待シェア変化

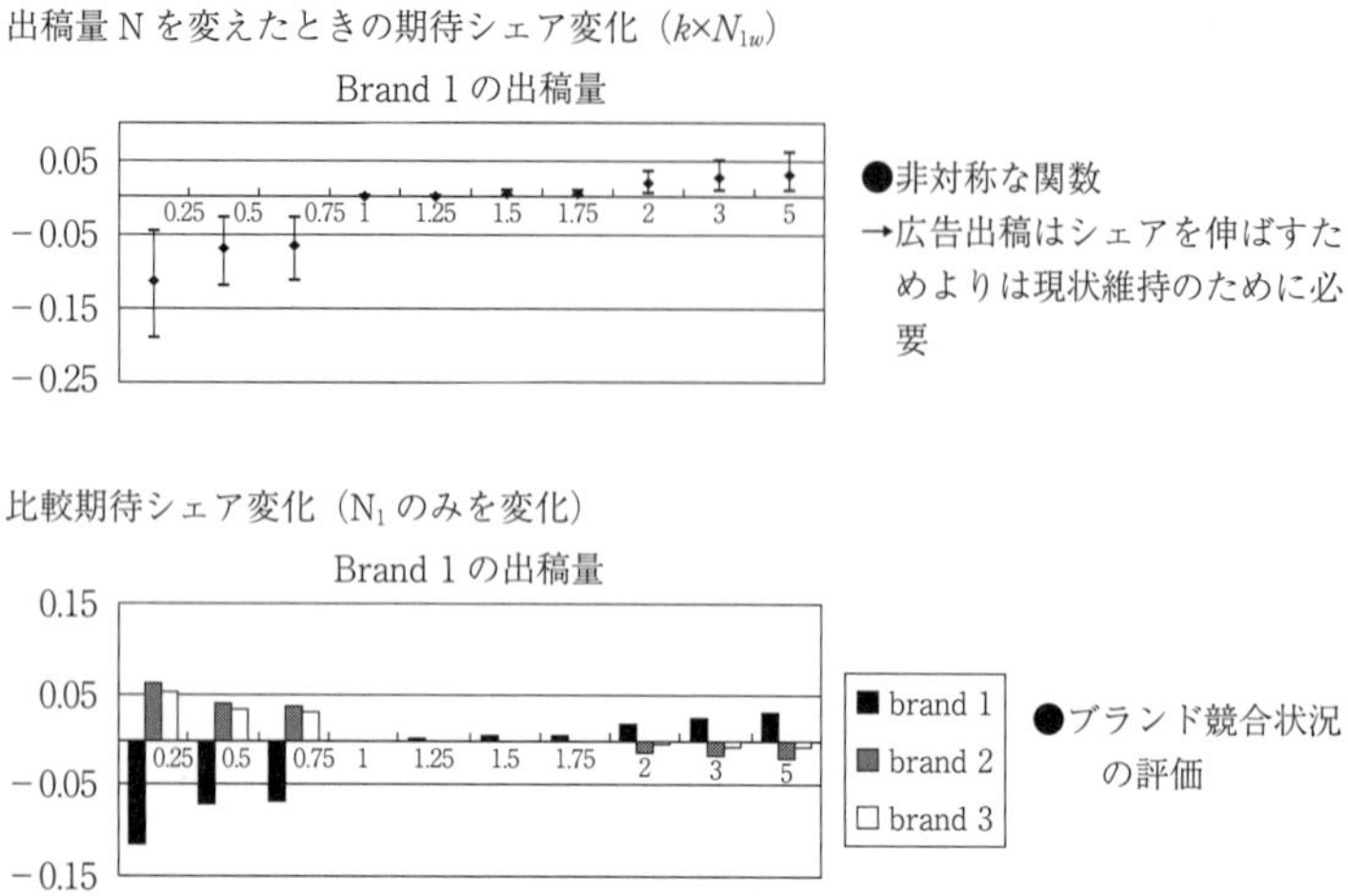

図11-10　広告出稿量の増減に伴う市場シェア変化

の事後平均値と95%区間がそれぞれ図示されています。出稿量の増減に対して、非対称な評価関数になっており、この市場では広告出稿とはシェアを伸ばすためというよりは現状維持のために必要であることがわかります。

上述の広告閾値モデルを利用して、Ban, Terui & Abe (2010) は広告管理モデルを提案しました。広告効果測定モデルでは、広告ストックを構成するデータとして広告視聴回数を利用していますが、実際に企業が管理できるのは露出回数ではなく出稿回数です。そこでは出稿回数を与件としたときにブランド選択まで到達するモデルを提案しました。具体的には、広告効果測定モデルに加えて出稿に対する視聴の効率を表す広告露出モデルを追加しました。これにより、まず出稿回数を与件としたときの各消費者の視聴回数を予測し、条件付予測分布という概念を利用して予測された視聴回数にもとづく広告効果の評価が可能となります。

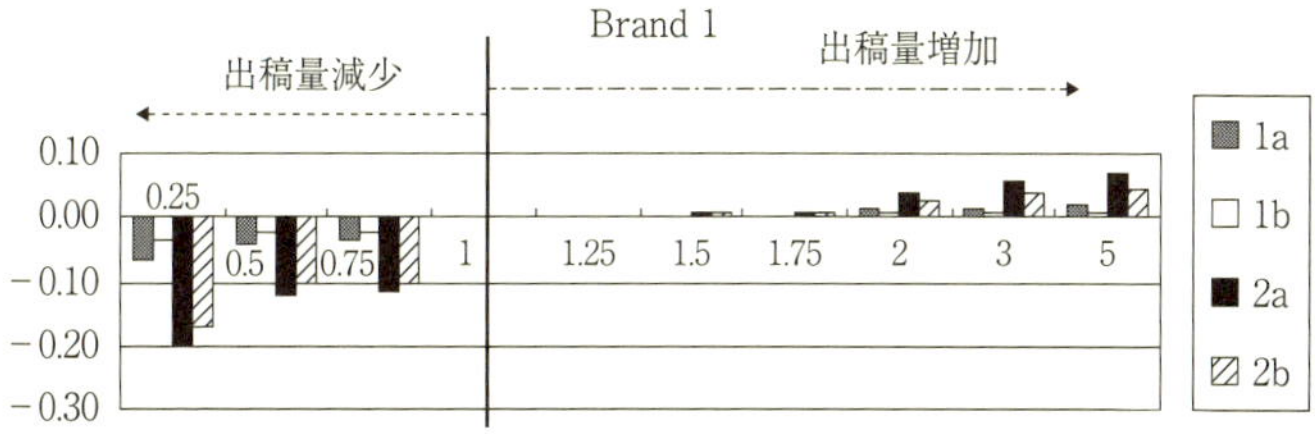

図 11-11　消費者セグメント別の市場シェア変化

広告視聴確率モデルとして二項分布を用いています。

図11－10の下図は、比較する3ブランドに対して、1番目のブランドを変化させたときにそれが他のブランドにどう影響を与えているか、つまり競合関係をこのモデルで評価したものです。ブランド1の広告出稿量の削減により、シェアが大幅に減少しそれがそれぞれ他のブランドにどのように奪われるかを見ることができます。

図11－11は、広告の管理を消費者の属性面から評価したものです。まず、各パネルの属性によって男性か女性か（1または2）、また年齢が若いか高齢か（aまたはb）という4つのセグメントで特徴的な家計を抽出し、ブランド1の出稿量を変化させたときに各セグメントのブランド選択確率がどう変化するかを見たものであり、図の意味は先と同じです。

まず、シェア変化は広告出稿量の増減に関して非対称であることがわかり、このマーケットでは、相対的に現状維持のために広告が機能していることが理解できます。たとえば、一番変化の大きい左側をみると、出稿量を大きく減少させたときに4つのバーは対応する各セグメントのシェアの減少分を表しています。最も変化の小さいのが1b：男性高齢者であり、このセグメントに対しては出稿量を減少させてもシェアはあまり変化しないことを意味し、男性高齢者向けの広告出稿減少によってコ

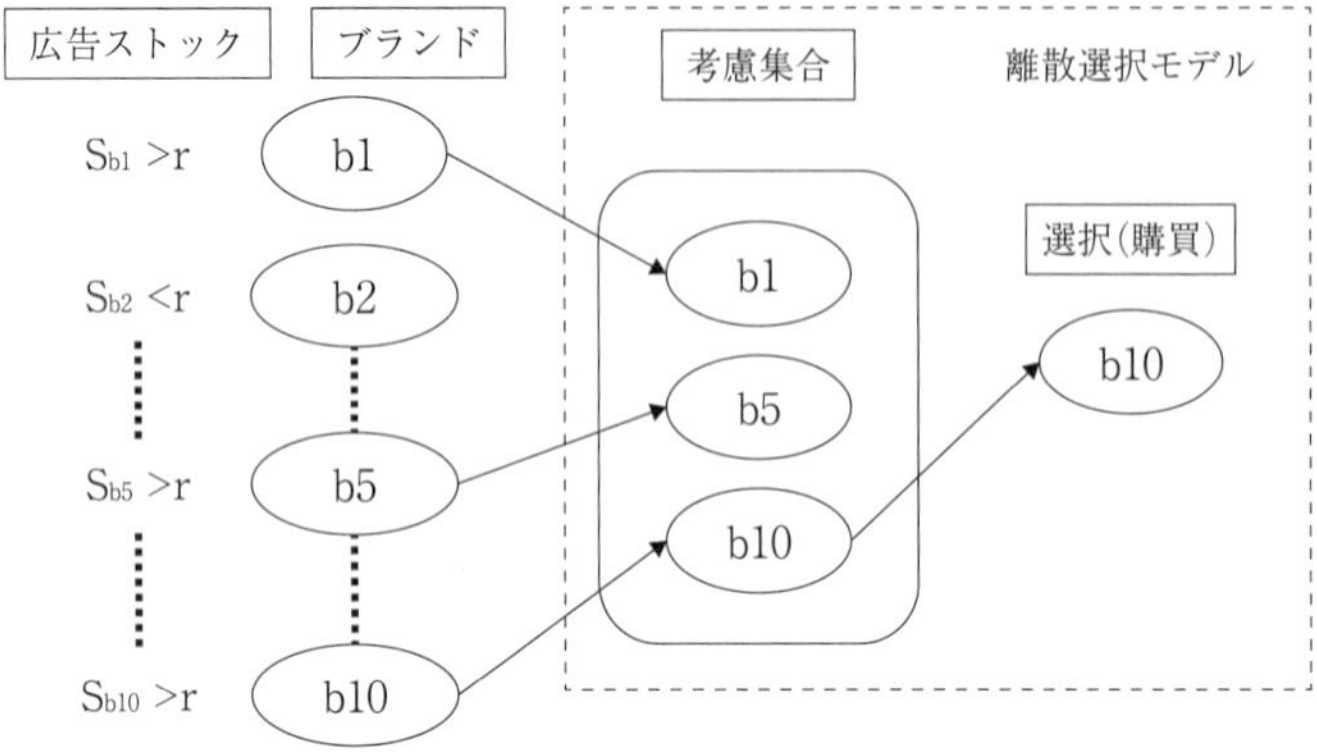

図11-12　考慮集合と広告の役割：考慮集合形成

ストを削減することが可能であることを示唆しています。広告費削減が必要な場合には、これらのセグメントが良く視聴する時間帯にはＣＭを出稿せず、またＣＭの作り方に関してもこのセグメントを気にする必要はあまりありません。その反対が2a：女性で若年の傾向が強いパネルのセグメントであり、この人たちの現状維持をしていくことは重要であり、この人たちに向けて出稿時間やＣＭ作りを確実に行う必要があることがわかります。

(3)「考慮集合」の形成に役立つスクリーニング効果

広告のブランド選択に対する役割は、(1)ブランドに対するイメージや購買意図に直接働きかける説得的役割と(2)ブランド属性や使い方や価格などの情報を提供し、属性やベネフィットを連想させてブランドを想起させる情報提供の役割に分けられます。広告の効果は、売上げや利益に直接影響を与える直接効果とブランド評価や品質シグナルおよび価格感度へ影響を与える間接効果が指摘されています。

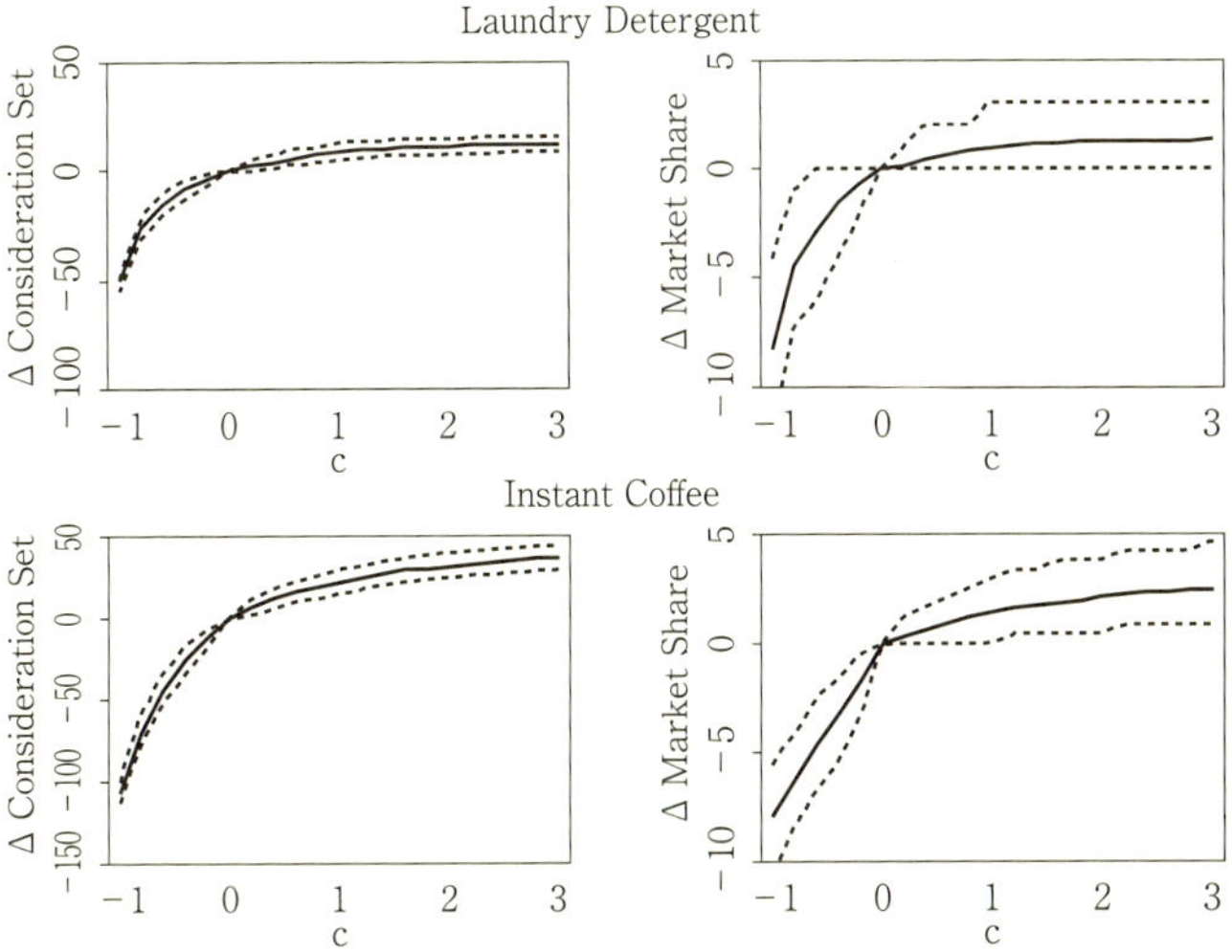

図 11-13　広告出稿量の変化と市場シェア変化

Terui, Ban & Allenby（2010）は、間接的効果の視点から、広告はブランドの効用に直接影響を与えず、消費者の各時点での考慮集合の形成に利用されるという役割をモデル化するスクリーニングモデル（図11-12）を提案しました。これを広告シングルソースデータに適用し、（1）マスメディア広告は考慮集合構成に影響を及ぼし、製品の効用には直接影響を与えないこと、さらに、（2）ひとたび考慮集合に入るとその後の効果はほとんどない、ことを成熟市場に関して実証しました。

上述の広告シングルソースデータを利用した結果から、「マスメディア広告は成熟市場においては、ブランド効用に直接影響を与えるのではなく、広告閾値を超えたブランドをスクリーニングすることにより考慮集合を形成する役割」が実証されました。

またマネジリアルな意味付けとして、広告効果は出稿量の増減に関して非対称（プロスペクト理論（Kharmenan & Tversky, 1979））であることをシミュレーションによって確認しました。図11-13は、洗剤（上図）およびインスタントコーヒー（下図）市場におけるあるブランドについて、広告出稿量を現状（c＝0）よりc倍だけ増やした場合（c＞0）と減少させた場合（c＜0）での当該ブランドの考慮集合への参入率の変化（左図）とマーケットシェアの変化（右図）をシミュレーションによって求めたものです。実線は期待値、破線は95％信頼区間を表します。この結果により、広告出稿量を現状より増加させた場合、考慮集合への参入率およびマーケットシェアのいずれも大きな変化は得られないが、広告出稿量を減少させると急激に減少することが言えます。

第12章　判断データの測定と測定尺度の公理

はじめに

これから「人」を測る話をします。人を測ることは「もの」の重さや長さを測ることとは方法が全く違います。人は「知る」「感じる」「考える（思考する）」「行動する」などをしますが、その内容を数や量を以て表現するための適切な方法・手段や結果を一般に「測る」（測定）と言います。世論調査は社会についての人々の感じ方や意見を測っていますし、市場調査も人々の感じ方や好みを測っていますが、購買行動や観察からわかることもあります。これは分かりやすい文字通り「測る」ことを実地で実行している例です。とりわけ、広い意味で「選ぶ」「決める」あるいは意見をいう行動は、本章で述べる大変応用範囲の広い理論の基礎にもなりますので、ここでほんの一場面として思い切ってわかりやすい日常の例をお話します。読みながら、考え方のトレーニングをして下さい。ちょっとした入門になっています。

選好の順序と尺度

aよりbが好き（同等を含む）を a ≳ b とあらわすことにします（同等をわざわざ含めたのはこの後の都合によりますので、今はあまり気にしないで下さい）。こう書くと、何か難しいことを始めたと思うかもしれませんが、そうではありません。むしろ、日頃のことを表す重要な言い方であることがわかります。

たとえば、回転ずしへ入りました。メニューがあって自分の好みは

車エビ ≳ 大切りウナギ ≳ 甘エビ ≳ 本マグロ中落ち ≳ しまあじ ≳ いさき

でした。もっとも「本マグロ中落ち」と「しまあじ」ではどちらにしようかと迷いましたので、逆でもよかったです。なお、この日は月給日でしたから、値段は気にせず、好みの順に皿を取りました。

この選び方の順序を形式ばって言うと「選好順序」となります。≳がその記号です。ですが、これは順序だけですから、「非常」にとか「ある程度」とか「まあ」といった程度は表しません。数量表現があればいいですが、数量表現というとこれまた難しく聞こえますので、「ものさし」といいましょう。理論書には「尺度」（スケール Scale）と書いてあります。車エビが特に好物であると

いう「キモチのものさし」から、次のように表現してみました。

車エビ≳大切りウナギ≳甘エビ≳本マグロ中落ち≳しまあじ≳いさき
5.8　2.8　2.3　1.9　1.9　1.5

実は心理学の理論の中には、いくつかの仮定は必要ですが、こういう数量を与えてくれる仕組みがあるのです。この仕組みは回転すし屋さんには大歓迎でしょう。これを使えば、客観的に値段がつけられるからです。もっとも、実際にはこの仕組みの説明は大掛かりで大変です。

選好と推移律

ですが、いくつかかんじんなことはあります。一つは「三すくみ」、つまり選好がぐるりと循環して直線上に乗らない場合は考慮から除くことです。これは「推移律」と言われています。難しく聞こえますが、実はわかりやすく、

a≳b, b≳cなら　a≳c　（推移律）

でなければいけません。論理的にそうあるべきですが、人間は必ずしも好みを論理的に考えたり感じたりするとは限りません、c≳aと答える人もいて、そうなるとa、b、cの間で輪ができて

しまい。グルグル回りで決めることができなくなります。ですから、これが起こらない場合に限ります。

この「推移律」はもとは数学の言い方で、数学では広く成り立っています。たとえば、3＞2, 2＞1から3＞1もいえます。また集合で、A∪B（AはBを含む、BはAの部分集合）でさらにB∪Cなら、当然AはCを含むつまりA∪Cとなります。

しかし、念を押すようですが、人間や社会がかかわるとはるかに多様あるいは複雑で、推移律が成り立たない場合が出てきます。ちょっと寄り道しましょう。X、Y、Zさん3人が一緒に食事に出かけたとします。好みの順序は

X：中華≳洋食≳和食、Y：洋食≳和食≳中華、Z：和食≳中華≳洋食

でした。そこで平等に多数決で3人でどこのお店に入るかを決めます。中華と洋食では、2対1で中華≳洋食です。同じように洋食と和食では洋食≳和食ですが、では中華と和食で中華≳和食となるか（推移律）というと、実は和食≳中華となっています。好みに循環ができ、3人は一緒の食事を決めることができません。

その理由は単純であたりまえです。人はそれぞれ自分の好みや価値観を持っているので、一通りに数学的にまとめることはもともとできない、そこが人間社会の面白さということです。もちろん一人の人間でも時と場合によって、好みが変わることもありますから、同様に推移律が現実に成り

立たないことはありうる（実際大いにありうる）わけです。エビやウナギよりも白身や光物を食べたい日もあるでしょう。ですが、理論のためにはこのようなことは起こらないと仮定します。

ここまで順序表現や数量表現について簡単に紹介してきましたが、それではこれらをどのように使えば、人を上手く測ることができるのでしょうか。「ものさし」のつくり方や使い方について、以下で説明したいと思います。

ものさしから尺度・数量へ

調査においても、実験においても人間行動の統計解析のためには、データを手に入れることが第一の前提になっています。データを取得するためには、なんらかの測定を行わないといけません。このように測定は、データ科学にとっても基本的で根本的な事項です。本章では、人間の選好判断や態度調査や世論調査などの判断データの測定について、やや抽象的な観点である公理的観点からその特徴を論じてみたいと思います。通常、統計解析においては、データは数量的な性質をもつものとして暗黙に仮定されることが多いため、質問紙調査の結果や心理実験での評定データなども数量的に処理をされることが多いと思います。また、四則演算のできる数量としてこれらのデータについて統計解析が適用されることが多いですが、このことが、人文系の研究者やあるいは自然科学系の研究者からもしばしば批判されることがあります。本章では、この判断データの数量化の問題について考えてみたいと思います。

本章では、人間行動についての調査データや実験データの尺度がどうして数量化できるのかということの理論（公理的測定論）について説明し、順序関係しか保証できない順序尺度であっても数量化表現ができることを説明します。他方、順序関係を満たすような順序尺度は、人間の判断現象には必ずしも適用されるわけではないことをいくつかの事例をもとに説明します。本章では、判断データが順序尺度を満たさない場合の対処法についても若干論じますが、このようなデータの統計解析の限界についても論じます。データが順序尺度を満たさないもっとも単純な例として、ベストな選択肢が存在しないで選好関係が循環してしまうような判断状況があげられます。経営の実務書などでは、人間はベストな選択肢を判断できることが暗黙に仮定されていますが、理論的に考えても、経験的に考えてもベストな判断や意思決定をすることはほぼ不可能です（Takemura, 2019; 2020; 2021a, b）。このようなことを考えると、調査や実験の統計解析の結果の解釈においても、人々の選好や態度を解釈することが困難であることが示唆されます。このような議論はかなり認識論的な問題ではあり、形而上学的議論のように受け取られるかもしれませんが、調査データや実験データの考察の際にどうしても避けることができない実務的な問題であるともいえます。最後に、本章では、このような問題点がある中でどのように判断データを解釈するかということについて示唆したいと思います。

測定とは何か

人間の判断を含む人間行動の測定においては、いろいろなデータのとり方があります。たとえば、駅のエスカレーターで人を観察していて、通路の左側に寄って立ち止まっているか、右側に寄って立ち止まっているか、通路を歩くか、などを記録することができます。このような記録も測定されたデータと考えることができます。また、消費者行動を記録する場合、たとえば当該ブランドを何時何分に購入したか、購入していないかなどをコーディングして記録することもできます。ここで重要なことは、何かを客観的に測定しているようであっても、測定している人の判断や意思決定が関与していることです。ある意味で人間の主観が関与していると言ってもいいでしょう。

測定は、経験的に観察された対象間の諸関係をもとに、対象に数値を割り当て、経験的に得られた対象間の諸関係をその数値間の諸関係によって表現することであると考えられます。どういうことかというと、たとえばあるブランドを購入したかどうかというのも、対象と行為の関係として捉えることもできますし、また、複数のブランドについての選好順序を回答するというのも、対象間の関係を表明していると言えます。前者では、「ブランドを購入する」か「ブランドを購入しない」ということに、数値「2」と「1」をそれぞれ割り振るということが意思決定の測定になるでしょうし、後者では、ブランドA、B、Cについて、AがBより選好され、BがCより選好されているとするならば、ブランドAに数値「3」、ブランドBに数値「2」、ブランドCに数値「1」を割り当てることは、選好の「測定」ということになります。つまり、測定とは、経験的関係系を、特定の数量的関係系に対応づけるということになります（Krantz, Luce, Suppes, & Tversky, 1971；佐伯、1973；Takemura, 2021b）。ここでまず肝心なことは、経験的関係になんらかの数値を割り振るということであって、その数値が実数や整数のような数的性質を持っていなくても良いということです。

好みの順序のような選好関係などの経験的関係は対象の集合の直積の部分集合で表現することができます。直積というのは、ある集合XとYがあるとして、それらの集合のそれぞれの要素x、yの順序を考慮して組にしたものを順序対と呼ぶとすると、集合X、Yの要素からなるすべての順序対からなる集合をXとYの直積と呼び、X×Yと表記します。同じ集合Xの要素の順序対からなる直積集合X×Xということも考えられ、選好関係などの経験的関係を記述する際に用いられます。たとえばブランドの集合Xを、X＝{ブランドA、ブランドB、ブランドC}とするとします。このXの要素の2項関係のあらゆる組み合わせの集合である2元直積X×Xは、X×X＝{(ブランドA、ブランドA)、(ブランドA、ブランドB)、(ブランドB、ブランドA)、(ブランドB、ブランドB)、(ブランドC、ブランドB)、(ブランドB、ブランドC)、(ブランドA、ブランドC)、(ブランドC、ブランドA)、(ブランドC、ブランドC)}となります。要するに、3（ブランドが3つ）の2乗の組み合わせが、直積の要素になります。ここで、順序対（ブランドA、ブランドB）を「ブランドAをブランドBより強く選好する」と解釈することができます。ブランドの選好実験の結果、ある消費者が、ブランドBよりブランドAを選好し、ブランドCよりブランドBを選好し、さらにブランドCよりブランドAを選好したとしましょう。このとき、この経験的に得られた選好関係をTとすると、T＝{(ブランドA、ブランドB)、(ブランドB、ブランドC)、(ブランドA、ブランドC)}となります。したがって、明らかに、選好関係TはX×Xに含まれ、その部分集合となっていることがわかります。このTは、特に選好関係として解釈しなくても、「より値段が高い関係」や「より古い発売時期という関係」など、なんらかの経験的関係としてとらえることもできます。

このように、選好関係などの経験的関係を対象の集合の直積の部分集合で表現することができ、また、経験的関係系を〈X、T〉という集合で表現することができます。同様に、数量的関係R（たとえば実数の大小関係＞など）も実数の集合の直積の部分集合で表現することができ、数量的関係系を〈Re、R〉で表現できます。ただし、Reは、一次元実数空間であり、Rは$Re \times Re$などの一次元数空間の直積集合の部分集合です。ここで、先の例のブランドAに3、ブランドBに2、ブランドCに1という数値を与えたとすると、経験的関係系〈X、T〉を数量的関係系〈Re、R〉に対応づけたことになります。このとき〈X、T_1、T_2、…T_n〉は、〈Re、R_1、R_2、…R_n〉によって表現（あるいは測定）されると言います。

より抽象的に定義すると、「経験的関係系〈X、T_1、T_2、…T_n〉が数量的関係系〈Re、R_1、R_2、…R_n〉に対応づく」という時の「対応づく」とは、（1）任意の$x \in \mathrm{X}$に対して特定の$r \in Re$が1個決められ、（2）Xの直積の部分集合Ti（$i = 1, 2, ..., n$）に対して、Reの直積の部分集合Riが1個決まる、ということになります（Krantz et al., 1971; 佐伯、1973; Takemura, 2021b）。このような対応ができるとき、〈Re、R_1、R_2、…R_n〉は〈X、T_1、T_2、…T_n〉に対する準同型（homomorphism）であると呼ばれます。

測定と許容変換からみた尺度水準

経験的関係系がある数量的関係系によって表現されるとき、すなわち準同型による対応がつくとき、この準同型となる対応づけは、一般には、かならずしも一つとは限りません。というのは、ある変換を加えても、準同型となる対応づけが存在する場合があるからです。たとえばある任意のx、y∈Xに対して、ある人がxをyより好きだと判断する場合、その時に限り、φ(x)≧φ(y)となるようなある実数値関数φが存在するとします。このことは、Xの要素に対する経験的関係系が、実数値とその大小関係に関する数量的関係系によって表現され、準同型となる対応づけが成り立っていることを意味して、さらには、任意の単調増大変換（たとえば対数関数fによる変換（f(φ(x))＝$\log_e$φ(x)、x＞0）をしても選好関係は表現でき、準同型による対応がつきます。したがって、測定において問題となるのは、準同型になるような変換はどこまで許容できるかということです（Krantz, et al., 1971；佐伯、1973；Takemura, 2021b）。

経験的関係系が数量的関係系によって表現され、準同型による対応がつくとき、測定が可能となり、尺度構成が可能となります。ここで、尺度構成というのは、準同型による対応がつくように、ある数値を対象に付与することです。尺度構成によって得られた測定尺度の尺度値は、先にも述べたように、ある変換に関して許容される場合があります。どのような変換に関して許容できるかという問題、すなわち変換に関する一意性（uniqueness）の問題に関して、測定尺度の分類がなされています。これに関しては、以下の4分類が一般的です。すなわち、対象が異なれば異なる数値を与えるような任意の実数値関数による変換に関して一意な名義尺度（nominal scale）、任意の単調増大変換に関して一意な順序尺度（ordinal scale）、任意の正の線型変換に関して一意な間隔尺度（interval scale）、任意の正の定数倍変換に関して一意な比率尺度（ratio scale）です。名義尺度は、たとえば「女性」というカテゴリーに対して数値「1」を与え、「男性」というカテゴリーに数値「2」を与えるというような測定です。この時、「女性」に「3」を「男性」に「100」を与えても同じです。順序尺度の場合は、たとえば態度調査の場合に、「非常に好き」というカテゴリーに数値「3」を「どちらでもない」というカテゴリーに数値「2」を「全く好きでない」というカテゴリーに数値「1」を与える測定の場合、それぞれ数値を「10」、「5」、「0」としても、順序尺度としては同じ意味（一意性）を持ちます。また、間隔尺度の場合は、たとえば摂氏100度は、華氏では212度になりますが、これは、℉＝℃×1.8＋32という正の線形変換の関係になっています。華氏で測っても、摂氏で測っても温度としては同じなので正の線形変換の範囲で一意性を持つと言えます。最後に比率尺度は、距離のような場合で、センチメートル（cm）で測ろうと、メートル（m）で測ろうと、定数倍変換の範囲で一意性を持っています。

調査や実験における基本的尺度としての順序尺度の論理

現象の測定に関して、物理学などの自然科学では比率尺度が頻繁に用いられています。比率尺度は、任意の正の定数倍変換に関して一意であるので、たとえば重さをグラムで量っても、キログラムで量っても、トンで量っても重さには変わりがなく、測定単位のとり方によって物理法則が変わるということが一般にはありません。他方、人間行動の測定においてみられる尺度は、ある行動を採用したかどうかというカテゴリカルな測定尺度である名義尺度、好みや判断の程度を表現する順序尺度が多いです。調査や実験を用いる多くの研究では、好みや態度などの判断現象を多段階の評定尺度で測定して、その結果を間隔尺度であるとして分析していますが、厳密には、このような好みや態度の判断現象はせいぜい順序尺度でしか表現できません。さらには、判断においては、三すくみの関係のように、選好の循環が生じたりすることもあり、厳密には順序尺度で表現できない場合もあります。

測定されたデータが順序尺度であるためには、公理的には、下記の2つの条件を満たしている必要があります。すなわち、対象の集合Xが有限で、関係系〈X, ≿〉が以下の2つの性質を持っている必要があります。

（1）完備性（比較可能性）

集合Xの任意の要素x、yについて、x≿yまたはy≿xが成り立ちます。ここで、x≿yをxがyよりも選好されるか、xとyが無差別と解釈し、y≿xをyがxより選好されるか、xとyが無差別な場合と解釈することができます。

（2）推移性

集合Xの任意の要素、x、y、zについて、x≳yかつy≳zならばx≳zが成り立ちます。

これらの2つの性質を満たす関係は弱順序（weak order）と呼ばれますが、この弱順序に関しても数量化に関する以下の定理が成立することがわかっています（Krantz, et al, 1971；佐伯、1973；Takemura, 2021a, b）。

弱順序の数量化に関する定理（有限集合の場合）

有限集合X上の関係系〈X, ≳〉が弱順序であるならば、かつその時に限り、X上の実数値関数φ：X→*Re*が存在して、Xの任意の要素x、yについて、x≳y⇔φ（x）≧φ（y）。

すなわち、この定理は、弱順序を満たす判断をした場合、その判断の関係を保存するような実数値をとる関数で表現できるということを意味しているのです。すなわち、定性的な弱順序の判断を数量化して考えることができることを示しています。

定理の証明

このことは重要なので証明の概略を説明したいと思います。まず、弱順序では、X上の同値関係～（x≳yかつy≳x）により得られる同値類の集合というのを考えます。すなわち、集合X上に同値関係～が与えられているとき、各元の属する同値類全体の集合を構成します。これを商集合と呼び、X/～と書きます。同値関係、x～yは、x≳yも、y≳～xも成立する場合であり、すなわち、Xの任意の要素x、$y \in X$、$x \sim y \Leftrightarrow (x \succsim y)$かつ$(y \succsim x)$ですので、通常の数値に関する順序（全順序と言います。$\succsim^T$と表記します）と同じ性質を持ちます。

この同値類の集合に関しては、反対称性（集合Xの任意の要素x、yについて、$x \succsim y$かつ$y \succsim x$ならば$x = y$を満たす性質）が成立するので、全順序を満たす関係系$\langle X/\sim, \succsim^T \rangle$が成立していることになります。まず、弱順序についての定理を証明するために、下記の補助定理を示します。

（1）補助定理

有限集合$X/\sim$上の関係系$\langle X/\sim, \succsim^T \rangle$に関して、X上の実数値関数$\phi' : X/\sim \rightarrow Re$が存在して、Xの商集合$X/\sim$の任意の要素x、yについて、$x \succsim^T y \Leftrightarrow \phi'(x) \geqq \phi'(y)$が成り立つ。

（2）補助定理の証明

まず、Xの商集合$X/\sim$の任意の要素a、bについて、$a \succsim^T b \Rightarrow \phi'(a) \geqq \phi'(b)$を証明します。まずXの商集合$X/\sim$の任意の要素a、bについて、$a \succsim^T b$を仮定すると、推移性から、$b \succsim^T z$となるようなすべてのzに対して、$a \succsim^T z$が成り立ちます。それゆえ、$\{z | a \succsim^T z\} \supseteq \{z | b \succsim^T z\}$となります。ここで、集合の構成要素の数を$\phi'$で表現し、下記のように、関数を構成してみます。$\phi'(a) = Card(\{z | ax \succsim^T z\})$、$\phi'(b) = Card(\{z | b \succsim^T z\})$、ただし、Card（　）は括弧内の集合の要素数を表す関数とします。このように関数ϕ'を構成すると、Xの商集合$X/\sim$の任意の要素x、yについて、$a \succsim^T b \Rightarrow \phi'(a) \geqq \phi'(b)$が成り立つことが証明されます。

つぎに、Xの商集合$X/\sim$の任意の要素x、yについて、$\phi'(a) \geqq \phi'(b) \Rightarrow a \succsim^{T} b$を証明してみます。この命題は、この命題と論理的に同じ対偶を証明するほうが便利なので、対偶を示してみます。この命題の対偶は、Xの商集合$X/\sim$の任意の要素a、bについて、$a \succsim^{T} b$でない$\Rightarrow \phi'(a) \geqq \phi'(b)$でない、です。完備性の性質より、この命題は、Xの商集合$X/\sim$の任意の要素a、bについて、$b >^{T} a \Rightarrow \phi'(a) > \phi'(b)$ということになります。このことは同様の議論によって成りたつので、Xの商集合$X/\sim$の任意の要素x、yについて、$\phi'(a) \geqq \phi'(b) \Rightarrow a \succsim^{T} b$という補助定理が証明されます。

この$\phi' : X/\sim \to Re$から、Xの商集合$X/\sim$の任意の要素aに含まれる任意の要素xについて（すなわち、$x \in a$）、$\phi(x) = \phi'(a)$となるように、$\phi : X \to Re$を作り、Xの商集合$X/\sim$の任意の要素bに含まれる任意の要素yについて（すなわち、$y \in b$）、$\phi(y) = \phi'(b)$となるように、$\phi : X \to Re$を作ると、Xの任意の要素x、yについて、$x \succsim y \Leftrightarrow \phi(x) \geqq \phi(y)$が成り立ち、また、Xの任意の要素x、yについて、$x \sim y \Leftrightarrow \phi(x) = \phi(y)$となることは明らかです。このことから、有限集合上で弱順序が成り立つことが数量化と同値になるという先の弱順序についての定理が証明されます。

順序尺度としての様々な態度尺度

人間の判断の実験や調査においては少なくとも順序尺度が仮定されることが多いのですが、この順序尺度をどの程度、人々の判断は満たしているのでしょうか。順序尺度でなければ間隔尺度でもなく、通常の統計量を求める意味がなくなります。まず判断についての調査や評定実験における具体的測定法に関して、紹介してみることにします。

サーストン法

これは、サーストン（Thurstone, 1928a, b）が開発した方法です。手順は態度を表現するステイトメント（たとえば「原子力発電は役に立つ」とか「原子力発電は役に立たない」など）に尺度得点を与えて整理する段階と、それを使って調査対象の態度を測定する段階の2段階に分かれます。まず第1段階では、態度を表現する多数の短句のステイトメントをつくり、代表性のある評定者グループに、11段階程度で、どのくらい好意的か非好意的かの段階を評定をさせます。次に、その中央値をステイトメントの尺度得点とし、尺度得点が等間隔に並ぶ妥当性の高いステイトメントを約20ほど設定するまでが第1段階です。第2段階では、調査対象者が同意できるステイトメントを選択させます。選択したステイトメントの平均尺度得点を個々の調査対象の態度尺度得点として第2段階が終わります。サーストンの尺度は、等間隔の尺度からできているので、等現間隔尺度（equal appearing interval scale）とも呼ばれています。通常は、心理統計学では、間隔尺度として扱われることが多いですが、明らかに間隔尺度ではなく、順序尺度であると言えるでしょう。

リッカート法

これは、リッカート（Likert,1932）が開発した方法です。手順はサーストン法より単純で、たと

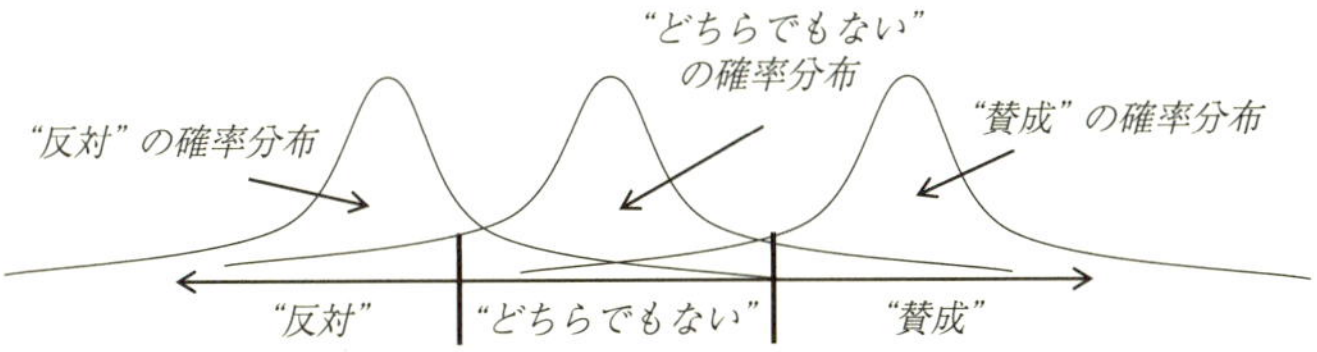

図 12-1　確率変数としての態度（Takemura, 2021b）

えば原子力発電に賛成か反対かを調査対象者に「非常に賛成」、「賛成」、「どちらでもない」、「反対」、「非常に反対」などの多段階尺度で評定させます。態度尺度得点は、カテゴリー間の等間隔性を仮定して、それらの反応に、それぞれ、5、4、3、2、1という尺度得点を与えたり、正規分布におけるシグマ値に変換する方法があります。サーストン法もリッカート法も、測定される態度は、通常正規分布する確率変数であると仮定していることになり、経済学や工学で用いられるランダム効用理論の考え方と非常に類似しています（竹村・藤井、2015）。すなわち、実際に観察される態度評定値は各態度の確率分布の実現値であると考えます。したがって、実際に観察される態度尺度得点が「反対」を表すものであった場合、真の態度尺度が「反対」である確率は高いですが、「どちらでもない」である確率もわずかながらあり、「賛成」である確率も極めて低いがあると考えます。順位反応を仮定するランダム効用理論では、確率分布にガンベル分布を考えることが多いですが、正規分布を仮定すると、サーストン法やリッカート法の考え方による帰結と同じになります（図12－1参照）。

SD法

オスグッド（Osgood et al., 1957）らによって展開された方法で、意味微分

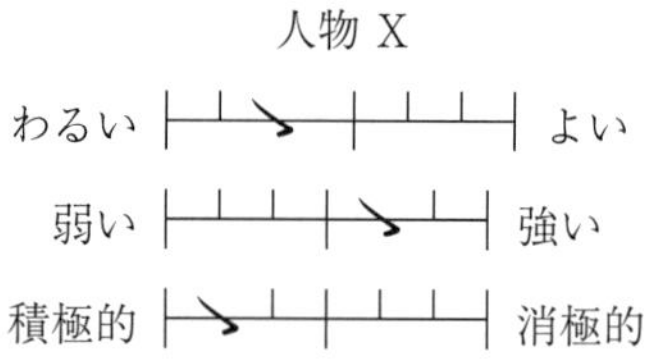

図12-2　SD法の例（Takemura, 2021b）

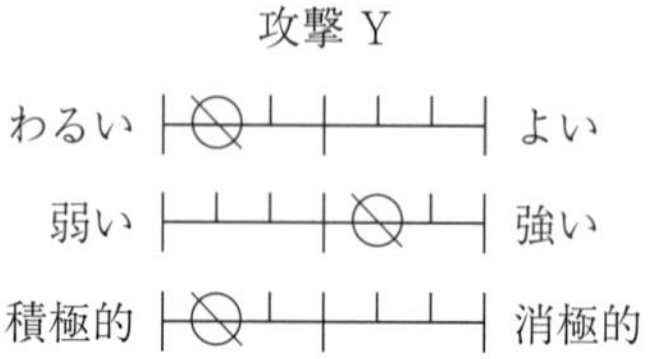

図12-3　ファジィ評定法の例（Takemura, 2021b）

法（Semantic differential method）とも呼ばれます。図12－2のように、一連の両極性形容詞対の尺度上に、人物、論点などの対象の評定をさせます。オスグッドらは、いろいろな概念について評定を求め、その結果を因子分析したところ、「評価」、「活動性」、「力量性」に関する3つの因子が得られるとしています。

ファジィ評定法

ヘスケスら（Heseth et. al., 1988）によって開発された方法であり、多属性の態度測定にも利用されています（竹村、1990；Takemura, 2000, 2007, 2012）。

従来のSD法やリッカート法では、尺度上の一点で回答させていましたが、評価における曖昧性がある場合、複数の点や幅のある範囲で表現する方が、回答しやすいと考えられます。ファジィ評定では、図12－3のように、丸印で幅を持たせて判断させ、代表値を斜線で表現させることがあります（Takemura, 2000, 2007, 2012）。態度尺度得点はファジィ集合であるとして処理されて、ファジィ回帰分析などによって分析されます（Takemura, 2000）。

多次元尺度（Multidimensional scaling technique）

一般的には、1つの評価判断を同時に2つ以上の数値で多次元的に把握する方法の総称であり、尺度に対して、多次元のベクトルを対応させる尺度構成です。通常は、対象間の類似性や非類似性などの近接性データをもとに尺度構成がなされます。態度測定のための多次元尺度法には、さまざまな手法が存在します（藤原、2001）。対象を空間（ユークリッド空間など）に射影する方法は、通常頭文字をとってMDSと呼ばれ、間隔尺度や比例尺度レベルのデータを扱うものが計量的MDS（metric MDS）、順序尺度レベルのデータを扱うものが非計量的MDS（nonmetric MDS）と呼ばれています。通常のMDS以外にもガットマン尺度（Guttman scale）の考え方を拡張したMSA（Multidimensional scalogram analysis）とPOSA（Partial order 8 scalogram analysis）と呼ばれる態度測定があります（藤原、2001）。ガットマン尺度は一次元尺度であり、特定の項目に肯定的な反応をした個人は、それよりも順位の低い尺度値にある全ての項目に対して肯定的に反応するような形で態度尺度を構成します。ガットマンの考え方を多次元に拡張したPOSAはMSAにガットマン尺度の条件を緩めた半順序（partial order）の構造を入れたものです。半順序とは、先に説明した推移性に、反対称性（集合Xの任意の要素a、bについて、a≧bかつb≧aならばa＝bを満たす性質）を加えた構造であり、POSAではある次元の尺度に半順序性を仮定するのです。ガットマン尺度、MSA、POSAは、ファセット理論（facet theory）という観点から統一的に論じられています（木村・真鍋・安永・横田賀、2002）。

潜在的連想テスト法

潜在的連想テスト（Implicit association test）はその頭文字をとってＩＡＴとも呼ばれています。この測定法は、これまで説明した評定法をもとにした顕在的な態度測定法と比べて潜在的な反応をもとにした態度測定法であり、グリーンワルドら（Greenwald, McGhee, & Schwartz, 1998；Greenwald, Nosek, & Banaji, 2003）によって開発されています。このテストは、個人のある対象概念と、その属性との間の潜在的な態度構造を測定する方法です。この方法では、コンピュータのスクリーン上でのキー押し反応の反応時間が分析の対象になります。潜在的連想テストによる測定は、たとえば快・不快の分類と、白人（ヨーロッパ系アメリカ人）―黒人（アフリカ系アメリカ人）の顔写真の分類課題を混合したものです（Greenwald et al., 2003；井出野・竹村，2005）。すなわち、この種の測定では、まず、白人―黒人の顔写真の分類課題がなされ、次に「自由」、「平和」、「殺人」、「虐待」といった刺激語を快と不快のカテゴリーへ分類する課題が行われます。その次に、顔写真と刺激語がランダムに呈示され、各々の刺激に対し快または白人ならば同一のキイ（たとえば左）を、不快または黒人カテゴリーならば同一のキイ（たとえば右）を押すことなどが求められます。また、別のセッションで快または黒人ならば同一のキイ（たとえば左）を、不快または白人ならば同一のキイ（たとえば右）を押すことが求められます。そうして、①「白人の写真と快の意味の単語」または「黒人の写真と不快の意味の単語」に反応する条件と、②「白人の写真と不快の意味の単語」または「黒人の写真と快の意味の単語」に反応する条件、での反応時間の差異を比較します。グリーンワルドら（Greenwald et al., 2003）の研究では、②の方が①に比べ反応時間が長く、黒人に対する否定的な潜在的反応効果が認められました。潜在的連想テスト法で測定される反応時間の差異は、顕在的な言語報告の測定による差別意識や偏見とも相関がほとんどなく、顕在的な方法による態度の測定とはある程度独立な態度を測定していると考えられます。

態度や意見が比率尺度で測定できるということは、尺度に原点があると同時に測定単位が存在するということになります。ＩＡＴでの反応時間は比率尺度ではありますが、心理学の理論から検討している尺度は必ずしも比率尺度ではないと言えます。というのは、心理学の理論は定量的なものではなく、定性的であるからです。名義尺度や順序尺度でしか現象を測定できない場合は、このような測定単位がなく、データの解釈や理論的な取り扱いがかなり制限されることになります。たとえば、比率尺度であると、尺度間の四則演算が意味を成しますが、名義尺度や順序尺度では、尺度間の四則演算は意味がありません。順序尺度であっても、ある一群の公理を満たしているならば、コンジョイント測定（conjoint measurement）で間隔尺度と同等に扱え、加法的関数としての演算処理ができます（Luce & Tukey, 1964）。さらに、エクステンシブ測定（extensive measurement）を用いると、比率尺度と同等に扱えることがわかっていますが（Krantz et al., 1971；竹村・藤井、2015）、これらの公理の経験的関係への要請条件は非常に厳しく、人間行動の調査データや実験データの判断現象がこれらの公理を満たしているとは必ずしも言えません。このような理由で、人間行動の観察で頻繁に用いられている測定尺度の水準からみると、物理学などの自然科学で用いられるような定量的な法則の言明をすることは著しく困難であることがわかります。

順序尺度としての様々な態度尺度の頑健性について

このようにさまざまな態度尺度があることがわかりました。尺度によっては、間隔尺度以上を仮定していたり、少なくとも順序尺度の性質を持っていることが仮定されていますが、このような尺度は本当に順序尺度の性質を持っているのでしょうか。順序尺度でもないのに、順序統計を用いるのはかなり問題かもしれません。さらには判断データに対して間隔尺度を仮定したりして、さまざま統計分析を行うことが心理学者を中心にして行われていますが、順序尺度の性質をデータが持っていないなら、問題のあるデータの取り扱いをしていることになります。竹村・武藤・原口（2016）は、このことをリスク判断の事例をもとに検討してみました。この研究では、食品のリスクに関する質問紙調査の尺度についての測定論的分析を行い、尺度の分析を行いました。調査1では、質問紙の回答に一般的に使われる程度量表現用語の副詞の順位付けを行わせ、回答者がその表現の回答手段の下で正確に評価をできているのかどうかを検討し、調査2では、実際のリスク事象の対に対して、リスクの危険度と選好との関係を検討しました。

【調査1】程度量表現用語の順序尺度構成

大学生151名（男女比60：91、平均年齢＝21・49歳、SD＝0・99）に対して質問紙調査を行いました。「安全」「危険」それぞれの単語に織田（1970）を参考にした程度量表現用語を付与し、13

種の修飾強度を一対比較させせました。(例：すごく安全・かなり安全、だいぶ危険・とても危険)

本調査は、サーストンの一対比較法を用いた質問紙で実施しました。項目は、評定法についての心理学の古典的研究でもある織田(1970)の論文中にある、「かなり」、「ひじょうに」、「やや」、「たいへん」、「すごく」、「とても」、「だいぶ」、「わりに」、「たしょう」、「すこし」、「どちらかといえば」、「わずかに」、の12種類の程度量表現用語(副詞)を参考にして作成しました。そしてこの12種類の副詞に新たに「おおかた」という語を入れました。選択率から標準正規分布の逆関数を求め、サーストンの一対比較法で危険と安全各13種類の副詞を順位付けました。また、評価の推移性の検討を行いました。

各用語の語尾に危険をつけたものを危険13種類(かなり危険、ひじょうに危険、やや危険、おおかた危険、たいへん危険、すごく危険、とても危険、だいぶ危険、わりに危険、たしょう危険、すこし危険、どちらかといえば危険、わずかに危険)としました。また、語尾に安全をつけたものを安全13種類(かなり安全、ひじょうに安全、やや安全、おおかた安全、たいへん安全、すごく安全、とても安全、だいぶ安全、わりに安全、たしょう安全、すこし安全、どちらかといえば安全、わずかに安全)としました。上記の危険13種類を、全て対にして計78項目をつくりました。安全13種類からも同様に78項目をつくりました。このようにして質問紙の(1)に危険13種類の78項目、(2)に安全13種類の78項目、計156項目をのせた質問紙を4系列分作成しました。

（1）調査1の結果

調査1では、一対比較法による分析で求めた刺激系列順位を求めました（図12－4参照）。推移性と非推移性に関しての検討を行ったところ、危険性についての評価では、非推移性に基づく循環が0個である完全な推移性を満たした人は14名、循環が全体の5％以下の14個の人は84名でした。次に、安全についての評価でも、循環が0個である完全な推移性を満たした人は14名、循環が全体の5％以下の14個の人は84名でした。このように半数近くの人々にはおおむね伝統的な数量的な分析が可能ですが残りの人々には数量的分析が困難であることが示唆されました。また、厳密に順序尺度を満たす判断を常に行えた人は1割未満であり、順序尺度の公理はほとんど満たされていないことがわかりました。

【調査2】危険選好・回避選好の順序尺度構成

大学生150名（男女比＝64：86、平均年齢＝21・31歳、SD＝1・14）に対して質問紙調査を行いました。「脳梗塞」「糖尿病」等の8種のリスク事象に対し、危険視する度合いについて一対比較させ、同様に回避を望む度合いについて一対比較させました（例：「どちらがより危険だと思いますか」、「どちらをより避けたいと思いますか」など）。

質問紙に出るリスク事象は、「遺伝子組み換え食品」、「食品添加物（政府が許可したもの）」、「BSE（牛海綿状脳症）」、「毒キノコ」、「脳梗塞」、「食中毒」、「糖尿病」、「悪性新生物（ガン）」の8種類のリスク事象を使用しました。これらのリスク事象8種類を全て対にして計28項目を作成しました。調査1と同じように、選択率から標準正規分布の逆関数を求め、サーストン法で順位付けました（図12－5参照）。

質問紙の(1)では、作成した計28項目について対になるリスク事象を比較してもらい、どちらがより危険かを問いました。本調査において、(1)の質問は、被験者の方に、リスク事象への危険度の「評定」を行ってもらう為の質問です。また(2)では、作成した28項目について対になっているリスク事象を比較してもらい、どちらをより避けたいかを問う質問を行いました。本調査においての(2)の質問は、(1)の質問とは違いリスク事象への危険度の「評定」ではなく、実際の行動としてどちらのリスク事象を避けたいかという被験者自身の「選択」を問う質問としています。(3)では、年間死亡者数の区間推定を求める項目「この事象（もの）により、日本国内（総人口：1億2700万人）において、毎年何人から何人くらいの人が死亡していると思いますか？（参考情報あり）」と、年間死亡者数の点推定を求める項目「この事象（も

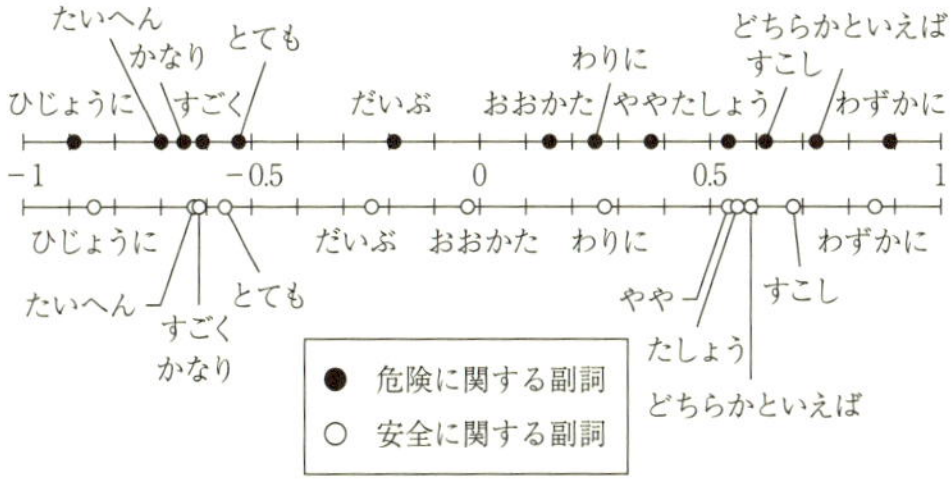

図 12-4 危険・安全に関わる副詞の尺度値

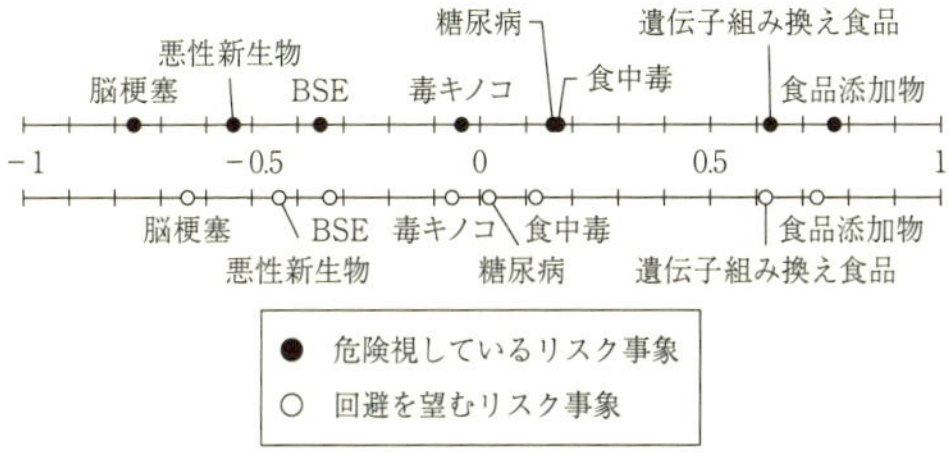

図 12-5　回避を望むリスク事象の尺度値

の）による、日本国内（総人口：1億2700万人）における年間死亡者数は正確には何人だと思いますか？（参考情報あり）」を採択し使用しました。

調査2の結果

推移性に関しての検討を行いましたが、リスク判断で循環が0個である完全な推移性を満たした人は56名、循環が全体の5％以下の3個の人は92名でした。次に、選好について、循環が0個である完全な推移性を満たした人は44名、循環が全体の5％以下の3個の人は75名でした。調査2では、完全に順序尺度の性質を満たした人が3分の1程度いて、この点では、調査1より多かったですが、5パーセント以下の不整合の人は調査1と類似して半数程度でした。このことからリスクの判断や選好に関しても、半数近くの人々には数量化とその分析がある程度可能ですが、残りの人々には数量的分析が困難であることが示唆されました。

ここに紹介した研究では、食品のリスクに関する質問紙調査の尺度についての弱順序の推移性に焦点を当てた測定論的分析を行いました。調査1では、一対比較法による分析で求めた刺激系列順位を求めました。推移性と非推移性に関しての検討を行ったところ、過半数の人々には推移性が満たされ、伝統的な数量的な分析が可能であることが示唆されました。調査2では、人があるリスク事象に対し、「どちらがより危険であるか」という「評価」を問う質問と「どちらをより危険だと思うか」と実際に行動として避けたいという意志を問う質問の間の乖離について検討をしましたが、そのような乖離は見られず、通常のリスク尺度が人々のリスク対象に対する選好をある程度反映していることを示唆しました。次に、推移性と非推移性に関しての検討を行いましたが、リスクの判断や選好に関しても、過半数の人々には数量化とその分析がある程度可能であることが示唆されました。

調査や実験における判断データの曖昧性と非一貫性

測定論における尺度水準から調査や実験の判断データの特質を述べると、順序尺度レベルですらその成立条件をみたしていないことがあり、間隔尺度ではさらにその成立が難しいことがわかります。このことは、物理学などの自然科学とは性質が著しく異なっている点でもあります。統計分析は通常物理学のような厳密科学としての自然科学ではあまり用いられず、心理学や社会科学といった人間の主観が入るような領域で多用されていますが、厳密な意味での統計分析を行うことは、データの説明の上では逆に不正確であるともいえます。しかしながら、定量的な法則の言明だけが科学研究においては大切なわけではありません。誤差や不正確さを含んだ記述や言明というものが有効なこともあり得ます。このように、人間行動の測定が通常の自然科学における測定と大きく異なる点は、名義尺度や順序尺度の研究対象が多いということだけではなくて、下記に述べるように、測定に曖昧性があり、非一貫性がある点もあります。

第一は測定の曖昧性ですが、測定される現象が自然言語で表現されることによる曖昧性がありま す。たとえば、災害現場で面接を行ったときに、調査対象者の報告は自然言語でなされます。このとき、調査対象者の多くが、「この状況で行われている自治体の対策は、あまり良くないと思う」と言語報告したとします。このような言明は、今後の対策を考える上で重要な意味を持っています。しかし、この「あまり良くない」というような表現は、日常会話でもよく用いられますが、どの程度良くないのでしょうか。このような発話の意味は、人によっても異なるし、同じ人間でも文脈によって異なるでしょう。また、「あまり良くない」というのは、何らかの選好を表しているのでしょうが、選択場面における好みを表現する順序尺度（順序効用）でそもそも表現できるのか疑問です。自然言語による表現は、そもそも曖昧であり、何を指しているのかその外延を明確に規定することはできません。このような自然言語にまつわる曖昧性は、集合の帰属度に関する実数値関数を定義するファジィ集合論によってある程度モデル化することができますが、ファジィ集合論でも、自然言語のすべての曖昧性は表現できません（Takemura, 2000, 2021a, b）。

第二に、測定の非一貫性ですが、これには、反応モード効果（response mode effect）に基づくものと、フレーミング効果（framing effect）に基づくものが考えられます。反応モード効果とは、どんな反応モードをするかによって、同じ概念を測定していても、結果が一貫しない現象を指します。典型的な現象が、行動経済学の研究例として知られている「選好逆転現象」です。たとえば、常識的な推論からすると、評定法と選択法は、反応のパターンが異なるだけであり、両者は互いに同じ方向の選好や評価を反映していると期待されます。すなわち、選択肢xの評定値が選択肢yよりも高ければ、選択の結果、yよりもxが選ばれやすいという関係が期待できます。評定では、選択肢xの評定値が選択肢yよりも高いのに、選択では、yがxよりも選択されやすいという状況は、常識的な推論からは考えられません。しかし、これまでの研究によると、評定による選好順序と選択による選好順序は必ずしも同じではなく、逆転する場合があります（Tversky, Sattath., & Slovic, 1988; 竹村、1994; Takemura, 2020）。たとえば、自動車事故や環境汚染などの対策が複数あって、住民がその対策を評価して社会的意思決定をする場合、どのくらいの税金を投入するべきかという評価法で聞く場合と、対策の選択を投票で決める場合とで、結果が逆転してしまうことが起こり得るのです（Takemura, 2020, 2021a, b）。また、フレーミング効果に基づく非一貫性というのは、同じ事象を指していてもその言語表現を変えるだけで、評価や意思決定が変化してしまうことを言います（Tversky & Kahneman, 1981; Takemura, 2020, 2021a, b）。このことは、社会調査においては、ワーディングの問題としてよく知られている現象ですが、同じことを聞いているのに質問文の語尾が少し変わっただけで、反応が全く異なることがあります（Takemura, 2021b; 竹村・劉、2021）。フレーミング効果については、カーネマンとトヴェルスキーによって最初に理論的に検討されました（Tversky & Kahneman, 1981）。しかし、この現象は、同じ指示対象を言い換えてもその指示対象の意味は変わらず、指示対象間の関係性をも保存するという外延性の論理あるいは記述不変性を逸脱しているので、自然科学の理論のような記述が本質的に不可能なのです。フレーミング効果が生じるのは、人々が抽象的概念を扱うのが苦手であり、外延性の論理にしたがって物事を考えない無知から来ると考えられるかもしれませんが、人間が自然言語で物事を考える限り、フレーミング効果は生じるのであり、人間の社会生活にとっては本質であるとみなさざるを得ない側面があります。人間行動の観察においては、このようなフレーミング効果に基づく非一貫性を考慮に入れて、現象を考察する必要があるでしょう。

人々の判断や意思決定が順序尺度の公理を満たさないということは、ベストな決定や最悪の決定の回避を人々が判断できないことを示唆しています。たとえば、コロナ禍においても、人々は、最悪を避けるために行動自粛を取ろうとか、最悪の事態を考慮してオリンピックを中止しようなどというスローガンがメディアで唱えられていましたが、しかし、そもそも人は、最悪のことが何なのか、また最善のことが何なのかはわかっていないことが多いものです。

トヴェルスキー（Tversky, 1969）は、弱順序に仮定されている推移性が意思決定において満たされているかを実験によって検討していますが、さらに、この検討は、推移性というよりも、より条件の緩い非循環性の経験的検討にもなっています。彼は、被験者に円グラフのカードを2つ見せて、どちらのギャンブルを選好するかを尋ねました。このとき、無差別な選好関係の表明は許されず、どちらが選好されるかを表明させられました。したがって、これは、強選好関係x＞y、すなわち、x≿y & not(y≿x)という関係を示しています（ただし、≿は選好関係）。カードには、円グラフの上に賞金の額が書かれ、円の面積に占める黒塗りの扇形の面積の割合が勝率として表現されていました。選択肢aからeに移るにつれて、勝率は高くなり、賞金額は低くなっています。aとb、bとcのような比較判断の場合には、わずかな勝率の違いは無視されて、賞金額の大きい方が選ばれる傾向にありましたが、aとeのような勝率が大きく異なる組み合わせの場合は、勝率の高いeの方が選ばれる傾向がありました。これは、a＞b、b＞c、c＞d、d＞e、e＞aという関係を示しており、明らかに推移性を満たしていません。このことは、推移性の条件を緩めた、非循環性（選好関係のどこかで循環が生じることがない）の条件も満たしていないことを示しています。

検討すべき属性が多い多属性意思決定の場合は、もっと循環は生じやすいです。二つの選択肢を比較して望ましくない要素の数が多い方をより悪い選択肢としてみます。このような選択の仕方はそれほど不合理ではないでしょう。選択肢xとyとを比べるとき、選択肢yのほうが選択肢xより悪い要素が多ければ選択肢yの方が悪いことになります。また、選択肢yとzを比べるとき、選択肢zのほうが悪い要素が多ければ、zが最悪の選択肢になりそうです。しかし、選択肢zとxを比べてみると、今度はxのほうがより悪い属性が多かったならxが最悪になり、循環が生じてしまうようなことが生じます。これと同じように、最善の選択肢を探しても同じことが生じます。これは仮想的な例ではありますが、実際に社会的意思決定の中でこのようなことが行われている可能性は高く、計算機シミュレーションや事例研究でもこのような可能性が低くないことが指摘されています。

このような非推移的な判断が生じるさまざまなモデルが提案されています（Scott, & Suppes,1958; Tversky,1969; Nakamura, 1992; Takemura, 2007, 2012, 2021b）。竹村と玉利（2017）は、非推移的な判断現象を説明するための計算機シミュレーションを行い、閾値を大きく設定すると非推移的な判断が生じやすいことなどを例証しました。また、彼らは、最尤法を用いて非推移的な判断を閾値モデルで推定する方法を提案しています。しかし、このようなモデルは、非循環的なモデルであって、循環的な判断現象を十分に説明することができません。

結　論

本章では、人間行動についての調査データや実験データの尺度がどうして数量化できるのかということについて説明し、順序尺度であっても数量化表現ができることを説明しました。しかし、順序尺度の性質は、人間の判断データでは必ずしも得られないことをいくつかの事例をもとに説明しました。反応モード効果やフレーミング効果に示されるような、順序が逆転するような非一貫性は、重さの測定や長さなどの物理的測定においては、いくら量りや物差しの精度が悪くても起こりえません。このような点でも、人間行動に関する測定は、物理学などの自然科学における測定と異なっており、その測定された事象に対する理論的な取り組み方も同時に異なるのです。

データが順序尺度を満たさないことは、意思決定においてベストな選択肢の判断ができないこととパラレルな関係にあり、実は、選好や効用を推測する顕示選好理論としても問題になります。これまで最良の選択肢が存在するという合理的選択関数が存在するためには、顕示選好関係がリクターの弱公理を満足することが必要十分条件になっていることがわかっています（鈴村，2009；Takemura, 2021a）。リクターの弱公理（Richter, 1971）というのはxが任意のyに対して顕示選好されているならxが選択されるという要請ですが、この選好関係の背後には完備性と非循環性（選好関係に循環が生じないことであり、推移性を満たせば非循環性を満たします）が仮定されていると考えることができます。このことから先の非推移性についての実証研究を振り返ると、人間の意思決定がリクターの弱公理を必ずしも満足していないことが示唆されて、そもそも効用や選好を測定できるかという問題にもいきつきます。本章で行った公理的な観点からの測定についての議論は認識論的にもいろいろな議論がありますが（Vessonen, 2021）、このような考察はある程度役に立つと思います。

このように、人間行動に関する調査データや実験データは順序尺度であっても十分数量化はできますが、データが順序尺度の公理を満たさないこともあり、また、順序尺度であっても間隔尺度や比率尺度の公理を満たさず、通常の統計解析についてはかなり制限があることがわかります。巷に流行する統計技法を安易に人間の判断データに適用して過度な精緻化を行なったりすることはデータの性質上意味がないことになるので、この点を注意してデータの解釈を行う必要があると思います。むしろ、判断データにおいては、データの曖昧性や非一貫性を考慮してデータの大まかな傾向をつかみ、頑健な推定や解釈をするほうが有意義だと思います。

第13章　歴史学と統計学

邪馬台国が福岡県にあった確率、奈良県にあった確率

私は、文学、言語学、歴史学など、いわゆる人文科学といわれる分野の研究に、統計学や確率論を用いるという研究をもっぱら行ってきたものです。

かつて統計学は、人口や農業生産物、工業生産物などの具体的な「もの」を主に数えるものでした。しかし、情報化社会の進展にともない、しだいに言葉や情報の使用頻度・発生回数を数えたり、将棋や碁などのゲームの勝率を計算したり、商品の販売された回数を数えたり、広い意味での「こと」をカウントすることが多くなってきました。データの量は莫大なもの、いわゆるビッグデータとなり、それを処理する方法や機械も進化してきています。かくて、統計学や確率論は、人文科学の分野の研究における「ゲームチェンジャー」となる可能性が大きくなってきています。

碁、将棋、チェスなどのゲームの分野では、ゲームに勝つ方法の見つけ方自体の「ゲームチェンジ」、革新が行われています。ゲームに勝つ方法の探究を、コンピュータを用いて行うのです。碁では2017年5月に、グーグル傘下のディープマインド社の「アルファ碁」が、世界ランキング第一位の中国の柯潔氏を3勝無敗で圧倒しています。将棋でも、同じ年の同じ月に、山本一成氏開発の「ポナンザ」が、佐藤天彦名人に2連勝し、電王戦を制しています。

さて、歴史学の問題を考えてみましょう。

歴史学の分野でよく知られている謎解き問題としては「邪馬台国問題」があります。中国の歴史書『三国志』のなかの、「魏志倭人伝」に書かれている「邪馬台国」がどこにあったのかという問題です。有力な候補地としては、九州と近畿、とくに福岡県と奈良県とがよくあげられます。

私は、このような問題であれば、邪馬台国が福岡県にあった確率や、奈良県にあった確率を計算すればよいと思います。たとえば「魏志倭人伝」には倭人は鉄の鏃《やじり》を用いるとか、魏の皇帝が卑弥呼に銅鏡百枚や五尺刀、絹製品を与えたとか、卜骨を用いてうらないをするとか、倭の地では絹製品を産出するとか、倭王は白絹や勾玉《まがたま》の貢物を送ってきたとか、考古学的遺物を残しそうなものについての記述がいくつもあります。これらの遺物の出土状況から、邪馬台国の位置を探ることができます。

たとえば弥生時代の鉄の鏃の、都道府県別の出土数データを示せば、図13－1のようになります。鉄の鏃の出土数は福岡県が奈良県のおよそ100倍です。また、近畿説の考古学者の寺沢薫氏の示すデータにより、邪馬台国の時代にあたるころの、青銅鏡の出土数データを示せば図13－2のよう

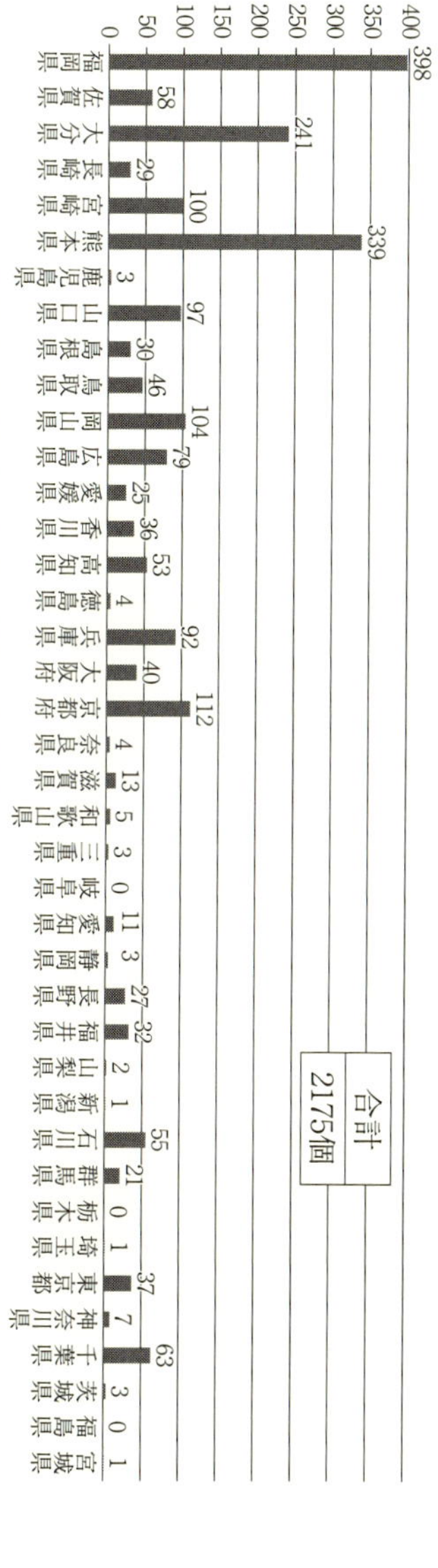

図13-1　県別・弥生時代の鉄鏃の数（もとのデータは川越（2000）による）

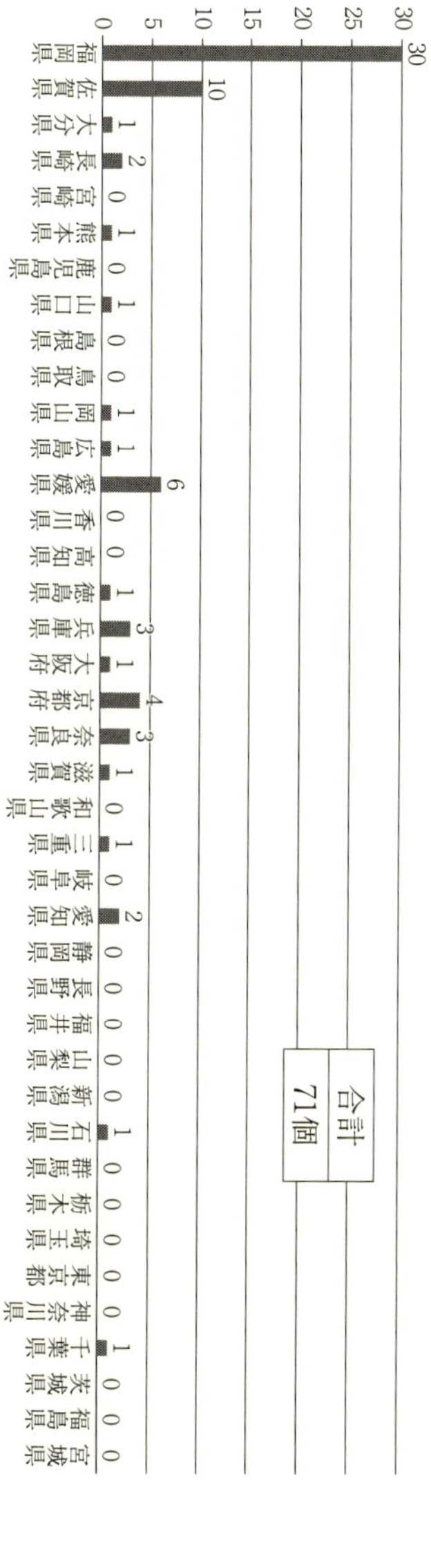

図13-2　寺沢薫氏の資料による邪馬台国の時代の鏡の県別出土数（寺沢（2014）に示されているデータに基づき作成）

になります。福岡県からの出土数は、奈良県からの出土数のおよそ10倍です。絹や勾玉などの出土状況も、鉄の鏃や鏡などと同様の傾向を示します。

この種の、出土数にみられるような「結果」から、そのような結果を生じさせた「原因」を探って行く統計学として「ベイズの統計学」があります。ベイズの統計学は「原因の確率を求める統計学」などともいわれます。普通の確率論では、たとえば箱の中に、赤、青、白などのいくつかの玉が入っていて、「2回続けて赤玉が出る確率はいくらか」など、そこから取り出された玉についての確率を求めます。ところかベイズの統計学では話が逆で、いくつかの箱の中に、それぞれ何種類かの玉がある一定の割合で入っていて、そこから取り出された玉の状況からみて、「玉がどの箱から取り出された確率が高いか」などを考えます。この考え方は、製品に不良品が出た場合に、いくつかある工場のうち、どの工場から出た可能性が高いかといった推定に用いることができます。

邪馬台国問題にベイズの統計学を適用した議論の詳細は、拙著『邪馬台国は99・9％福岡県にあった』（安本、2015）で述べました。また議論の要点を入門風に書いた拙著に『データサイエンスが解く邪馬台国』（安本、2021）があります。ここで簡単に示すと、「鏡」「鉄鏃」「絹」「勾玉」の4種についての出土データを総合すると、邪馬台国が福岡県にあった確率は99・8％、佐賀県にあった確率は0・2％、奈良県にあった確率は0・0％となります。これはすべての都道府県を公平に比較する議論です。はじめに○○県ありき、というような議論ではありません。邪馬台国論争では、個々の遺跡・遺物に注意を集め、それをなんとか邪馬台国に結び付けることが繰り返されていますが、それでは証明になりません。遺跡・遺物の全体的状況を見ることが重要です。

ベイズの統計学の適用にあたっては、わが国においてベイズの統計学の第一人者といってよい松原望氏に、長時間の議論検討とご指導とにおつきあいいただきました。松原望氏はつぎのように述べておられます（安本、2013）。

統計学者が「鉄の鏃」の各県別出土データを見ると、もう邪馬台国についての結論は出ています。畿内説を信じる人にとっては、「奈良県からも鉄の鏃が4個出ているじゃないか」と言いたい気持ちはわかります。しかし、そういう考え方は、科学的かつ客観的にデータを分析する方法ではありません。私たちは、確率的な考え方で日常生活をしています。…たとえば雨が降る確率が「0・05未満」なのに、長靴を履き、雨合羽を持って外出する人はいません。

各県ごとに、弥生時代後期の遺跡から出土する「鏡」「鉄の鏃」「勾玉」「絹」の数を調べて、その出土する割合をかけあわせれば、県ごとに邪馬台国が存在した可能性の確率を求めることが可能になります。その意味では、邪馬台国問題は、ベイズ統計学向きの問題なのです。

このように、問題解決に有効な方法は、すでに提供されているのです。ただ、人文科学分野への統計学や確率論の適用については、まったく別種の困難な問題が存在します。それは以下のような問題です。

統計学はイギリスの統計学者フィッシャー（Fisher, R. A.）によって、１９２０年代にいわゆる「推計学（推測統計学）」が提唱され、大きな変革がもたらされました。それまでの統計学は観察・

記述の学（記述統計学）であったものが、確率論に基づいて推測の方法を与える学となり、実際の問題を解決するものとなりました。以後、統計学は小標本の理論、ベイズの統計学、多変量解析論、ビッグデータ論など、コンピュータの発達普及とともに急速な進歩発展をとげました。

各学問分野はきそってこれらの方法を取り入れました。しかし、たとえば考古学の分野では、この百年間、このような動向にまったくといってよいほど無関心で、このような方法を取り入れる伝統が作られませんでした。一つ一つの遺跡、遺物については、きわめて詳細正確な観察・記述が行われるのですが、それは統計学の「記述統計学」ということばにならっていえば、「記述考古学」というべきものです。それらのデータを統計的に整理し、全体的な動向をつかみ、ある結論を導き出すという論理と方法とを磨きませんでした。ある遺跡や遺物に「解釈」を加え、マスコミ発表ができればそれで「証明」完了とする風潮が強いです。

たとえば奈良県から大きな建物あとが出土すると、それを「卑弥呼の宮殿」と「解釈」してマスコミ発表を行います。しかし神奈川県からは、弥生時代のもっと大きな建物あとが出土しています。「魏志倭人伝」は卑弥呼の「居所」について、「宮室、楼観（たかどの）、城柵をおごそかにもうけている」と記していますが、奈良県からは楼観・城柵にあたるものは出土していません。佐賀県の吉野ケ里遺跡からは、楼観・城柵にあたるものも出土しています。このように結論がさきにあって、それに合うように出土物を「解釈」していく論点先取の議論が、あまりにもしばしば行われています。

また、奈良県の纒向遺跡からベニバナの花粉が出土すると、それを「魏志倭人伝」の「絳《あか》い縑《けん》

（絹織物）」と結びつけてマスコミ発表をしています。しかし、紀元前2世紀ごろに中国で成立した辞書『爾雅』に「蒨（アカネ）は、もって絳に染めるべし」とあります。「絳」は「ベニバナ」ではなく「アカネ」で染めたものです。これについてくわしくは拙著『誤りと偽りの考古学・纒向』（安本、2019）をご参照いただきたい。吉野ケ里遺跡からはアカネで染めた絹織物が出土しています。

また炭素14年代測定法にもとづき、奈良県の箸墓古墳を卑弥呼の墓とする見解が発表されたことがありました。しかし、箸墓古墳についての報告書『箸墓古墳周辺の調査』（奈良県立橿原考古学研究所、2002）などにのっている炭素14年代測定値をみると、推定されている年代の幅（年代の異なり）が大きいです。対象としてヒノキを測るか、桃核を測るか、甕内のオコゲを測るかによって、前後400年ほどの幅があります。あらかじめ結論を持っていれば、1世紀から4世紀までの任意の年代を「自説にあっている」として取り出すことができます。

かつ、土器年代からみた築造年代において、箸墓古墳に先行するとみられるホケノ山古墳についての報告書『ホケノ山古墳の研究』（奈良県立橿原考古学研究所、2008）にのっている炭素14年代測定値をみると、4世紀を中心とする年代（320年から400年）が示されています。箸墓古墳はすでに何人かの考古学者、斎藤忠氏（東京大学教授など）や関川尚功氏（橿原考古学研究所所員など）が述べておられるように、4世紀代築造のもので、卑弥呼の時代よりも百年程度はあとのものでしょう。

卑弥呼は誰か

ここでは「卑弥呼は誰か」という問題について考えてみましょう。さきほど触れた「魏志倭人伝」は中国の文献ですが、わが国にも『古事記』『日本書紀』をはじめとする諸文献があります。では卑弥呼や邪馬台国のことはそれらの文献になんらかの形で記されているのでしょうか。

そもそも卑弥呼はわが国の古文献が記す誰にあたるのでしょうか。これについての主な説としては次のようなものがあります。

卑弥呼＝神功皇后説

『日本書紀』はこの説に基づいて編纂されています。神功皇后は第14代仲哀天皇の皇后で、第9代開化天皇の5世の孫です（『古事記』）。『日本書紀』の編纂者も、現代の研究者と同じく、中国からもたらされた「魏志倭人伝」などの資料と、『古事記』など年代情報の不十分な伝承的国内資料を持っていました。この2つの別系統の情報を組み合わせて、中国の史書にみられるような形に年代を定めることは、『日本書紀』の編纂者にとって重要な課題でした。編纂者たちは外国にまで名をとどろかせたとされる神功皇后が卑弥呼であろうと想定して、『日本書紀』の基本的な年代の枠組みを定めました。

卑弥呼＝倭姫《やまとひめ》説

倭姫は第11代垂仁天皇の皇女、第12代景行天皇の妹です。この説は明治の末に、京都帝国大学教授であった東洋史学者の内藤湖南氏が唱えました。

卑弥呼＝倭迹迹日百襲姫《やまととひももそひめ》説

この説は大正時代に中学校教諭であった笠井新也氏によって唱えられました。倭迹迹日百襲姫の系譜については文献により多少の差があります。笠井氏は『日本書紀』により、第8代孝元天皇の皇女、第9代開化天皇の同母妹、第10代崇神天皇の父方のおばとする説をとっています。先述した箸墓はこの倭迹迹日百襲姫の墓と伝えられており、その築造の様子は『日本書紀』にかなり詳しく記されています。

卑弥呼＝天照大御神説

卑弥呼は第1代神武天皇の5代前と伝えられる天照大御神にあたるとする説です。いずれも東京大学の教授であった白鳥庫吉氏、和辻哲郎氏が示唆し、のちに栗山周一氏が明確な形で主張しました。この説に立つとき、邪馬台国は九州にあったことになり、神武天皇の時代に東遷したことになります（いわゆる「邪馬台国東遷説」）。

卑弥呼＝九州の女酋説

魏へ使をつかわしたのは、大和朝廷とは関係のない九州の女性の酋長であるとする説です。この説は江戸時代に本居宣長が説きました。

卑弥呼は不明とする説

『古事記』『日本書紀』が成立した8世紀と、卑弥呼が存在した3世紀の間には500年近い隔たりがあります。記紀が伝える初期の諸天皇には実在の疑われる人もあり、これらの文献からは卑弥呼や邪馬台国については探れないとする立場です。早稲田大学の津田左右吉氏がこのような考え方を体系的にまとめました。

商品の需要予測などを、統計学的な分析によって行う方法があります。過去数年の商品の売上げ量を年度別に調べ、増加や減少の傾向に直線や曲線をあてはめ、それらを延長することで将来の売り上げを予測する方法です。図13－3はこの方法を歴代天皇の在位時期にあてはめたもので、横軸に天皇の代をとり、縦軸に没年または退位年をとったものです。確実な歴史的事実とされている線を、商品の需要予測とは逆に過去に延ばしていくことで、年代的に確かでない諸天皇の活躍時期や退位の時期を推定することができます。天皇の活躍した時期が推定できれば、卑弥呼の候補となる女性たちの活躍年代も推定できるわけです。これまでに筑波大学の平山朝治氏のほか数名の研究者がこの方法で推定を行っていますが、いずれも結果はほとんど変わらず、卑弥呼の年代とちょうど

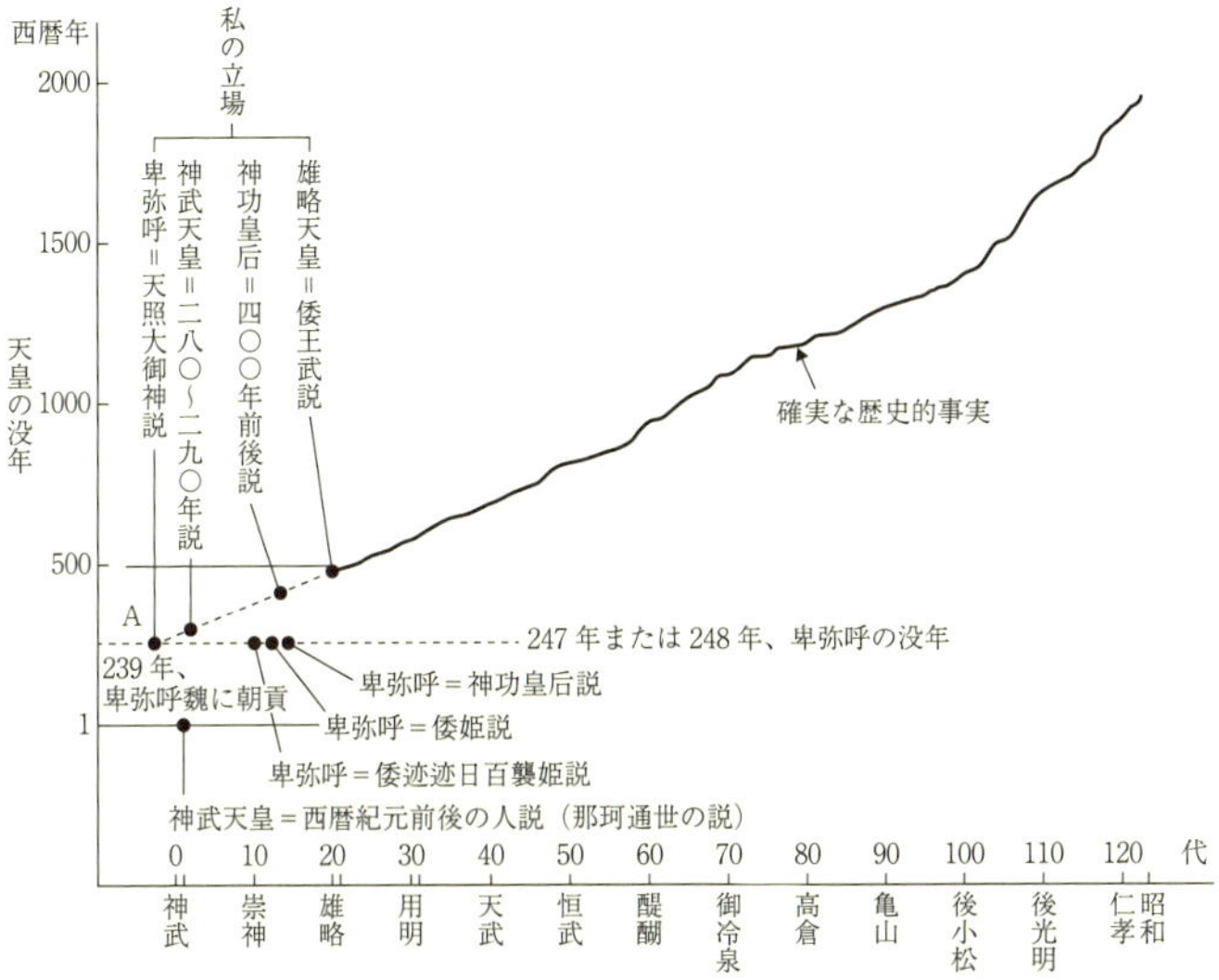

図13-3　天皇の代と没年または退位年

重なり合うのは天照大御神だけです。

　私はこれとは別の方法、すなわち存在と在位期間が確実な最古代の諸天皇の在位年数の平均値と標準偏差に基づき、同様の推定を行いました。これを平山氏の推定を比較すると図13－4のようになります。結論自体は変わりがありませんが、平山氏の方法の方が推定の誤差の幅が大幅に小さくなっています。

　いま、仮に「卑弥呼＝天照大御神」としますと、記紀では、天照大御神は神武天皇の５代前とされていますので、横軸の値が定まります。卑弥呼は２３９年に魏に使いを送っており、２４７年または２４８年に亡くなっていますので、縦軸の値も定まります。かくて図中のポイントAが定まります。図13－3を見れば、このA点が実線の延長上に極めて自然に載っていることが読み取れます。

　卑弥呼の神話化し伝承された姿が天照大御

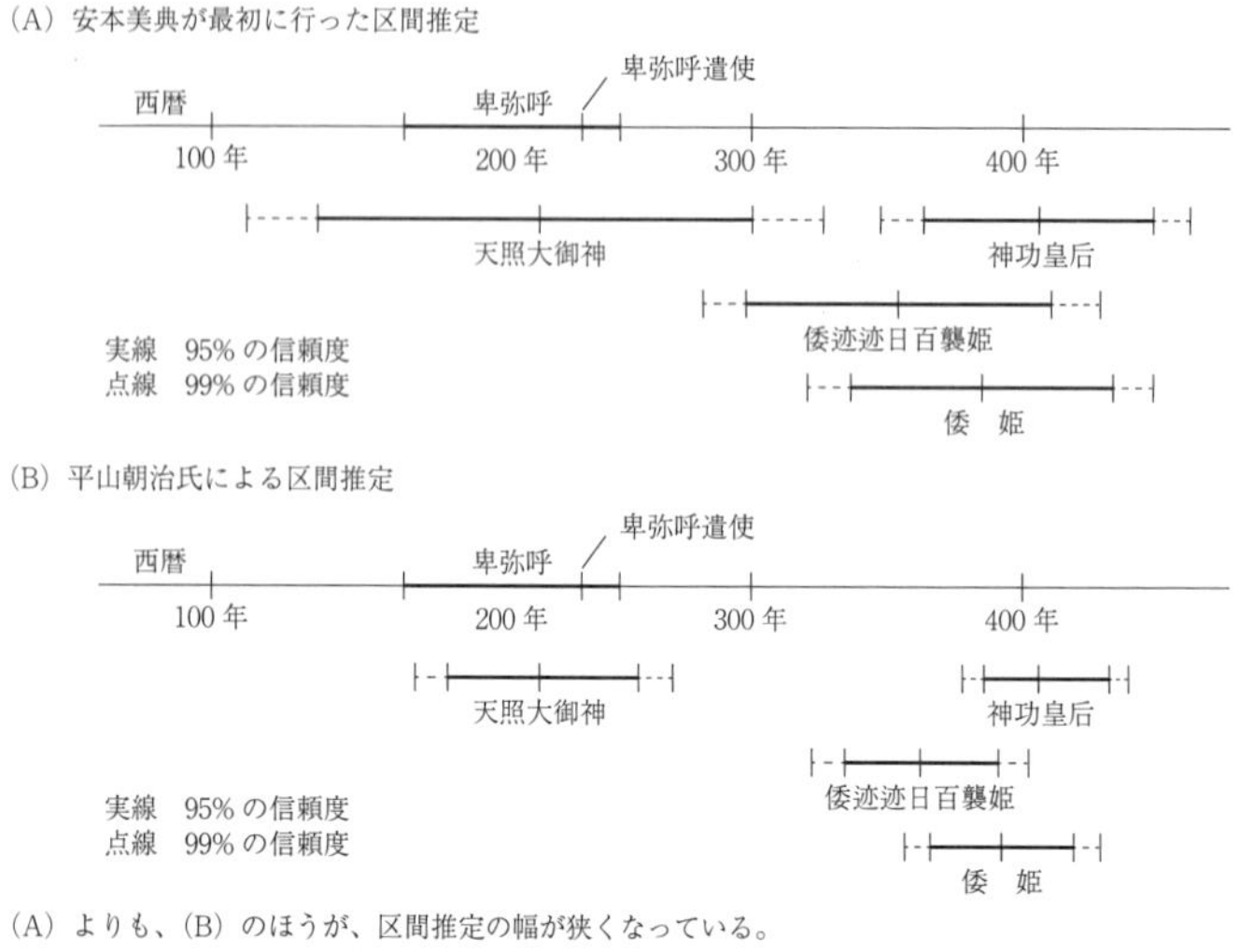

(A) よりも、(B) のほうが、区間推定の幅が狭くなっている。

図 13-4　5 人の人物が活躍していた時期

神であるとすれば、卑弥呼のいた邪馬台国が天照大御神のいた高天の原であるということになります。記紀の神話の巻によれば「高天の原」には「天の安の河」という河がありました。そして今も北部九州の朝倉市には「安川（小石原川ともいう）」があり、そのほとりには平塚川添遺跡という大環濠集落跡もあります。この遺跡の地を全部掘れば、吉野ケ里遺跡よりも面積が大きいと言われています。

ドイツのシュリーマンが発掘したトロヤ遺跡は、吟遊詩人の口頭伝承であったホメロスの詩に基づいて発見されました。ホメロスの詩は、『古事記』『日本書紀』の神話よりもはるかに神話性が強いと言われています。歴史学と統計学を結び付けて推測された邪馬台国の地、朝倉には何が眠っているのでしょうか。

エピローグ　データに見る日本200年の来し方行く末

人口に見る日本200年の来し方行く末

人口拡張期は終わった

シュレーツァー（Schlözer, A）は1804年に「統計とは静止する歴史であり、歴史は進行する歴史である」という標語を発表しました。ここでは、統計の原点ともいえる人口のデータの歴史的推移を確認します。周知のごとく、国勢調査を意味するセンサス（Census）の語源は、古代ローマにおいて市民の登録や財産の調査を行うケンソル（ラテン語Censere）に由来します。

日本の人口は、2008（平成20）年から減少し始めました。江戸末期の1792（寛政4）年の2987万人から増加し続けてきた日本の人口が、およそ200年ぶりに減少に転じ、2世紀にわたる人口拡張期が終わったのです。人口減少を国家衰亡の徴《しるし》と感じる人はもちろん多いでしょう。

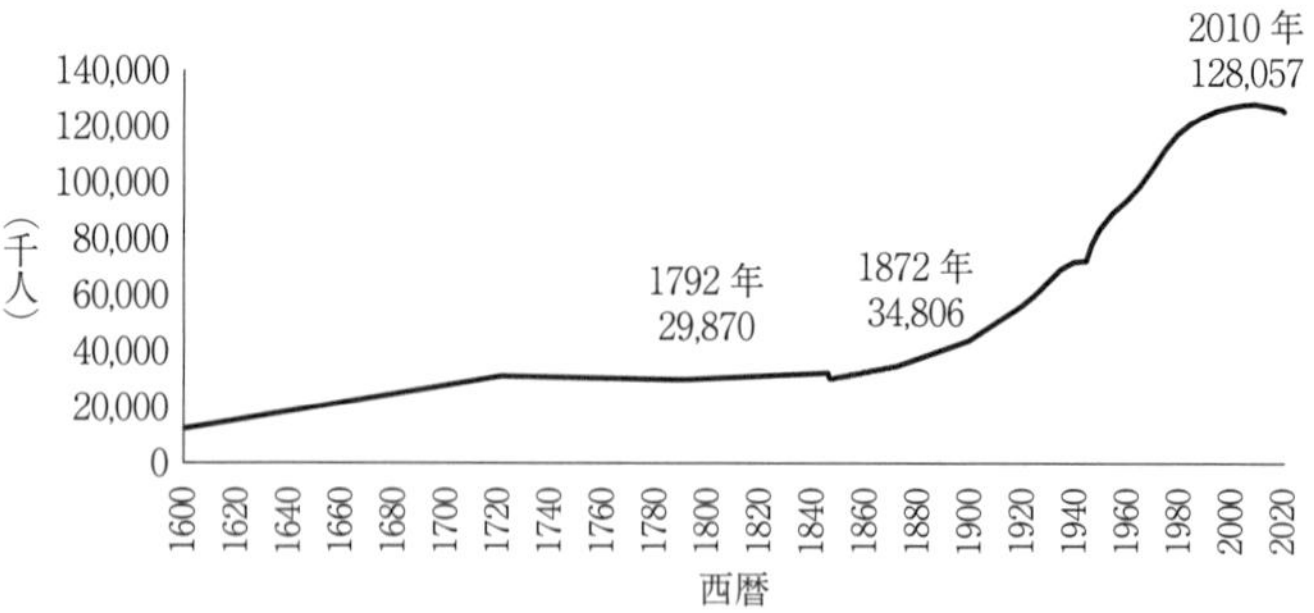

図1　日本の人口（国立社会保障・人口問題研究所（2023）より作成）

ここ2世紀にわたる日本の長い歴史の来し方を考えると、この「終わった」感は、たしかに淋しく感慨深いものがあります。

人口増加の起点である江戸時代は、人口停滞期と理解されがちです。深沢七郎の『楢山節考』に描かれたような、姥捨て伝説のイメージがあるのでしょう。しかし、それは正確ではありません。織田豊臣時代の人口増加の勢いは、確かに江戸中期に一時停滞しました。しかし、19世紀に入るとともに増勢が始まり、「明治維新」と呼ばれる幕末の政治革命が、その途上で起こったことを忘れてはなりません。江戸時代が終わり、明治が出発した１８７２（明治５）年には日本の総人口は、３４８０万人となっていました。ペリー来航の１８５３（嘉永６）年から１８６８（明治元）年の王政復古までわずか15年しかないことを考えれば、その政治革命がペリー来航に触発されたとしても、そのはるか数十年前、すでに人口増加による社会のエネルギーが潜在的に溜まりつつあったのです。

１８７２年の日本の総人口は、現在の４分の１強でした。明治維新は中央集権的近代国家「大日本帝国」を建てましたが、大日本帝国は日清戦争、日露戦争、第一次世界大戦、日中・太平洋戦争の4度の対外戦争の末、77年後の1945（昭和20）年に終焉しました。総人口は、戦時中に減少はみられたものの、明治当初の倍を優に超える7200万を少し超える数まで増えていました。

実は、1945年以降ちょうど77年目が2022年で、戦後民主日本は大日本帝国と同じだけ国家の齢を数えていることは感慨深いものがあります。最終的に2008（平成20）年の1億2808万人で日本の総人口はピークに達し、2世紀200年にわたる人口の拡張の大きなドラマは終わりました。「明治維新」というできごとをまたいだ（across）200年です。この200年という時期は、特別に「明治維新」へ至る（to）でもなければ「明治維新」から（from）にこだわる必要もありません。薩摩や長州が偉いのかとか「佐幕」対「勤王」の対決史観で乗り切れるのかといったことより何倍も大きな時代環境をイメージすることが大事なのです。

この際確認しておきましょう。人口成長率のトータルな基準感覚はどのくらいでしょうか。有名なマルサスの『人口論』では、人類は25年で2倍になるとし、この生物学的増勢が社会の悪徳を生むとしています。これは、増加率（年）としては2・8％です。実際の国連の人口統計では、1963年に世界の総人口の増加率が2・3％を記録しています。今のところこれが「人口爆発」のピークです。2・8％に近づいたといえますが、その後は緩和し、2020年増加率は1％を切っています。一方日本についてはどうでしょうか。江戸時代後期、19世紀初頭を3000万とし以後2世紀として通算すると増加率（年）は0・73％、明治以降だけで計算し直すと0・9％で、ほぼ1％と考えてよいでしょう。時代の大きな違いを考えれば、1％でも高い人口成長率と考えられます。

表1　世界の人口の推移（総務省統計局（2024）より作成）

年次	世界（100万人）	日本（1,000人）	年平均増減率（%）	
			世界	日本
1950	2,499	84,115	…	…
1955	2,746	90,077	1.9	1.4
1960	3,019	94,302	1.9	0.9
1965	3,337	99,209	2.0	1.0
1970	3,695	104,665	2.1	1.1
1975	4,069	111,940	1.9	1.4
1980	4,444	117,060	1.8	0.9
1985	4,862	121,049	1.8	0.7
1990	5,316	123,611	1.8	0.4
1995	5,743	125,570	1.6	0.3
2000	6,149	126,926	1.4	0.2
2005	6,558	127,768	1.3	0.1
2006	6,641	127,901	1.3	0.1
2007	6,726	128,033	1.3	0.1
2008	6,812	128,084	1.3	0.0
2009	6,898	128,032	1.3	－0.0
2010	6,986	128,057	1.3	0.0
2011	7,073	127,834	1.3	－0.2
2012	7,162	127,593	1.3	－0.2
2013	7,251	127,414	1.2	－0.1
2014	7,339	127,237	1.2	－0.1
2015	7,427	127,095	1.2	－0.1
2016	7,513	127,042	1.2	－0.0
2017	7,600	126,919	1.1	－0.1
2018	7,684	126,749	1.1	－0.1
2019	7,765	126,555	1.1	－0.2
2020	7,841	126,146	1.0	－0.3
2021	7,909	125,502	0.9	－0.5
2022	7,975	124,947	0.8	－0.4
2023	8,045	124,408	0.9	－0.4
2024	8,119	123,844	0.9	－0.5
2025	8,192	123,262	0.9	－0.5
2030	8,546	120,116	0.9	－0.5
2035	8,879	116,639	0.8	－0.6
2040	9,188	112,837	0.7	－0.7
2045	9,468	108,801	0.6	－0.7
2050	9,709	104,686	0.5	－0.8

人口に関する四つの将来課題

人口の問題は、マルサスが論じたように社会や経済の因果関係を考える上で有用であるとしても、政策の対象にはなじみません。人口学を引くまでもなく、大きな人口増加政策を実行したとしても効果が現れるのは少なくとも30年先だからです。すでにバブル崩壊後数十年が経過し、遅きに失した感は否定できず、まずはこの事実を受け入れる必要があります。その上で、人口について語るときに以下の三つの課題に関心をもつべきです[1]。

第一はもちろん「少子化」です。「少子化」とは、（1）出生率が低下すること、（2）人口置換水準を下回ること、（3）子どもの割合が低下すること、（4）子どもの数が減少すること、です。もともと近代化にともなう経済発展、生活水準の安定の結果、出生率と死亡率の関係が多産多死→多産少死→少産少死へと推移する変化は「人口転換」とよばれています。日本では、明治初期はまだ多産多死に近い状態と言え、その後死亡率が本格的に下がり、遅れて出生率が1920年頃から低下し、戦後1950年代には死亡率も出生率も一段と下がって転換が完了した、と岡崎陽一によって解釈されています。「人口転換は江戸末期から明治初頭に開始され、転換の完了は1950年代半ば、というのが人口学者の概ねの見方のように思われます。」（国立社会保障・人口問題研究所人口動向研究部部長岩澤美帆氏、私信）

少産少死なら人口は安定すると考えられるのに、なおも少子化は止まらず日本の少子化は突出した姿を現出しています。課題はなぜ出生率の低下が続くのかです。関連する統計として、1940年第一回以来の「出生動向基本調査」があります。第15回（2015）の時点では初婚どうしの夫婦および35歳までの未婚男女を対象としてサンプル調査をおこなっています。今後は結婚形態にいろいろな変化も予想され、日本の将来人口を予測するうえで重要な統計です。

二つめは、遅れて重要性を認識されている「地域社会の将来人口」の研究です。トータルの人口減少が国家衰亡とは限りませんが、地方の人口減少では、過疎や地方の消滅という突出した現象がみられます。内外に大きなショックを与えた増田寛也『地方消滅』（増田、2014）では、「過疎」ど

（1）経済発展の問題につながる「労働力人口」の課題もありますが、ここでは省略します。

ころか「消滅」する自治体が896にのぼるとし、「限界集落」なども定義されています。今後の科学的なモデルや分析を期待したい課題です。このような現象は東京一極集中と表裏一体でありますが、ある意味江戸幕府末期よりも悪い状況です。江戸は政治の中心でしたが、人口は一極集中していません。トータルの人口数減少を止めるのは極端に重い問題ですが、人口分布は政策論が考えられてよい課題です。1871（明治4）年の「廃藩置県」は表むきには行政改革ですが武士階級の俸禄を切り捨てる政治的動機の産物で、必ずしも理念的・固定的なものではありません。都道府県を廃止し道州制に移行することは今後清新な将来政策課題でしょう。

最後は、戦争による人口損失です。戦争は多大な人的損害と大インフレーションを生み出し、衰亡の危機にある日本にとどめを刺すでしょう。遠いロシア―ウクライナ戦争に便乗して戦争熱を煽る向きは自分のしていることがわかっていません。火遊びはやめるべきです。

第二次世界大戦における人口損失について概算試算を示しましょう。3次の直交多項式と言われる方法で統計的に推定したところ、(2) 戦争がなければ1945（昭和20）年の人口は推定約7800万程度と出ています。避けられない推定誤差を2％として下位推定は7644万となります。実データは7215万ですから、戦争被害者は最大429万と驚くべき大数となります。当時の厚生省が確認できた積み上数字では310万までいっていますが、戦争被害というものはそもそも正確には把握できませんから、310万は最小の数字で実際には400万に近づいても不思議はありません。鳥海靖によれば明治維新の混乱と対決では、旧幕府側、新政府側併せて、死者は戊辰戦争の8200人、西南戦争の13000人の計2万余といいますから、今次の戦争にまつわるまさに桁外れの事実がさすがに実感できるでしょう。まさに亡国の戦争でした。人口は外形の数字とは言いながら、深い時代の語り手なのです。

平和が戻り、戦後復興も終わり「もはや戦後ではない」と言われた節目が１９５５年、高度経済成長が始まり、そのさなかの１９６７年（昭和42年）、総人口は1億の大台を越えました。

財政に見る日本２００年の来し方行く末

人口問題は、多くの場合、歴史のきっかけにはなりますが、原因にはなりません。人口の中身は文字通り人間であり、人間が歴史を作るからです。その人口が２００年間伸び続け、その伸びが２００８年に終わったとき、日本は、財政破綻とデフレーションの中にありました。２００年前の幕藩体制は財政破綻の危機的状況にあり、その危機が昂じたところへ、外圧の一突きで結局幕藩体制は崩壊し明治維新となりました。黒船来航を「太平の眠りをさます蒸気船（上喜撰）たった四杯で夜も眠れず」といいますが、まさかほんとうにそれだけで体制が崩壊することはないでしょう。

（2）明治以降の日本の人口の推移には直線があてはまらないので、時間ｔに対して2次式や3次式といった多項式を用いて回帰を行います（多項式回帰）。１９７2年を時間 $t=1$ とし、ｔの人口 y_t を従属変数として、3つの独立変数 $\varphi_{1,t}\equiv t-1/2(T+1)$、$\varphi_{2,t}\equiv(\varphi_{1,t})^2-(T^2-1)/12$、$\varphi_{3,t}\equiv(\varphi_{1,t})^3-(3T^2-7)\varphi_{1,t}/20$ で重回帰分析を行います。なおＴはｔの最大値（この場合は１１７）です。それぞれ1次関数、2次関数、3次関数ですが、重回帰のあてはめで計算しやすいように定義してあります。その結果 $y_t=801.87\varphi_{1,t}+4.921\varphi_{2,t}-0.019\varphi_{3,t}+69{,}634$（単位：千人）が3次式としては最もよいあてはめの式となります。

国家の経済収支の計算が合わないことの恐ろしさがわかります。

実は、財政学と統計学は、その始まりにおいて密接な関係がありました。統計学の源流の1つとして位置付けられる『政治算術』（ペティ、1955）の序言では、国力と富力を論じるにあたって数量（Number）と重量（Weight）と坪量（Measures）で表現するという方法にこだわっています。そして同書の2章においては租税公課のイギリス国富への影響、7章においてはどの程度の徴税額がイギリスの軍事費を賄えるかについて数量的に論じられているのです。当時の「政治算術」は、現代の財政学ほどに洗練されたものではありませんが、経済学と統計学の両方の考え方の源流はここにあります。国家財政については、今日では財政学がそれを論じる役割を果たしていますが、それを支えるのが各種統計データです。

２００年前の日本はどうだったでしょうか。専門資料の入手はむずかしいですが、大勢はその必要はないでしょう。『詳説日本史史料集（再訂版）』（五味他、2007, p. 390）から、武士の困窮について、出だしのみを示しましょう。

大名の窮乏について、「今の世の大名は、石高の多い者も少ない者も皆、頭を下げて町人に謝金を頼み、江戸・京都・大阪その他の富豪に頼って、その援助ばかりで世を渡っている。」（経済録、1729）

武士の窮乏について、「一般に、武家は大家も小家も困窮し、特に小録の者は暮し向きがとても深刻で、ある者は先祖より伝わる武具や、先祖が命がけで戦った時の武器、その他、家にとって大切な品物をやむにやまれず質に入れ、あるいは売り物にしてしまい、また、ある者は、出仕する行き帰りや他へ出かえる時も馬に乗るのをやめ、家来に槍を持たせていたのも省略し、侍や若等を随えていたのをやめ……」（世事見聞録、1816）

財政の窮乏は幕府も同じで、「旧貨を回収して品質の劣る新貨と一対一で交換し、新貨の増加分を幕府の収入とする政策が一八一八（文政元）年から一八二〇年にかけて、一八二四年から一八二九（文政一二）年にかけて、および一八三七（天保八）年の三回にわたってくりかえされた」（中村、1985）。ただし、物価上層率を越える取引量増加があったとみる見方もあります。

いずれも、ペリー来航より前です。これより、幕末から明治初期の大政治動乱が始まります。当然それをその都度政治的に乗り切るために多大な財政需要が発生し大インフレーションとなります。いいかえればインフレーションデータはその政治的動乱の顛末の歴史記録です。図表に見るように明けて明治2年には600％を越える相当なものです。

明治維新の一つの終結であった西南戦争の後、この戦費調達の後始末として大蔵卿松方正義は大インフレーションをおさえこむために不換紙幣の回収（大幅な信用収縮）、政府収支の改善を中心としたデフレ誘導政策を断行しました。世に云う「松方デフレーション」です。今ならどうでしょう。今は昔とは違うと云いつつも、積み上がる国債残高を前に（問題視しない面々もいますが）やはり気になります。計量経済史家中村隆英の評は、次の通りです（中村、2015）。

表2　幕末・明治初期における両＝円建一般物価指数（1854-56年=100）

年	指　数	対前年上昇（低下）率（%）	年	指　数	対前年上昇（低下）率（%）
1854	106.5	△8.7	1867	460.4	8.9
55	96.3	△9.6	68	412.1	△10.5
56	97.2	0.9	69	626.8	52.1
57	102.2	5.1	70	566.9	△9.6
58	117.1	14.6	71	422.6	△25.5
59	121.1	3.4	72	353.4	△16.4
60	147.0	21.4	73	368.7	4.3
61	165.3	12.5	74	439.1	19.1
62	155.5	△5.9	75	427.0	△2.8
63	166.0	6.8	76	369.0	△13.6
64	202.2	21.8	77	379.7	2.9
65	267.2	32.2	78	426.7	12.4
66	422.9	58.3	79	476.0	11.6

（出所）中村（1985）所収。指数の数値は新保（1978）282頁より。
（注）△はマイナス

昔からの財政学の教科書には、松方という人は大変偉い人で、財政の指導者としてこんな立派な人はないと言わんばかりに書いてあります。ただ、私は今でも、それほど偉かったのかどうかわからないと思います。「手術は成功したが、患者は死んだ」という言葉があります。外科医が思い切って大手術をし、悪いところは取り切ったけれども、あまり強引にやったので、患者の方は体がもたなくなって死んだという意味です。松方財政はそういうところがあるような気がします。その意味では、松方は正直であったけれども、あれほど国内を不景気にしなくてもよかったのではないかという気がしてなりません

この指摘は今日なお重要、あるいは今日こそ重要です。財政の健全性いわゆる「緊縮財政」

の錦の御旗に隠れて、実は既得権益の擁護と温存、国民福祉の切り捨てが行われる危険があります。そこを見分ける主権者の見識が問われています。

高坂正尭『文明が衰亡するとき』の教訓

そこで思い出すのが、高坂正尭（高坂、1981）がギボンの『ローマ帝国衰亡史』にふれつつ言っているくだりです。

> 衰亡の原因を探求して行けば、われわれは成功の中に衰亡の種子があるということに気づく。多くの衰亡論の主題はそうしたものであった。たとえば、豊かになることが、人々を傲慢にし、かつ柔弱にするので文明を衰頽に向わせるということは、何回も何回も論じられて来た。

なるほどとシンミリさせられます。日本のことかと思い当たるふしもないわけではありませんが、仔細にみれば必ずしもあたっていません。「成功」に酔いしれるほど全日本人がただお人好しではありませんでしたし、蔭の部分をまじめに指摘した人々もいます。高坂も文明一般に「論じられてきた」という報告で、それが原因だと言っているわけではありません。そもそも「原因」はなかなか一通りでなく難しいものです。「文明論」はロマンであって科学ではないのです。

ただ、さすがにローマ帝国については「経済的要因に衰亡の原因を求めるものであり、二十世紀の支配的な理論と言ってよい」と財政破綻を挙げています。だがローマ帝国だけではありません。

アメリカにおいても、1980年代のレーガン政権以降、慢性的な財政赤字と貿易赤字の「双子の赤字」（twin deficits）がしばしば指摘されてきました。日本の財政赤字は一向に解消しませんが、2011年以降は貿易収支の黒字も維持できない時期が続きました。前車の覆るは後車の戒めです。あの幕末や明治の財政破綻の顛末は他人事ではありません。

人間の行動と意識に見る日本200年の来し方行く末

大河ドラマとテレビ視聴率

ＮＨＫで一年を通じて放映される大河ドラマは、昭和38（1963）年から始まって、今も続く「大型時代劇」です。このネーミングは最初からあったのではなく、読売新聞が第一作『花の生涯』（1963年）、第二作『赤穂浪士』（1964年）を「大河小説」にならって「大河ドラマ」と評したことから名づけられました。ＮＨＫの説明のようにドキュメンタリーではなくあくまで作りものドラマであり、このロマンチックなネーミングは、日本人の感動を呼び起こしひいては日本人の内なる心性（モノやことがらへの「態度」）に沁みこみ、大きな影響を与えています。

第1作『花の生涯』は、当時人気があった舟橋聖一の歴史小説が原作です。主人公は反「尊王攘夷」、「開国派」であり「公武合体派」でもあった井伊直弼です。安政の大獄の暗いイメージがありますが、それでも平均視聴率20パーセント越えの好評を博しました。

もはや視聴率といっても、ＳＮＳ隆盛の令和の時代にはピンとこないかもしれません。配信動画

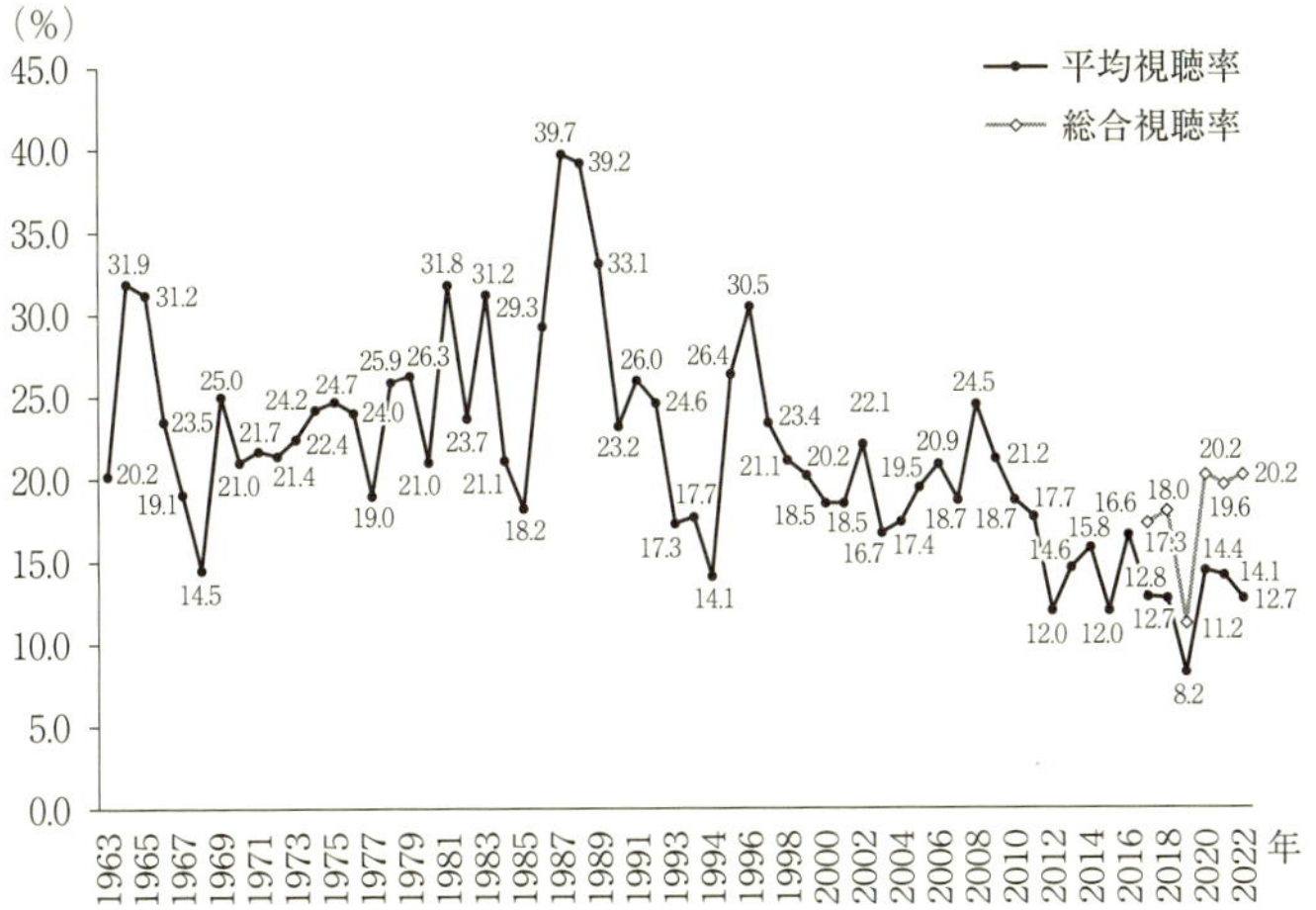

図2　大河ドラマの視聴率の推移
出典：ビデオリサーチ社調べ（https://www.videor.co.jp/tvrating/past_tvrating/drama/03/nhk-1.html）

しか見ない人々には、フォロー数、アクセスランキング、トレンド入りの方がよほど関心事なのかもしれません。しかしテレビは戦後半世紀以上にわたって、人々の生活で大きな地位を占めてきたのは事実です。そしてテレビ視聴率は、民放各局とその番組にCMを出稿するスポンサーにとっては重要な取引指標であると同時に、人々の生活行動や、趣味・嗜好を推し量るための材料にもなっていました。大河ドラマの平均視聴率の推移（図2）からは、各番組の人気の良しあしと同時に、テレビという媒体の盛衰もそれとなくうかがい知ることができるでしょう。

ひとくちに視聴率といっても様々です。現在では個人視聴率もありますが、当初よりあるのは、テレビ所有世帯のうちどれくらいの割合の世帯でテレビ（チャンネル）が見られていたかを示す世帯視聴率です。ビデオリサーチ社がオンラインでデータを回収する機械式テレビ視聴率がよくしられていますが、ＮＨＫ放送文化研究所が実施する自記式視聴率調査もあり、実はこちらの方が古いです。

ビデオリサーチ社が視聴率調査の設計を検討する際に、助言を仰いだとされるのが、「データの科学」を提唱した故林知己夫氏です。氏は、「機械を使ったからといって、それだけで、信頼性のあるデータが出たということにはならない。機械の信頼性、機械をつけることによる調査法の制約、調査法自身の精度といったことを十分勘定に入れておかなくてはならない」（林、2004）と、センサーを利用した調査に対する注意を喚起しています。

「赤穂事件」の顛末と江戸時代の「世論」

1作目の勢いに乗って制作されたのが第2作『赤穂浪士』です。平均視聴率は1作目を上回り、歴代4位を記録しました。何といっても、歌舞伎では『仮名手本忠臣蔵』といい、今でも東京銀座の歌舞伎座には上演がかかっています。いまでこそ忠臣蔵関係の時代劇はテレビで放映されることがなくなりましたが、過去には年末といえば忠臣蔵でした。

小藩の主君の刃傷沙汰に発するムリ筋の「仇打ち」事件で、政治的には「赤穂事件[3]」と言われますが、いわゆる「判官贔屓《ほうがんびいき》」の心情を大いに呼び覚ましますから、その向きには「赤穂事件」では興ざめです。「判官」とは古代以来の律令官制における地方四等官中の第三のランクをいい、現代の地方行政官の事務局長相当でしょうか。藩主といえば立派に聞こえますが実は小藩の藩主にすぎず、その悲哀に庶民の同情があつまるのです。もちろん称賛する立場からは、「赤穂浪士」とは云わず「赤穂義士」と言わねばなりません。

なぜ「赤穂事件」というのか、実は意外に奥は深いです。しかも、これから述べるように現代にも通じます。政治学者丸山眞男（1914-1996）は『日本政治思想史研究』（丸山、1981）でこのようにとりあげています。


元禄十五年十二月十五日の朝、漸く眠から覚めたばかりの江戸市民に忽ち電波の様に重大な事件が伝へられた。その前夜、赤穂の浪士四十六人は霏々《ひひ》として降る雪を冒して本所の吉良義央の邸を襲ひ、めざす義央の首級を得て泉岳寺に引揚げた上、公儀の処置を仰いだのである。俄然、彼等の行動をめぐつて轟々《ごうごう》と世論は沸騰した。（徂徠擬律書）

「赤穂義士」とせず「赤穂の浪士」とした点、「四十七士」とせず「四十六人」とした点、「討ち入り」とせず「襲」ったとした点、「公儀（幕府）の処置を仰いだ」刑事事件とした点、江戸時代に「世論」とした点など、さすがに取り上げ方は学者らしくあくまで冷静、客観的でにべもありません。

彼らは農民や浮浪人ひいては今日流の反社でもなく、浪人とはいえれっきとした支配階級の武士

(3)　旧国制で播磨国、現在の兵庫県赤穂市。浅野内匠頭長矩は江戸時代一帯を領有統治した赤穂藩の藩主。なお、「藩」は行政区分でも正式に区画された地域名でもなく、もっぱら政治的、軍事的な統治範囲を意味するにすぎず明確な境界もありません。幕府の公文書にも一切登場しません。

です。それも計画的に深更多数徒党を組んで押し入り、邸の主人公を殺害しています。のみならず、その使用人に22人の死者も出ています。現代の法規範から考えて、これが犯罪でない理由などありましょうか。

討ち入り後も異様な展開です。本所松坂町より泉岳寺まで13㎞を払暁4時から6時まで2時間で引き揚げています。やや速足です。隅田川東岸を南へ、芭蕉庵を通り過ぎ（当年『奥の細道』刊）、萬年橋から永代橋（当時）を渡り、明石町（現聖路加病院付近）、ついで旧浅野邸を通り過ぎ、東銀座（現昭和通り）に出て、汐留から日比谷、赤羽橋、札ノ辻を経て泉岳寺にたどり着きます。46人も大挙して移動、人の首級も携えていることも、幕府出先の詰所あたりで糺されたでしょうが、無事押し通っています。これも不思議です。

「世論」が沸騰したのは、ずばり動機です。本来、「仇打ち」は子が親の仇を打つことに限られ、下が主君の仇を打つことは「仇打ち」には入りません。たしかに鎌倉の昔、富士の巻き狩りで曽我十郎・五郎兄弟が工藤佑経を打ちとったのは武士の間ですが、父の仇ゆえでした。だが、だれがそう決めたのか、問題は俄然大きくなります。

「世論とは何か」という民主政を前提としたさまざまな定義がありますが、統計学者林知己夫氏によれば、その調べ方から「新聞」こそ世論です。江戸時代に「世論」と言ったところで、政治学的には現代の権力監視の役割はありません。だからこそ、自然的にみるなら、大衆に多数流布する意見の傾向は、社会心理的には「世評」という意味で「世論」ということばを用いてもよいでしょう。かえって、物事に対する日本人の変わらざる態度がわかるのです。

赤穂事件を描いた『忠臣蔵』は、支配階級の人物に実名をはばかり、史実が疑われる『太平記』の登場人物に仮託して作出されています。そこでは、吉良上野介《こうずけのすけ》義央《よしなか》を高師直《こうのもろなお》に、浅野内匠頭《たくみのかみ》長矩《ながのり》を塩冶《えんや》判官に、大石内蔵助《くらのすけ》を大星由良助《ゆらのすけ》として登場させています。これこそ「義士」に対する「世論」の存在やその中身をあらわしています。

多少こだわると、高師直は足利尊氏の側近です。「高」家は源氏の流れで家柄もよく、師直は政治的手腕もあり歌人でもありました。室町幕府設立の立役者でありましたが、結局暗殺されています。それゆえ歴史ファンも多いです。一方、吉良義央は江戸幕府で儀式を取り仕切る重要役職「高家」の第一人者（肝煎り）であり、このアナロジー（類似）を利用した知恵には感心します。さらに、内匠頭を仮託した塩冶判官のモデルは同じ時期の武将であり位は左衛門尉《じょう》、これは判官の別名で要するに位は高くありません。塩冶は行動に一貫性がなく自滅しましたが、没したのは何と後世内匠頭の所領となる播磨国《はりまのくに》でした。しかも「塩」は今も当地の名産である等々、多々言いえて妙で、全体のプロットの巧さと公儀の手前のバランス取りには感心します。

堂々巡りで決定できず――徳義にこだわり自縄自縛

世論は義士に傾いていましたが、公儀の中ではお抱えの御用学者の儒家でさえ混乱し、すぐに結論は出せませんでした。

窃かに経伝の意を取つて以て之を議す。彼《か》の心を以て之を論ずれば、天を同じうせざるの仇讐、苦に寝ね刃に枕し以て之に復するは可也。生を偸み恥を忍ぶは士の道に非ざるなり。法律に拠て之を論ずれば法を讐《あだ》とする者は必ず誅せらる。彼亡君の遺志を継ぐと雖も、天下の法を讐とするを免れず、是れ悖驁《はい》にして上を凌ぐなり。執て之を誅し天下後世に示すは国家の典を明かにする所以なり。二者同じからずと雖も並行して相悖らず、上に仁君賢臣有りて以て法を明にし令を下し、下に忠臣義士有りて以て憤情を攄《の》べ志を遂げ、法の為に誅に伏す。彼の心に於て豈《あに》悔有らんや（林信篤「復讐論」。丸山、1981）

聖人の理想からこれを論じてみよう。彼らの心情からすれば不倶戴天の仇敵であり、どんな苦難の思いをしても（あばら家に刀を枕にして寝ても）これに復讐するのはいい。いたずらに生きながらえ恥を忍ぶのは武士の道ではない。他方、法というものによって論じてみよう。法を敵とする者は必ず打たれる。いくら亡君の遺志を継ぐといっても、天下の法を敵とするところを免れず、それに悖ることとその上を行ってしまう。だから、これを打ち天下に示すことは国家の掟を明らかにするゆえんである。両方の考え方は同じではないが、並び立っており互いに矛盾するものではない。上に人道と知恵ある者がいて法を明らかにして命令を下し、下に忠臣がいて心情を述べて志を遂げさせれば、彼らの心において悔いは残るであろうか（残らない）。（筆者による現代訳）

七転八倒の両論併記で何をいっているのかわからない堂々巡りです。ただ、よく読むとなかなか面白いです。丸山のいう「端的な衝突」の究極の本質のようなものが行間に見えてきますが、同時に、徳義にこだわるだけで「ああだこうだ」と一向に決められない日本人に今も深く沈潜している無意識の世界が見えます。哲学風にいえば、議論に「弁証法」的発展（ディアレクティック）がなく、いくら議論しても「元《もと》の木阿弥《もくあみ》」に戻っています。

公儀（江戸幕府）が依拠していた封建的主君関係は、朱子学の教義で理論づけされていました。「朱子学」は、朱子による孔子・孟子の儒教の教育バーションで、テキスト「四書」、「五経」によるる体系です。一口に「儒教」といいますが、（西洋の一神教とは異なる）宗教と道徳の両面をおさめた形而上学です。しかし、単なる観念ではなく「世界観」（価値観、人生観と言い換えてもよい）を与えています。読めばわかりますが、読みやすい『論語』（「四書」の一つ）でさえ聖人の言行録、先生と弟子の問答のリアルタイムの記録で、あらかじめ系統的に学びやすく編集されたものではありません。

朱子学はそこを「太極」とか「陰陽」とか「五行」（木火土金水）の基本語によって整然と整理し秩序立て、全宇宙はまず「理」（条理、物の基本）によって存在し、当然、自然も人間世界や社会も区別されず地続きで「理」が働く現象（「気」という）として生じます。（まさに「理系」です！）。物の理は「物理」として、心の理なら「心理」として存在します。個々の学びは「理」に至る「道」からであり、「知」を確かにして（致知）、自己の分をわきまえ、余計なことは考えずひたすら「修身」「斉家」「治国」から「平天下」と進みます。江戸幕府が自らの人民支配を正当化するために朱子学を利用したことがわかります。

体系としてはよくできていますが、現実を処理する社会的手立てがなく、とくに「法」や「政治」はどこを見てもしかるべき居場所がありません。人間は宇宙の理法からしてあるべき理想の姿に完成される存在で、諸事万事、「理」の連続地続きになっています。「理」に反して非道に至るとか国家に対して罪を犯すとか、そもそもあるべき国家の理想政治とか、ことさらに議論するなど最初からありえず、むしろ論じること自体不完全を認めることではないかと……。結局、肝心なところが手抜きで落し穴になります。

さて、道徳的義として論じるほかなければ結論は決まりで、大石らの問題行為も非道どころか主君に対する忠義の道徳にむしろ合致し、公儀としては模範として賞すべきです。これではどうしようもない。最初から問題自体の論じ方、見立てを見誤ったため論は型にはまり、堂々巡りの自縄自縛に追い込まれ身動き取れなくなったのです。46人もの処分は明白どころか即決できず、政治的に行き詰ってしまいました。

荻生徂徠の「公論」の登場と赤穂事件の決着

筆者の一人である松原の東大駒場での前任教授だった故林周二氏（経営学、統計学）は、ずいぶんと前でしたが「君は徂徠をどう思うか」とか「ボダンをどう思うか」とか、次々と青二才だった松原を問い詰めたものです。当時何も答えられませんでしたが、今はわずかには答えはあります。荻生徂徠（1666—1728）は将軍綱吉の側用人（現代風には特別補佐か）で、柳沢吉保（1658—1714）はおかかえの学者でした。赤穂事件当時は35歳だったから新進気鋭とは言えませんが冴えと気迫は増してきたでしょう。力まずパッション（情熱）に身をまかせずサッパリとして、結論に至る論理も明快です。

丸山眞男は『日本政治思想史研究』のなかで、徂徠において、「自然」から人の「行い」（人為）が分離し独立した近代的地位を初めて得たとして、徂徠を高く評価しています。人は古代のように「自然」の一部ではありません。自然の一部とすると道徳も自然の中に埋もれ、近代の「政治」はありえません。それではものが決められず堂々巡りになることは見やすき成り行きです。

朱子学は宇宙の「理」によって自己の私的修養と道徳的完成（「義」）を目指しています。徂徠にとってそもそもそこが朱子学自体の儒学の全くの誤解であり、断然真逆でした。儒学は古代以来聖人が経世済民の理想の政治を「公」として説いた政治思想と解釈するなら、おのずから正しい結論は明白です。後日次のように伝えられています（丸山、1981）。

義は己を潔くするの道にして法は天下の規矩なり、礼を以て心を制し義を以て事を制す、今四十六士其主の為に讐を報ずるは是侍たる者の恥を知るなり。己を潔くする道にして、其事は義なりと雖も、其党に限る事なれば畢竟《ひっきょう》は私《わたくし》の論なり。其ゆへんのものは元是長矩殿中を不レ憚其罪に処せられしを、又候《またぞうろう》吉良氏を以て為レ仇、公儀の免許もなきに騒動を企る事、法に於て許(4)さゞる所也。今四十六士の罪を決せしめ、侍の礼を以て切腹に処せらるゝものならば、上杉家の願も空しからずして、彼等が忠義を軽ぜざるの道理、尤《もっとも》公論と云ふべし。若《もし》私論を害せば、此以後天下の法は立べからず。（徂徠擬律書）

義は己を潔くする道であり、一方法は社会の正しい基準である。その立場から四十六士の行動を考察すると、その動機はたしかに理解同情には値するが、結局は私怨が元になってもろもろの問題行動がおこっているのであり、天下国家の政治とは別で何のかかわりもない。政治（公論）は正しい「法」を建てなくてはならず、政治が許さないことは明らかに法を犯し、法において許されるものではない。ここは、武士の体面を尊重し切腹を命じるのがふさわしい。

（筆者による現代訳）

これにて「赤穂事件」は決着しましたが、徂徠の進言でこの決着となったとまではいわれていませんし、一小大名の刃傷沙汰が幕藩体制を揺るがせたわけでもありません。ただ、その決着の仕方や論理は、日本の政治思想史の上の「事件」であり、根本において、日本人の今以てあまり変わらないものの考え方に一石を投じる現代的意義があります。天下に「法」という判断の基準（ものさし）があるということは、政治が権力者の興亡の歴史というよりも、明らかに「文明」に何歩か近づいています。

余談ですが、「徂徠の豆腐」というエピソードがあります。徂徠が赤穂義士に厳しかったという風評が江戸町民に広まり、徂徠は豆腐を求めても売ってもらえなかったというのです。ありそうな話です。政治が混沌としている今もって日本町民は徂徠に豆腐を売るでしょうか。むしろ、逆に徂徠はにがい良薬を町民に勧めているのではないでしょうか。徂徠は綱吉の死によって柳沢吉保が地位を失うことでいったんは引きますが、再び8代将軍吉宗の信任を得てその諮問に与っています。徂徠が江戸に没したのが享保13（1728）年、ちょうど江戸時代も後半に入る頃です。

ところで、「公論」と聞いて、多くの人が思い起こすのは、「五箇条の御誓文」の「広く会議を興し、万機公論に決すべし」でしょう。佐藤卓己氏は、『輿論と世論――日本的民意の系譜学』の中で、新政府参与だった由利公正の草案「万機公論に決し私に論ずるなかれ」が、坂本龍馬の船中八策「万機宜しく公議に決すべし」に由来するため、公議輿論の略語である公論とされたとしています。そして、公論の対極にあるのが、世論（せろん）＝「私に論ずること」であったとしています。徂徠がすでに「公論」を示していたのであれば、略語かどうかには疑問が残りますが、少なくとも世上の雰囲気を示す、俗っぽいものとは明確に区別されます。本来の輿論《よろん》は、この公論であり、戦後の当用漢字表の制限で「世論」の文字が代用され、普及しました。しかしもともとの世論とは、いわゆる「軍人勅諭」（1882）で「世論《せいろん》に惑わず、政治に拘らず」と記載されているように、輿論・公論とは程遠いものでした。

（4）吉良義央は上杉家（山形県米沢藩）から妻を迎えており、かつ上杉家には跡継ぎがありませんでした。上杉家は、豊臣政権下で五大老の一角を占めていましたが、上杉征伐（当時は会津藩）をきっかけとする関ヶ原の合戦の後、米沢に転封され、石高も120万から30万に減封となりました。「赤穂事件」の処理では、内匠頭に傾く世論もあって、上杉家対応も微妙な政治問題となりかかっていました。

山積する問題をまとめあげるには

多くの問題群

ここまで、日本の人口・財政・意識について、この200年の出来事を歴史的に確認してきました。現在も日本の社会が抱える問題は無数にありますが、政治的に「争点」になるのはそう多くはありません。メディア研究者が最直近の参院選で在京6大紙の争点報道を集計したデータは表3のごとくです。

(1) 迷宮に迷い込んだメディア

2022年の段階で、日本に山積している重要政治課題、いわゆる争点（イッシュー、issue）がこの表にあらわれています。直視すべき事実は、政治が――与党も野党も――国民から託されたものとして解決しなくてはならない課題であるということです。これら争点はすべてのメディア（通信社を含む）がまんべんなくカバーしていますが、他方、どの争点をどれだけカバーするかでそのメディアの報道あるいは言論上の態度がわかります。争点％はメディアごとにどの争点（キーワード）を取り扱っているかを示す割合で、各％の合計が新聞ごとに100になるように記載しています。新聞％は争点ごとにどの新聞が多く扱っているかを示す割合で争点ごとに100になるようになっています。特化係数は全メディアの各争点カバー率でそのメディアによるカバー率を割ってい

表3　参院選争点キーワード（小此木（2023）より作成）

	物価	消費税	安保	防衛費	コロナ	社会保障	原発	改憲	三分の2	安倍銃撃	計
朝日新聞	110	43	42	49	122	47	40	57	22	28	560
毎日新聞	77	32	21	38	74	29	20	39	29	29	388
読売新聞	131	48	29	51	137	46	20	31	20	59	572
産経新聞	101	40	35	52	81	26	30	36	20	24	445
日本経済新聞	65	48	39	45	79	35	34	30	20	33	428
東京新聞	130	46	20	45	118	32	36	42	3	36	508
計	614	257	186	280	611	215	180	235	114	209	2901

争点％

	物価	消費税	安保	防衛費	コロナ	社会保障	原発	改憲	三分の2	安倍銃撃	計
朝日新聞	19.6	7.7	7.5	8.8	21.8	8.4	7.1	10.2	3.9	5.0	100.0
毎日新聞	19.8	8.2	5.4	9.8	19.1	7.5	5.2	10.1	7.5	7.5	100.0
読売新聞	22.9	8.4	5.1	8.9	24.0	8.0	3.5	5.4	3.5	10.3	100.0
産経新聞	22.7	9.0	7.9	11.7	18.2	5.8	6.7	8.1	4.5	5.4	100.0
日本経済新聞	15.2	11.2	9.1	10.5	18.5	8.2	7.9	7.0	4.7	7.7	100.0
東京新聞	25.6	9.1	3.9	8.9	23.2	6.3	7.1	8.3	0.6	7.1	100.0
計	21.2	8.9	6.4	9.7	21.1	7.4	6.2	8.1	3.9	7.2	100.0

新聞％

	物価	消費税	安保	防衛費	コロナ	社会保障	原発	改憲	三分の2	安倍銃撃	計
朝日新聞	17.9	16.7	22.6	17.5	20.0	21.9	22.2	24.3	19.3	13.4	19.3
毎日新聞	12.5	12.5	11.3	13.6	12.1	13.5	11.1	16.6	25.4	13.9	13.4
読売新聞	21.3	18.7	15.6	18.2	22.4	21.4	11.1	13.2	17.5	28.2	19.7
産経新聞	16.4	15.6	18.8	18.6	13.3	12.1	16.7	15.3	17.5	11.5	15.3
日本経済新聞	10.6	18.7	21.0	16.1	12.9	16.3	18.9	12.8	17.5	15.8	14.8
東京新聞	21.2	17.9	10.8	16.1	19.3	14.9	20.0	17.9	2.6	17.2	17.5
計	100	100	100	100	100	100	100	100	100	100	100

争点への特化係数

	物価	消費税	安保	防衛費	コロナ	社会保障	原発	改憲	三分の2	安倍銃撃	>1
朝日新聞	0.93	0.87	1.17	0.91	1.03	1.13	1.15	1.26	1.00	0.69	5
毎日新聞	0.94	0.93	0.84	1.01	0.91	1.01	0.83	1.24	1.90	1.04	5
読売新聞	1.08	0.95	0.79	0.92	1.14	1.09	0.56	0.67	0.89	1.43	4
産経新聞	1.07	1.01	1.23	1.21	0.86	0.79	1.09	1.00	1.14	0.75	6
日本経済新聞	0.72	1.27	1.42	1.09	0.88	1.10	1.28	0.87	1.19	1.07	7
東京新聞	1.21	1.02	0.61	0.92	1.10	0.85	1.14	1.02	0.15	0.98	5
	1.0	1.0	1.0	1.0	1.0	1.0	1.0	1.0	1.0	1.0	

特殊化係数	朝日新聞	毎日新聞	読売新聞	産経新聞	日本経済新聞	東京新聞
	0.7	1.2	0.7	0.8	1.4	0.5

ます。たとえば、朝日新聞の物価についての特化係数は、19.6÷21.2 ＝ 0.925 ≒ 0.93となります。さらに、特化係数が1を越える部分の合計を「特殊化係数」として計算すると、どの新聞の特徴が強いかがはっきりします。

争点につき、各紙の特化係数、特殊化係数を図3に示しました。この解釈についてはさまざまありますが、6紙とも争点カバレッジは皆類似しており（争点ごとの主張内容はことなりますが）、わずかに毎日、日経が争点を差別化していることが目立つ程度です。

読売と朝日は争点分布こそ互いに似るがゆえに、その向きは多くで対照的で反対になることは容易に想像がつきます。産経、東京も争点分布ではこれらに加わることは興味深いです。ところで、毎日と日経はこのグループから離れて特徴を出しています。経済紙日経は当然ですが、毎日の読者層は特定の争点に敏感であることが読み取れます。

これをどう考えるかはそれぞれ関心ある問題ですが、おしなべて互いに関連ある問題が単独では解きがたく群居し星雲状態にあることは見て取れるでしょう。いうなれば、せいぜい多変量解析しかできない状態です。たしかに、経済学による外科的方法はありますが、それには同時に政治的課題も浮上してくるでしょう。

（2）メディアの見識

メディアもいわゆる与党（自民党）支持率および内閣支持率を前面に、新聞で言えば、第一面に押し出しています。この構成自体はやむを得ない面があります。人々の関心を集める内容を冒頭に

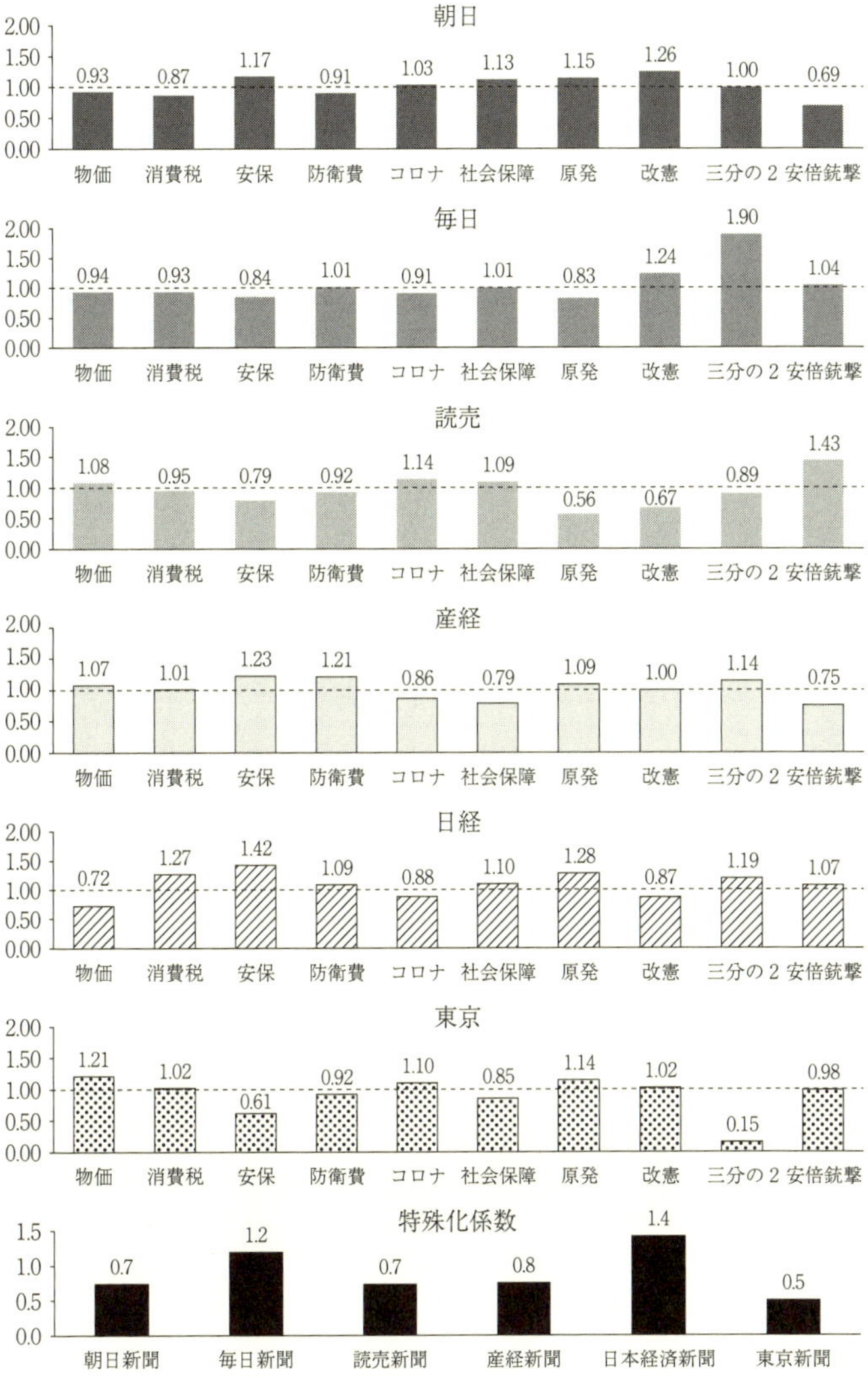

図 3　特化係数と特殊化係数

配置する配慮があるでしょう。しかし、メディアは、単に世論《せろん》・俗論の動向を伝えるようになってはならず、輿論《よろん》・公論をどこまで喚起できるかが重要でしょう。そのため、支持率の後に来る、政策の賛否が分かれる争点の議論をどのように配置するかが重要となります。どの争点を主要なものと位置付けるかは、各報道機関のセンスが問われるところです。

他方、支持率の報道の仕方についてもセンスが問われるでしょう。たとえば、内閣支持率については、「三割を切った時に危険水域」「30％割れで政権維持に黄色信号」という定説があります。雑誌『よろん』に寄稿された今井正俊氏の「内閣の危険水域——支持率30％は妥当か」（今井、2009）によれば、初めてこの表現を聞いたのが１９６７年。新聞社の世論調査室の先輩の教えだといいます。ある種の経験則ではありますが、仮に30％の支持を割るようになると、「その他の答え」「答えない」がいるため、全部が不支持に回るわけではありませんが、「不支持」の勢いが強まり、支持率回復の見込みが薄いと考えたわけです。決して（過半数もないのに）30％あれば内閣支持率として十分足りると言っているのではありません。甘く見ても支持率が30％を切るようになると内閣としてはもう手遅れだというシグナルであるから、過半数も支持がない内閣を容認していると解されないように報道するよう心掛けなければなりません。

（3）調査専門家コミュニティーへの期待

戦後、日本の世論調査を長年支えてきたのは、各報道機関の世論調査部門や調査会社、研究者等の調査専門家です。もしこのコミュニティーが、閉じた専門サークルになって、互いの批判や外部の空気への反応を怠れば、これは「原子力村」ならぬ「調査村」にほかなりません。このコミュニティーはどんなものなのか、実際の出来事から考えてみましょう。

２００８年7月に福田康夫首相が内閣改造を行った際、各社の内閣支持率が大きく異なるという事件がありました。最も差が大きかったのは朝日新聞社の24％、読売新聞社の41％で、17％もの開きがありました。当然この食い違いに対しては、各方面から疑念や批判が寄せられることになりました。鈴木督久氏の『世論調査の真実』（鈴木，2021）によれば、この批判を受けて報道各社は異例の情報交換をし、2つの違いが原因として明らかになったとされていますが、最も大きな要因とされたのが、「重ね聞き」であるといいます。(5) ここでいう重ね聞きとは、支持・不支持を明確に回答しなかった調査対象者に対して、尋ね方を変えて改めて支持か・不支持か近い方の回答を求めることです。(6) 似たような概念にプロービング（念押し，probing）というものがありますが、プロービングにおいては、質問文や選択肢を復唱することで回答を促すだけにとどめるのが適切とされています。回答を誘導するなどの影響が極力生じないように配慮した丁寧な方法だからです。異なる表現で尋ね直している「重ね聞き」とは明確に異なる手法であることには注意がいります。

また調査の仕方としては、「どちらかといえば」「しいて言えば」との断り書きをつけた上で、「お気持ちに近いのはどちらでしょうか」と尋ねることがよくあります。その場合は最初から全員

(5)　もう1つの要因は、読売新聞社、日経新聞社、共同通信社の場合は、質問文の中で内閣改造をした事実を伝えていますが、朝日新聞社と毎日新聞社の場合は、内閣改造を伝えていないことにあったとされています。

(6)　日本経済新聞社の場合は、「お気持ちに近いのはどちらでしょうか」（同著）と尋ね直しています。

に対して同じ表現でそのようにたずねます。一方、この「重ね聞き」の場合は、ある対象者には支持・不支持で、ある対象者には支持・不支持のどちらに気持ちが近いのか尋ねており、その結果を区別せずに集計しています。しかし、「支持」と「支持に気持ちが近い」（あるいは「不支持」と「不支持に気持ちが近い」）とではニュアンスが異なっています。もちろん質問1で支持・不支持を尋ねた後に、曖昧な回答だった人々に対してだけ、次の質問1－1で「あえてどちらかといえば」という形で選ばせる場合もよくあることです。しかし、その場合は異なる質問として2つ目の質問は明確に区別されています。別々の質問の結果として公表されるのであれば問題ありません。「重ね聞き」が問題となるのは、質問1で支持・不支持を尋ねただけの結果であるかのように、質問1の結果と質問1－1の結果を区別なく合算して公表していることにあります。

鈴木氏によれば、この事件の後、日本経済新聞社は、WEBサイト上で第一段目の内閣支持率と「重ね聞き」を踏まえた第二段目の内閣支持率の両方を掲載するようになったといいます。かくして調査専門家コミュニティーは、世間からの批判を踏まえて情報交換と問題の原因究明を行い、閉鎖的な「調査村」にはなりませんでしたが、ほんとうにそうでしょうか。残念ながら、こういった事実——反省を踏まえて改善を続ける日々の努力——はそれほど国民には伝わっていないのではないでしょうか。

たとえばインターネット上で、世論調査では高齢者ばかりを調査しているという批判をみかけます。電話調査において世帯で「一番高齢の人」が調査対象として選ばれたからだといいます。実際には、世帯構成員の中から年齢を基準として○番目に高齢の人をランダムに選び出した結果、たまたま一番高齢の人が選ばれただけなのですが、このような手続きは知られていません。知られていないのではなく、知られるようとする努力が十分でないと反省すべきでしょう。多くの報道機関は、普段から「誘導質問」、「キャリーオーバー」、「ダブルバーレル」といった調査方法論上の基本的事項に注意し、調査に対して真摯に取り組んでいるのでしょうが、世の中に対しては、そういった調査の方法も十分には説明できていません。

「世論調査は科学である」精神こそ専門家の依って立つ誇りであり、それへの努力を国民が信じていることを通じて、世論が形成され民主主義の公共圏（ハーバマス）が生まれます。さもなくば、国民の信頼はもちろん、自ら仕事の場を汚しそれを毀滅しやがては仕事まで失うまさに「共有地の悲劇」（ハーディン）の愚を犯すことになります。

調査の方法については、「第2巻　調査の論理」で詳しく語られることになりますが、人間の意識と行動についても新しいターゲットを見出していく必要があります。繰り返しになりますが、重要なのは事実です。われわれがかかわっている「事実」は漠然とした平板な事実のデータではなく、国民の福利と幸福がかかっている生々しいデータであることを自覚する矜持を是非持ちたいものです。

執筆者紹介

松原　望（まつばら のぞむ）　編者　第1章、エピローグ
スタンフォード大学大学院統計学博士課程修了。Ph. D. 文部省統計数理研究所研究員、筑波大学社会工学系助教授、東京大学教養学部教授、東京大学大学院総合文化研究科・教養学部教授、上智大学外国語学部教授などを経て、現在は東京大学名誉教授、聖学院大学客員教授、平成国際大学新学部設置準備室学術顧問。著書に『入門確率過程』『入門統計解析』『入門ベイズ統計』（以上、東京図書）、『わかりやすい統計学』『わかりやすい統計学　データサイエンス基礎』『わかりやすい統計学　データサイエンス応用』（以上、丸善出版）、『実践としての統計学』（東京大学出版会）がある。

松本　渉（まつもと　わたる）　第1章, エピローグ
東京大学大学院新領域創成科学研究科博士後期課程修了。博士（国際協力学）。情報・システム研究機構統計数理研究所助教、ミシガン大学社会調査研究所客員研究員などを経て、現在は関西大学総合情報学部教授、統計数理研究所客員教授。専門は社会調査、非営利組織論。著書に『Excel ではじめる社会調査データ分析』『社会調査の方法論』（以上、丸善出版）がある。

西川浩昭（にしかわ ひろあき）　第2章
東京大学医学系研究科保健学専攻修士課程修了。博士（保健学）。筑波大学大学院人間総合科学研究科助教授、日本赤十字豊田看護大学看護学部教授、静岡県立大学看護学部教授などを経て、現在は聖隷クリストファー大学看護学部教授。著書に『データサイエンス入門』（オーム社）がある。

猪口　孝（いのぐち たかし）　第3章
東京大学大学院修士課程修了。マサチューセッツ工科大学大学院 Ph. D. 東京大学東洋文化研究所教授、中央大学法学部教授、新潟県立大学学長兼理事長、桜美林大学アジア文化研究所所長兼特別招聘教授を経て、国際連合大学名誉上級副学長・上級研究員、東京大学名誉教授。著書に『国際関係論の系譜』（東京大学出版会）がある。

鎌谷直之（かまたに なおゆき）　第4章
東京大学医学部卒業。東京大学附属病院、東京女子医科大学膠原病リウマチ痛風センター・センター長、理化学研究所ゲノム医科学研究センター・センター長などを経て、

現在は株式会社スタージェン会長、医療人工知能研究所所長、公益財団法人痛風財団理事長。著書に『実感と納得の統計学』（羊土社）がある。

馬場康維（ばば やすまさ） 第5章
東北大学大学院理学研究科博士課程単位修得退学。理学博士（九州大学）。総合研究大学院大学教授、統計数理研究所統計科学情報センター長などを経て、現在は統計数理研究所名誉教授、総合研究大学院大学名著教授、（公財）統計情報研究開発センター客員上席研究員。著書に『記述的多変量解析法』（日科技連出版社）がある。

山岡和枝（やまおか かずえ） 第6章
横浜市立大学文理学部卒業。医学博士。帝京大学大学院教授などを経て、現在は鉄祐クリニカルリサーチセンター長、帝京大学大学院公衆衛生学研究科非常勤講師。著書に『ライフスタイル改善の成果を導くエンパワーメントアプローチ』（朝倉書店）がある。

尾崎幸謙（おざき こうけん） 第7章
早稲田大学大学院文学研究科心理学専攻博士後期課程修了。博士（文学）。筑波大学准教授、統計数理研究所客員准教授などを経て、現在は筑波大学ビジネスサイエンス系教授、統計数理研究所客員教授。著書に『R で学ぶマルチレベルモデル 実践編』（朝倉書店）がある。

芝井清久（しばい きよひさ） 第8章
上智大学大学院グローバル・スタディーズ研究科国際関係論専攻博士後期課程。博士（国際関係論）。現在は情報・システム研究機構データサイエンス共同利用基盤施設特任助教、統計数理研究所特任助教。著書に『東アジアの核拡散と欧州の核不拡散のトレード・オフ』（大学教育出版）などがある。

呉佳齊（Wu, Jiaqi） 第9章
東京大学大学院農学生命科学研究科博士課程修了。博士（農学）。日本学術振興会（東京工業大学生命理工学院）特別研究員、東海大学医学部特定研究員、国立研究開発法人科学技術振興機構（CREST）研究員を経て、現在は広島大学大学院統合生命科学研究科 CAP 研究員。著書に『遺伝学の百科事典 継承と多様性の源』（丸善出版）がある。

米澤隆弘（よねざわ たかひろ） 第9章
総合研究大学院大学先導科学研究科生命体科学専攻博士課程修了。博士（理学）。復旦大学准教授、東京農業大学准教授などを経て、現在は広島大学大学院統合生命科学研究科教授。著書に『Web 連携テキストバイオインフォマティクス』（培風館）がある。

岸野洋久（きしの ひろひさ） 第9章
東京大学大学院理学研究科修士課程修了、博士（理学、九州大学）、統計数理研究所研究員、東京大学海洋研究所助教授、東京大学大学院総合文化研究科准教授、東京大学大学院農学生命科学研究科教授、進化生物学研究所客員研究員などを経て、現在は中央大学研究開発機構客員研究員。著書に『生産環境統計学』（朝倉書店）がある。

袰岩　晶（ほろいわ あきら） 第10章
国立教育政策研究所教育データサイエンスセンター総括研究官。早稲田大学教育学研究科博士後期課程、国立教育政策研究所国際研究・協力部主任研究官を経て現職。著書に『PISA 調査の解剖』（東信堂）、訳書に OECD 教育研究革新センター編著『こころの発達と学習の科学』（明石書店）などがある。

篠原真子（しのはら まさこ） 第10章
国立教育政策研究所名誉所員。筑波大学大学院博士課程教育学研究科、同教育学系助手、文部省（文部科学省）を経て国立教育政策研究所総括研究官（2001 ～ 2023 年）。著書に『PISA 調査の解剖』（東信堂）、論文に 'Information literacy': Japan's challenge to measure skills beyond subjects (corresponding author), *Educational Research*, 63, 1, 95–113 (March 2021) などがある。

照井伸彦（てるい のぶひこ） 第11章
東北大学大学院経済学研究科博士課程修了。経済学博士。山形大学人文学部経済学科助教授、統計数理研究所客員教授、東北大学大学院経済学研究科教授などを経て、現在は東京理科大学経営学部ビジネスエコノミクス学科教授、東北大学名誉教授。著書に『ビッグデータ統計解析入門』（日本評論社）がある。

竹村和久（たけむら かずひさ）第12章
同志社大学大学院文学研究科博士課程単位取得退学。博士（学術）、博士（医学）。筑波大学社会工学系助教授、カーネギーメロン大学社会意思決定学部フルブライト上級研究員などを経て、現在は早稲田大学文学学術院教授、同大学意思決定研究所所長。著書に『選好形成と意思決定』（勁草書房）がある。

安本美典（やすもと びてん） 第13章
京都大学文学部卒業。文学博士。元産業能率大学教授。著書に『データサイエンスが解く邪馬台国』（朝日新聞出版）がある。

人名索引

事項索引

◆さ 行

◆た 行

◆な　行

◆は　行

参考文献

第1章

ペティ，大内兵衛・松川七郎（訳）(1955). 政治算術　岩波書店.

林知己夫 (1974). 数量化の方法 東洋経済新報社.

中根千枝 (1967).『タテ社会の人間関係』講談社.

第2章

中川有加・西田みゆき・柳井晴夫 (2005). 日本の看護学研究における因子分析法の利用　聖路加看護大学紀要，31(3), 8-16.

酒井弘憲 (2018). フローレンス・ナイチンゲールと統計　医薬品医療機器レギュラトリーサイエンス，49(10), 700-705.

多尾清子 (1991). 統計学者としてのナイチンゲール　医学書院.

第3章

Gilani, I. and Gilani, B. (2013). Global and Regional Polls: A Paradigmatic Shift from "state-centric" to "global centric" Approach. paper presented at *World Association for Public Opinion Research* Annual Conference, Boston, May 14-16, 2013.

Gilani, I. S. (2017). "How Global Are Global Polls? Proposal for Hybrid Samples of World Populations to Blend Policy Concerns (Favoring Sample of 100 Countries) and Theoretical Concerns (Favoring Sample of 100,000 People)". presentation at *World Association for Public Opinion Research* Annual Conference, Lisbon, July 15-17, 2017.

Hidalgo, C. (2016). *Why Information Grows: The Evolution of Order from Atoms to Economics*. New York: Basic Books.

Inglehart, R. (2018). *Cultural Evolution: People's Motivations are Changing, and Reshaping the World*. New York: Cambridge University Press.

猪口孝 (1970). 国際関係の数量分析——北京・平壌・モスクワ，1961-1966年　巌南堂.

Inoguchi, T. (2017). *Exit, Voice and Loyalty in Asia: Individual Choice under 32 Asian Societal Umbrellas*, Dordrecht: Springer.

Inoguchi, T. (2018). "WIN (Worldwide Independent Network of Market Research) Gallup International End of the Year Survey 2016 on United States Presidential

Election," Summer-Autumn 2016, Findings from a Global Snapshot Poll in 45 Countries.

Inoguchi, T. (2019) "An Evidence-Based Typology of Asian Societies," in Inoguchi, T., ed., *The SAGE Handbook of Asian Foreign Policy*, 2 vols., London: Sage Publications, Vol. 1, pp. 443–461.

Inoguchi, T. (2022). *Typology of Asian Societies: Bottom-Up Perspective and Evidence-Based Approach*. Singapore: Springer Nature.

Inoguchi, T. and Fujii, S. (2013). *The Quality of Life in Asia: A Comparison of Quality of Life in Asia*. Dordrecht: Springer.

Inoguchi, T. and Le, L. T. Q. (2019). *The Development of Global Legislative Politics: Rousseau and Locke Writ Global*, Singapore: Springer Nature.

Inoguchi, T. and Le, L. T. Q. (2020) *Digitized Statecraft in Maltilateral Treaty Participation: Global Quasi-Legislative Behavior of 193 Sovereign States*, Singapore: Springer Nature.

Inoguchi, T. and Le, L. T. Q. (2022). *Digitized Statecraft of Four Asian Regionalisms; States' Multilateral Treaty Participation and Citizens' Satisfaction with Quality of Life*. Singapore: Springer Nature.

猪口孝・松原望・森本栄一 (2018). 国際ギャラップ調査——アメリカ大統領選挙の世界世論　日本行動計量学会大会抄録集, 46.

Inoguchi, T. and Tokuda, Y. (eds.) (2017). *Trust with Asian Characteristics*, Dordrecht: Springer.

喜連川優 (2019).「AI 駆動 データが燃料」読売新聞, 8 月 15 日.

Landes, D. (1999). *Wealth and Poverty of Nations*. N. Y: Abacus.

Milanovic, B. (2016). *Global Inequality: A New Approarch for the Age of Globalization*. Cambridge: Harvard University Press.

中路重之 (2018).「青森県の短命県返上と地方創生」日本産学フォーラムでの発表、2018 年 10 月 13 日.

中村祐輔 (2019).「働き方改革・医療の質維持に不可欠な医療用 AI」日本産学フォーラムでの発表、2019 年 7 月 23 日.

Pyenson, L. R. et al. (1998). Patterns of death in world leaders, *Public Medicine*, 163 (12): 797–800.

Romer, P. (1990). "Endogenous Technological Change," *Journal of Political Economy*, vol. 98, no. 5, 1990, pp. S71–S102. *JSTOR*, (https://www.jstor.org/stable/2937632).

Rouduijin, M. and Burgoon, B. (2018). "The Paradox of Well-Being: Do Unfavorable Socioeconomic and Sociocultural Contexts Deepen or Dampen Radical Left and Right Voting Among the Less Well-Off?" *Comparative Political Studies*, 51(13), 1720–1753.

Saint Exupéry, A. de (2011). *Le Petit Prince*, Oakham: Omillia Languages.
Shin, D. C. and Inoguchi, T. (eds.) (2010). *The Quality of Life in Confucian Asia: From Physical Welfare to Subjective Well-Being*, Dordrecht: Springer.
Ward, G. (2019). "Happiness to Voting: Evidence from Elections in Europe, 1973-2014," paper, *MIT Sloan School of Management*, March 28, 2019.

第4章

Harper, P. S. (2008). A Short History of Medical Genetics. Oxford University Press.
鎌谷直之 (2014). 新しい産業に対応するための教育 (3) 情報の確実性の判定 https://www.tufu.or.jp/horizon/2014/817
鎌谷直之 (2015a). 暗号解読と戦艦武蔵 https://www.tufu.or.jp/bbs/2015/1097.html
鎌谷直之 (2015b). ウィーナーとネイマンに見る情報の価値 https://www.tufu.or.jp/bbs/2015/1110.html
鎌谷直之 (2015c). 確率のない国 https://www.tufu.or.jp/horizon/2015/1182
鎌谷直之 (2017a). データサイエンスの4つの時代 https://www.tufu.or.jp/horizon/2017/1373
鎌谷直之 (2017b). 日本は人類遺伝学が極端に弱い https://www.tufu.or.jp/horizon/2017/1377
鎌谷直之 (2017c). データサイエンスの歴史 https://www.tufu.or.jp/horizon/2017/1414
世界時価総額ランキング http://www.180.co.jp/world_etf_adr/adr/ranking.htm
戸部良一・寺本義也・鎌田伸一・杉之尾孝生・村井友秀・野中郁次郎 (1991). 失敗の本質 中央公論新社.

第5章

早川文代・馬場康維 (2002). 流行語としての“まったり”の客観化—首都圏におけるアンケート調査 日本家政学会誌, 53(5), 437-446.
早川文代・馬場康維 (2002). 方言としての“まったり”の客観化—京都地方のアンケート調査および聞き取り調査— 日本家政学会誌, 53(5), 447-456.
林知己夫 (1952). 假釋放豫測に関する統計的研究Ⅰ 統計数理研究所輯報第6号.
林知己夫 (1952). 假釋放豫測に関する統計的研究Ⅱ 統計数理研究所輯報第7号.
林知己夫 (編著) (1984). 多次元尺度解析法の実際 サイエンス社.
林知己夫 (1993). 数量化——理論と方法 朝倉書店.
林知己夫他 (1979). ノンメトリック多次元尺度解析についての統計的接近 統計数理研究所研究リポート 44.
林知己夫著作集編集委員会 (編) (2004). 林知己夫著作集3 質を測る数量化理論 勉誠出版.
岩坪秀一 (1987). 数量化法の基礎 朝倉書店.

駒澤勉（編）（1992）．数量化理論　放送大学教育振興会．

西村克彦・林知己夫（1955）．假釋放の研究　東京大学出版会．

西里静彦（2010）．行動科学のためのデータ解析　培風館．

サン＝テグジュペリ　内藤濯（訳）（2010）．星の王子さま 新版　岩波書店．

第6章

林知己夫（1993）．数量化——理論と方法　朝倉書店．

河野達郎（1951）．Blissのプロビット法による藥量死亡率曲線の計算　防虫科学，16(1)，61–71．

丹後俊郎（2003）．無作為化比較試験——デザインと統計解析　朝倉書店．

丹後俊郎（2013）．医学への統計学　第3版　朝倉書店．

丹後俊郎（2015）．経時的繰り返し測定デザイン——治療効果を評価する混合効果モデルとその周辺　朝倉書店．

丹後俊郎・山岡和枝・高木晴良（2013）．新版ロジスティック回帰分析——SASを利用した統計解析の実際　朝倉書店．

山岡和枝・安達美沙・渡辺満利子・丹後俊郎（2016）．ライフスタイル改善の実践と評価——生活習慣病発症・重症化の予防に向けて　朝倉書店．

第7章

尾崎幸謙・川端一光・山田剛史（編著）（2019）．Rで学ぶマルチレベルモデル［実践編］——Mplusによる発展的分析　朝倉書店．
Simpson, E. H. (1951). "The Interpretation of Interaction in Contingency Tables". *Journal of the Royal Statistical Society*, Series B. 13: 238–241.
von Kügelgen, J., Gresele, L., and Schölkopf, B (2020). Simpson's paradox in Covid-19 case fatality rates: a mediation analysis of age-related causal effects. https://arxiv.org/abs/2005.07180
山森光陽（2016）．学級規模の大小による児童の過去の学力と後続の学力との関係の違い——小学校第2学年国語を対象として　教育心理学研究，64，445–455．

第8章

Axelrod, R. (1984). *The Evolution of Cooperation*. New York: Basic Books. (Axelrod, R. (2006). *The Evolution of Cooperation*. Revised Edition. New York: Basic Books.)
Friedman, J. W. (1971). A Non-cooperative Equilibrium for Supergames. *Review of Economic Studies*, 38(1), 1–12.
Harsanyi, J. C. (1967). Games with Incomplete Information Played by "Bayesian" Players, I–III. Part I. The Basic Model. *Management Science* 14(3), 159–182.
Harsanyi, J. C. (1968a). Games with Incomplete Information Played by "Bayesian"

Players. Part II. Bayesian Equilibrium Points. *Management Science* 14(5), 320-334.

Harsanyi, J. C. (1968b). Games with Incomplete Information Played by "Bayesian" Players, Part III. The Basic Probability Distribution of the Game. *Management Science* 14(7), 486-502.

Khadjavi, M. and Lange, A. (2013). Prisoners and Their Dilemma. *Journal of Economic Behavior & Organization*, 92, 163-175.

Luce, R. D. and Raiffa, H. (1957). *Games and Decisions: Introduction and Critical Survey*. New York: Dover Publications.

Ostrom, E., Gardner, R., and Walker, J. (1994). *Rules, Games, and Common-Pool Resources*. An Arbor: University of Michigan Press.

Poundstone, W. (1992). *Prisoner's Dilemma*. New York: A Division of Random House.

Selten, R. (1978). The Chain Store Paradox. *Theory and Decisions*, 9: 127-159.

芝井清久 (2012). ベイジアン・ゲームと国際政治　松原望・飯田敬輔（編著）国際政治の数理計量分析入門　東京大学出版会.

Von Neumann, J. and Morgenstern, O. (1944). *Theory of Games and Economic Behavior*. Princeton: Princeton University Press. (Von Neumann, J. and Morgenstern, O. (2004). *Theory of Games and Economic Behavior*. 60th Anniversary Edition. Princeton: Princeton University Press.)

第9章

Haldane, J. B. S. (1957). The cost of natural selection. *Genetics*, 55, 511-524.

Kimura, M. (1968). Evolutionary rate at molecular level. *Nature*. 217, 624-626.

Kimura, M. (1977). Preponderance of synonymous changes as evidence for the neutral theory of molecular evolution. *Nature*, 267, 275-276.

Ohta, T. (1973). Slightly deleterious mutant substitutions in evolution. *Nature*, 246, 96-98.

Wu, J., Yonezawa, T., and Kishino, H. (2017). Rates of molecular evolution suggest natural history of life history traits and a post-K-Pg nocturnal bottleneck of Placentals. *Current Biology*, 27, 3025-3033.

Zuckerkandl, E. and Pauling, L. B. (1962). "Molecular disease, evolution, and genic heterogeneity". In Kasha, M. and Pullman, B (eds.). *Horizons in Biochemistry*. Academic Press, New York. pp. 189-225.

第10章

袰岩晶・篠原真子・篠原康正 (2019). PISA 調査の解剖　東信堂.

加藤健太郎・山田剛史・川端一光 (2014). R による項目反応理論　オーム社.

国立教育政策研究所（編）(2013). 生きるための知識と技能 5：OECD 生徒の学習到達度調査（PISA）明石書店.
国立教育政策研究所（編）(2012). 平成 24 年度　全国学力・学習状況調査中学校報告書　国立教育政策研究所.
国立教育政策研究所（編）(2009). 平成 21 年度　全国学力・学習状況調査中学校報告書　国立教育政策研究所.
村木英治 (2011). 項目反応理論　朝倉書店.
OECD (2014). *PISA 2012 Technical Report*. OECD.
OECD (2009). *PISA Data Analysis Manual: SPSS, Second Edition*. OECD.

第 11 章

伴正隆・照井伸彦 (2008). 消費者異質性の下でのブランド別広告残存効果と広告長期効果の測定 マーケティング・サイエンス, 15(1), 65-81.
Ban, M., Terui, N., and Abe, M. (2010). A Model for TV Advertising Management with Heterogeneous Consumer by Using Single Source Data. *Marketing Letters*, 22, 373-389.
Khaneman, D. and Tversky, A. (1979). Prospect theory: An analysis of decision under risk. *Econometrica*, 47(2), 263-291.
Rossi, P., Allenby, G., and McCulloch, R. (2005). *Bayesian Statistics and Marketing*. New York: Springer.
照井伸彦 (2008a). ベイズモデリングによるマーケティング分析　東京電機大学出版局.
照井伸彦 (2008b). 価格閾値の推定と価格カスタマイゼーションの可能性 日本統計学会誌, 37(2), 261-278.
Terui, N. and Ban, M. (2008). Modeling heterogeneous effective advertising stock using single-source data. *Quantitative Marketing and Economics*, 6(4), 415-438.
Terui, N., Ban, M., and Allenby, G. (2011), The Effect of Media Advertising on Brand Consideration and Choice. *Marketing Science*, 30(1), 74-91.
Terui, N. and Dahana, W. D. (2006a). Estimating Heterogeneous Price Thresholds. *Marketing Science*, 25(4), 384-391.
Terui, N. and Dahana, W. D. (2006b). Price Customization Using Price Thresholds Estimated from Scanner Panel Data. *Journal of Interactive Marketing*, 20(3), 58-70.

第 12 章

藤原武弘 (2001). 社会的態度の理論・測定・応用　関西学院大学出版会.
Greenwald, A. G., McGhee, D. E., and Schwartz, J. L. K. (1998). Measuring individual differences in implicit cognition: The implicit association test. *Journal of Person-*

ality and Social Psychology, 74, 1464-1480.

Greenwald, A. G., Nosek, B. A., and Banaji, M. R. (2003). Understanding and using the implicit association test: I. An improved scoring algorithm. *Journal of Personality and Social Psychology*, 85, 197-216.

Hesketh, B., Pryor, R., Gleitzman, M., and Hesketh, T. (1988). Practical applications and psychometric evaluation of a computerised fuzzy graphic rating scale. In T. Zetenyi (Ed.), *Fuzzy Sets in Psychology*. New York: North Holland, pp. 425-424.

井出野尚・竹村和久（2005）. 潜在的連想テストによるリスク認知へのアプローチ　感性工学研究論文集，5(3), 149-154.

木村通治・真鍋一史・安永幸子・横田賀英子（2002）. ファセット理論と解析事例　ナカニシヤ出版.

Kranz, D. H., Luce, R. D., Suppes, P., and Tversky, A. (1971). Foundations of measurement, Vol. 1. New York: Academic Press.

Likert, R. (1932). A technique for the measurement of attitudes. *Archives of Psychology*, No. 140.

Luce, R. D. and Tukey, J. W. (1964). Simultaneous conjoint measurement: A new type of fundamental measurement. *Journal of Mathematical Psychology*, 1(1), 1-27.

Nakamura, K. (1992). On the nature of intransitivity in human preferential judgments. In V. Novak, J. Ramik, M. Mares, M. Cherny, and J. Nekola (Eds.), *Fuzzy approach to reasoning and decision making*. Dordrecht, NL: Kluwer, pp. 147-162.

織田揮準（1970）. 日本語の程度量表現用語に関する研究　教育心理学研究，18(3), 166-176.

Richter, M. K. (1971). Rational Choice. In J. S. Chipman, M. K. Richter, and H. Sonnenschein (Eds.), *Preference, Utility and Demand*. New York, NY: Harcourt Brace Jovanovich, pp. 29-58.

佐伯胖（1973）. 公理論的アプローチ——conjoint measurement 理論　印東太郎（編）心理学研究法 17　モデル構成　東京大学出版会，pp. 231-247.

Scott, D. and Suppes, P. (1958). Foundational aspects of theories of measurement. *The Journal of Symbolic Logic*, 23, 113-128.

鈴村興太郎（2009）. 厚生経済学の基礎——合理的選択と社会的評価（一橋大学経済研究叢書別冊）　岩波書店.

竹村和久（1990）. 態度概念の再検討　光華女子短期大学研究紀要，28, 119-132.

Takemura, K. (2000). Vagueness in human judgment and decision making: Analysis of fuzzy rating data. In Z. Q. Liu and S. Miyamoto (Eds.), Soft computing for human-centered machines. Tokyo: Springer Verlag, pp. 249-281.

Takemura, K. (2007). Ambiguous comparative judgment: Fuzzy set model and data analysis. *Japanese Psychological research, 49*, 148-156.

Takemura, K. (2012). Ambiguity and social judgment: fuzzy set model and data analysis. In E. P. Dadios (Ed.), *Fuzzy logic-algorithms, techniques and implementations.* In Tech: Open Access Publisher, pp. 1-22.

Takemura, K. (2019). *Foundations of economic psychology: A behavioral and mathematical approach.* New York, NY: Springer.

Takemura, K. (2020). Behavioral decision theory, In *Oxford research encyclopedia of politics*, Oxford: Oxford University Press. https://doi.org/10.1093/acrefore/9780190228637.013.958

Takemura, K. (2021). Escaping from bad decisions: A behavioral decision theoretic approach. London: Academic Press.

Takemrua, K. (2021). Behavioral decision theory: Psychological and mathematical descriptions of human choice behavior, Tokyo: Springer.

竹村和久・藤井聡（2015）. 意思決定の処方　朝倉書店.

竹村和久・武藤杏里・原口僚平（2016）. リスク評定尺度の数量化の妥当性について――順序尺度の表現定理からの検討　日本行動計量学会第44回大会抄録集, 98-101.

竹村和久・玉利祐樹（2017）. 心理尺度の非推移性と閾値付意思決定モデル　ワークショップ「日本における数理心理学の展開 XXVI」日本心理学会第81回大会発表　久留米大学.

竹村和久・劉放（2021）. 新型コロナウィルス感染統計報道の表現バイアス　第49回日本行動計量学会発表論文抄録集　杏林大学.

Thurstone, L. L. (1928a). The measurement of opinion. *Journal of Abnormal and Social Psychology*, 22, 415-430.

Thurstone, L.L. (1928b). Attitudes can be measured. *American Journal of Sociology*, 33, 529-554.

Tversky, A. (1969). Intransitivity of preferences. *Psychological Review*, 76, 31-48.

Tversky, A. and Kahneman, D. (1981). The framing of decisions and the psychology of choice. *Science*, 211, 453-458.

Tversky, A., Sattath, S., and Slovic, P. (1988). Contingent weighting in judgment and choice. *Psychological Review*, 95, 371-384.

Vessonen, E. (2021). Representation in measurement. *European Journal for Philosophy of Science*, 11(3), 1-23.

第13章

川越哲志 編（2000）. 弥生時代鉄器総覧　広島大学文学部考古学研究室.

寺沢薫（2014）. 弥生時代の年代と交流　吉川弘文館.

奈良県立橿原考古学研究所（2002）. 奈良県文化財調査報告書 89：箸墓古墳周辺の調査　奈良県立橿原考古学研究所.

奈良県立橿原考古学研究所（2008）. 橿原考古学研究所研究成果 10：ホケノ山古墳の研究奈良県立橿原考古学研究所.
安本美典（2003）. 倭王卑弥呼と天照大御神伝承　勉誠出版.
安本美典（2013）. 邪馬台国を統計学で突き止めた　文藝春秋，2013 年 11 月号
安本美典（2015）. 邪馬台国は 99.9% 福岡県にあった　勉誠出版.
安本美典（2019）. 誤りと偽りの考古学・纒向　勉誠出版.
安本美典（2021）. データサイエンスが解く邪馬台国　朝日新聞出版.

エピローグ

五味文彦・吉田伸之・鳥海靖・笹山晴生（2007）. 詳説日本史史料集（再訂版）山川出版社.
林知己夫（2004）. ビデオメータによる視聴率調査　林知己夫著作集編集委員会（編）林知己夫著作集第 9 巻 社会を測る，p. 174, 勉誠出版（初出：電通報，1308 号，1963 年 2 月 21 日）
今井正俊（2009）. 内閣の危険水域——支持率 30% は妥当か（世論調査の 60 年）よろん，103, 30-32.
国立社会保障人口問題研究所（2023）. 人口統計資料集（2023 年改訂版）https://www.ipss.go.jp/syoushika/tohkei/Popular/Popular2023RE.asp?chap=1
高坂正尭（1981）. 文明が衰亡するとき　新潮社.
丸山眞男（1981）. 日本政治思想史研究　新装版　東京大学出版会.
増田寛也（2014）. 地方消滅　中央公論新社.
中村隆英（1985）.　明治大正期の経済　東京大学出版会.
中村隆英（著）原朗・阿部武司（編）（2015）. 明治大正史　上　東京大学出版会.
小此木潔（2023）. 2022 年参院選における新聞の議題設定——ウクライナ侵略戦争と安倍氏銃撃が影　コミュニケーション研究 , 5, 77-90.
ペティ，大内兵衛・松川七郎（訳）（1955）. 政治算術　岩波書店.
佐藤卓己（2008）. 輿論と世論——日本的民意の系譜学　新潮社.
新保博（1978）. 近世の物価と経済発展——前工業化社会への数量的接近　東洋経済新報社.
総務省統計局（2024）. 世界の統計 2024　https://www.stat.go.jp/data/sekai/0116.html
鈴木督久（2021）. 世論調査の真実　日本経済新聞出版.

データの科学の新領域 1

科学方法論としての統計技法

2025 年 4 月 20 日　第 1 版第 1 刷発行

編　者　松《まつ》　原《ばら》　　望《のぞむ》

発行者　井　村　寿　人

発行所　株式会社　勁《けい》　草《そう》　書　房

112-0005 東京都文京区水道2-1-1　振替　00150-2-175253
（編集）電話 03-3815-5277／FAX 03-3814-6968
（営業）電話 03-3814-6861／FAX 03-3814-6854
本文組版 プログレス・三秀舎・松岳社

ISBN978-4-326-75059-7　　Printed in Japan

＊落丁本・乱丁本はお取替いたします。
ご感想・お問い合わせは小社ホームページから
お願いいたします。

https://www.keisoshobo.co.jp